Bordeaux

La Reine du Vin

ワインの女王 ボルドー

クラシック・ワインの真髄を探る

yamamoto hiroshi
山本博

早川書房

ワインの女王　ボルドー

——クラシック・ワインの真髄を探る

目次

はじめに　7
1　ボルドー・ワインの各地区　23
2　メドック　27
(1)　オー・メドック、その内の四つの地区（村）　32
(2)　オー・メドック南部　36
(3)　サン・ジュリアン　69
(4)　ポーイヤック　91
(5)　サン・テステーフ　133
(6)　オー・メドック北部　153
(7)　メドック中央部（ムーリとリストラックなど）　156
(8)　北部メドック（旧バー・メドック）　167

(9) クリュ・ブルジョワ 177

3 グラーヴ 181

(1) グラーヴの赤と白 181
(2) グラーヴの格付け 186
(3) ペサック 192
(4) グラーヴ中央——レオニヤン 200
(5) レオニヤンのガロンヌ河沿いグループ 214
(6) グラーヴ南部 218

4 サン・テミリオン 221

(1) サン・テミリオンの特色 221
(2) サン・テミリオン村の二つの地区 229
(3) サン・テミリオンの格付け 231
(4) 格付け第一級（プルミエ・グラン・クリュ・クラッセ）のシャトー 238
(5) 格付け（グラン・クリュ・クラッセ）のシャトー 259

(6) ACサン・テミリオンと準サン・テミリオン 270
(7) サン・テミリオンの新動向（ガレージ・ワイン） 276

5 ポムロール 281
(1) ポムロールの特徴 281
(2) ポムロール・ワインのランキング 285
(3) ポムロールの十傑 290
(4) ポムロールの十雄 302
(5) ラランド・ド・ポムロール 311

6 ソーテルヌとバルサック 313
(1) ソーテルヌの卓越性と貴腐ワイン 313
(2) ソーテルヌとバルサック 319
(3) ソーテルヌの格付け 321
(4) バルサックのシャトー 327
(5) ソーテルヌのシャトー 335

7　ボルドーのその他の地区　356
(1)　ジェネリック・ワインと商標ワイン　356
(2)　ブールとブライ　358
(3)　フロンサック　362
(4)　カスティヨンとドルドーニュ河流域ワイン　365
(5)　アントル・ドゥー・メール　369
(6)　プルミエール・コート・ド・ボルドーとガロンヌ河左岸　374

付録
ボルドー・ワインの収穫年作柄表（ヴィンテージ・チャート）　382
ボルドーの著名ネゴシャン　386
サン・テミリオンの格付け（1996年）　388
1855年の格付け銘柄　390

はじめに

ボルドーは、フランスの、いや世界でも最大かつ最高のワイン生産地である。ワインを飲み始めた者は、いやがおうでもこの巨人と直面することになる。ところが、これがなかなかの難物で、なにしろひと口にボルドーといってもそれこそ多種多様で一筋縄ではいかないところがあるし、ちょっと手軽に聞きかじってみるというわけにいかない。全貌を把えることと、正確に理解することが至難の巨峰群なのである。

しかし、ワインの真髄というものにふれたかったら、またワインにかかわるビジネスにかかり合うことになったら、「ボルドー」を知ることは「ワイン」を知るために避けては通れない王道なのであって、抜け道や近道はない。なぜかというと、ボルドーは、いわゆる「クラシック・ワイン」の典型だからである。クラシック・ワインとは、なんだろうか？　ギリシャの彫刻とか、ヨーロッパの古典絵画、ベートーベンやモーツァルトなどの古典《クラシック》音楽を考えてみればわかる。つまり、芸術の分野で人類が追求しようとする理想像のひとつなのである。ワインの世界の中で、造り手と飲み手がお互いに刺激し合い、苦労した結果、現在たどりついた、これぞ理想的なワインの姿、これ以上のものはちょっと出来ない、といえるものが、クラシック・ワインなのである。

世界におけるクラシック・ワインは、ボルドーだけではない。ドイツの極上品、トカイの逸品、ヴィンテージ・ポートなどもそうだし、フランスではブルゴーニュ・ワインの極上品もそうしたワインである。ただ、ボルドーのワイン生産地としてのすごさは、このクラシック・ワインの圧倒的な量と、それが見事な階層構成《ヒエラルキー》をとっている点である。こうした生産地は、世界にも他にない。雄大な富士山のように広い裾野から頂上に到るまで、きちんとした階層があって、それぞれの長所を示しつつ、上位へ昇るほど品質が優れ、最後にごく少数の頂上にあたる極上ワインがある。この頂点に近くなるワインがクラシック・ワインなのである。

ボルドー・ワインを紹介する本は少なくないのだが、これを、わかり易く、しかも正確に説明することは容易ではない。初期の普及本の決定版といえるものが、英国のワイン・アンド・フード・ソサエティから出されたアンドレ・シモンの *The Common Sense of Wine*（邦訳『世界のワイン』柴田書店刊）と、エドマンド・ペニング・ローゼルの *The Wines of Bordeaux* だった。このローゼルの本の訳にとりかかっているうちに、ボルドー・ワイン界に激変が生じたり、アレクシス・リシーヌの『新フランスワイン』（柴田書店刊）というボルドー・ワインの好紹介書が出たりした上、ローゼルの本の改訂版が出たが非常に頁数が多かったりして、翻訳を断念した。そのかわりに、ボルドー・ワインのわかり易い紹介書として著者が書きおろしたのが『ワインの女王』（早川書房刊）である。

この本を書いたのは一九九〇年だったが、それ以来またボルドー・ワインの中で著しい地殻変動といえる変化があり、加えて優れた紹介書が次々と出た。デイヴィッド・ペッパーコーンの『ボルドー・ワイン』（早川書房からその省略版であるポケットブックが出ている）や、ロバート・M・パーカーJrの『ボルドー』（最新刊第四版は美術出版社刊）、ジェームズ・シーリーの *Great Bordeaux Wines* の改訂版など。この変化に対応するように『ワインの女王』の改訂版を出す作業を始めたが、非常に情報量が増加したことと、日本でボルドー・ワインについての詳しい情報を求める人が激増したこともあって中途半端な改訂では不十分であることがわかった。そのため、今回は本書でワイン情報を中心に書きあらためることにした。ワインの歴史や周辺事情などは別の本として刊行するべく執筆する予定である。

ボルドー・ワインは、世界におけるひとつの文化現象ともいえるものであって、ワインであって、ワインではない。ワインにまつわる歴史と文化が相ともなってひとつの存在になっている。そうしたボルドー・ワインの文化面は別冊にゆずって、本書は、ワインそのものの実務面に焦点をあてている。それにしても、最近は情報量がおびただしく、しかも現在も激動中である。そのため、ボルドー・ワインを理解する上で、どうしても知っておいたほうがいいと考えられることを出来るだけコンパクトにまとめた。だから本書は、あくまでも、現時点でのボルドー・ワインの概観図にすぎない。

ボルドー・ワインの特色

ボルドー・ワインの優品は、高級ワインの見本ともいえる「クラシック・ワイン」のひとつである。ただ、それについても若干の前提的な説明が必要になる。ボルドーもワイン産地である以上、赤・白・ロゼのワインを生産している。このうち、赤ワインが、ボルドーの本領場、ボルドーをワインの王者たらしめているものである。白ワインについて言えば、極甘口のものは、世界最高峰の名を辱めないものを産出し続けてきた（ソーテルヌの章で詳説）。ところが辛口白ワインは、正直に言って誉められないものがほとんどだった。ただ、最近では白の分野でも激変が生じている（グラーヴの章で詳説）。

ふつう、ボルドーのクラシック・ワインと言えば、人が連想するのは、赤ワイン、ことにメドックのシャトーものである。そして赤の「クラシック・ワイン」の特徴を論じる場合、常にそれはブルゴーニュを脳裏において、それとの比較を論及しているのである。

ワインの王国フランスにおいて、ボルドーを西の横綱とすれば、ブルゴーニュは東の横綱的存在である。しかし、その両者は、次のようにきわだった違いをみせている。

（a）地勢：ブルゴーニュはフランス中央部北東、ボルドーは南西に位置する。栽培面積、従って生産量でいえば、ボルドーが圧倒的に大きい。

（b）色：両者ともに優れた赤ワインを産出する。白については、辛口ものではブルゴーニュが世界最高の逸品を出すが、ボルドーは見劣りがする。甘口ものではボルドーが世界の最高品を出すが、ブルゴーニュに甘口ものはない。

（c）ぶどう：ボルドーは、赤はカベルネ・ソーヴィニヨン（及びフラン）とメルローのブレンド、白はセミヨンとソーヴィニヨン・ブランのブレンド。ブルゴーニュは、赤はピノ・ノワール（一部はガメ）の単品種、白はシャルドネ（一部はアリゴテ）の単品種。つまり、片やブレンド、片やノン・ブレンドなのだ。

（d）AC規制：ボルドーは、AC（原産地規制呼称）名のつくワインは村名までだが、ブルゴーニュでは村の中の細分化された区分畑にまで及ぶ。ボルドーの上級品ではAC表示はあまり重要でないが（AC表示がラベルに大きく表示されるのはジェネリック・ワインかセミ・ジェネリック・ワイン）、ブルゴーニュでは重要（村名ものでも優れたものがある）。

（e）生産単位：ボルドーで、ワイン識別の手がかりはシャトー名だが、ブルゴーニュでこれに当たるのはドメーヌ。

（f）赤ワインの特徴：ワインには、それぞれその性格を特徴づけるタイプともスタイルともいえるものがある。対照的な性格をもつボルドーとブルゴーニュの赤を比較すると次のようになる。

ボルドー：色調は、濃紫赤色。いわゆる深みのある色あい。香りは、おだやかで内向的、そして精妙、優雅そのものだが、決して弱いわけではない。ことにカシスの香りがこの特徴とされるように、樽に由来するヴァニラ香を含む、燻蒸香を伴うものがある。口当たりは緻密、滑らかでベルベットにたとえられる。味わいは、しっかりした酒軀《ボディ》が重厚、濃厚、複雑きわまりない。ことにタンニンによる渋味が顕著で、若いうちは荒さを感じさせるが、熟成とともに角がとれ、まろやかなものに円熟する。後味・余韻《よいん》も長い。それらが相まって実に豊かな芳醇感を飲み手に与える。長寿型で、十年二十年たって見事に熟成する。しみじみ味わう優雅・総合美の世界。音楽にたとえれば重厚な交響曲《シンフォニー》だ。

ブルゴーニュ：色調は明るい鮮紅色。実に華麗である。香りは飲み手をくらくらさせるくらい強烈かつ発散形。フランボワ（ラズベリー）の香りが特徴で、一部に野鳥獣の肉を連想させる香りを伴うものがある。これがまず飲み手の心をはずませる。口当たりは滑らかで絹《サテン》にたとえられる。味わいは軽やかだが密度が高いので薄っぺらいわけではない。軽快、精妙、そしてデリケートな優雅さを伴う。また、赤ワインとしては酸味を強く感じさせ、それが果実味と相まって実に爽やかな喉ごしを感じさせる。タンニンがしっかりしたバックボーンになっているが奥にひかえていてボルドーのようには顕著に出ない。アルコールを強く感じさせるものがある。高級ものの一部は長寿だが、ボルドーほどでなく、総体的にそう長く保存・熟成させるタイプではない。ワイン全体に晴朗な透明感があり、強烈なインパクトが飲み手の心を踊らせる。陽気に飲む、単純・純粋美の世界。音楽にたとえれば、ヴァイオリンやピアノのソナタである。

ワインの特徴に関して、ボルドーの決定的な長所・特色といえるのは、その寿命・熟成能力である。ボルドー・ワインの味覚上のひとつの特色はタンニンが強い点で、これは高級ではない普及品にも見受けられる（最近はタンニンがあまり目立たないように仕上げるものが増えた）。しかし、高級・極上ワインになるとタンニンの特色・機能が顕著になる。タンニンは味覚的には渋味（ことに若いうち）を感じさせる成分だが、寿命・熟成に大きな役割を果たす。この熟成能力というのは言うまでもなく瓶熟の話である。ボルドー・ワインの高級ものは寿命が長い。二十年から五十年は優にもつ。重要なのは、単に寿命が長いというだけでなく、期間をかけた瓶熟成の中で、ワインの中のあらゆる要素が融合し、熟成のピークに達したとき見事なものになることである。この完成・熟成美は、年月だけがワインに与えるものである。そうした熟成能力をもつワインの数が多く、その層が圧倒的に厚く、しかもヒエラルキーを形成している点がボルドー・ワインの特色なのである。こうした点は、ブルゴーニュや新興勢力のカリフォルニアが今のところどうしてもボルドーに太刀打ちが出来ないところである。あるボルドー・ワインの一級品を飲んでみて、それがおいしくなかったら、その瓶の過去の保存状態が悪かったか、または熟成のピークに達していなかったものなのである。

ボルドーのシャトーと格付け

ボルドーの優れたワインは、すべてシャトー・ワインである。もともとは、ボルドーの貴族達（ボルドーの場合、多くがいわゆる豪商あがりの貴族で、市の実権をにぎっていた）が、雑踏で俗っぽいボルドー市内を避けて、市外の原野に華麗な邸館を建てて住むようになり、そこに自給自足

ボルドーのシンボルである時計搭

の荘園をもっていた。当然そこで自分達が飲むワインを造ったわけで、自分やお客の飲み物だからおいしいものを造ろうと工夫した。その結果、ボルドー市の酒商達が大量に集荷・出荷するワインとは全く別の優れた品質をもつようになった。有名なモンテーニュや、モンテスキューも、酒商の一族で、シャトーを持ち、ワイン・ビジネスにかかわった(ワインのすべてが無名の樽で取引きされている中で、最初にこのシャトー・ワインを売り出したのがオー・ブリオンである)。そして、このシャトー・ワインがそれぞれ個性をもつ優れたワインのグループとしての地位を確立し、量産の普及ワインと全く別の取扱いを受けるようになった(ブルゴーニュでは優れたワインは修道院で造られた)。

現在、ボルドーで「シャトー・ワイン」と言えるのは、自家畑をもった者が自らぶどうを栽培し、畑の中に醸造所をもって自らワインを醸造し、自分で瓶詰めまでした場合に限られている。いわば手造り自家製ワインでなければならないので、他者から買ったワインを混ぜたり使ったりした場合は、シャトーの名を載せられない。こうしたシステムを考え出し、それを制度化したのがボルドーである（他の地方でシャトーの名をつけていても、それは商業政策上の命名で、ボルドーのように制度的な意味をもたないものが多い）。

シャトーの中には華麗・豪壮な邸館をもち、シャトーの名にふさわしいものもあれば、右の条件をクリアーすればシャトーを名乗れるから、質素な農家に毛の生えたくらいのところもある。

ボルドーのシャトーが世界に名を馳せているのは「格付け制度」と無関係ではない。もともとは、業者が取引きの便宜上、ワインにランキングをつけたものだった。ところが一八五五年、フランス・ワインの名声をあげるためパリ万博にボルドー・ワインを展示することになり、ナポレオン三世政府の命令で格付けをすることになった。これまでの取引実績や地位・名声を考慮してボルドーの商工会議所が作ったとされているのが、有名な一八五五年の「メドックとソーテルヌ」の格付けである。赤ワインはメドックの約六〇のシャトーを選んで、一級から五級までに格付けした。甘口白ワインはソーテルヌの二五のシャトーを選び一級と二級に格付けした。ワインに序列をつければ、取引業者も買い手も便利だったから、この格付けがボルドーのシャトー・ワインの名声を世界に広げる上で大いに役立った。

このシャトーと格付けとの関係で、「クリュ」という特有の用語があることを知っておいたらよい。クリュは難訳語で、英語ではグロース growth と訳してしまったからよけいわかりにくくなった。辞典をみると、「（特定ワイン生産の）ブドウ園、（そこの）銘柄ワイン」と記されている。

もっとも、これはボルドー特有の用法で、他の地方では、別の用法で使用されることがある（例えば、「クリュ・ボジョレ」）。わかり易く言うと、ワインの生産単位を指しているもので、土地（畑）と人（造り手）とを合体させたものである。一般的には、シャトーと同意義に使われることが多い。あのクリュはいいとか、悪いとか言われる時は、あのシャトーはいいとか悪いとかいう意味である。

だから、格付け銘柄（シャトー又はワイン）とは、クリュ・クラッセ cru classe だし、グラン・クリュというときは格付けされている特級クラスの銘柄シャトーのことを指す。このクリュ＝シャトーという呼称制度はひとつのウイーク・ポイントを持っている。それは、畑の範囲（位置・態様）に限定がないということである。あるシャトーが、シャトーの中核をなす醸造所のまわりの畑だけでなく、少し離れた（劣った）飛び地に畑を持っていたり、既存の畑だけでなく、周辺で畑を増やしたりしても、その畑から造ったワインは同じシャトーの名を冠せられる。つまり、ワインの品質・名声は、造り手の誠実さと信用にかかっているわけである（ブルゴーニュではそうしたことはない。ぶどう畑は厳密に細分化され、造り手と関係なく畑自体が命名・格付けされている）。

こうしたメドックの格付け制度の成功ぶりを見てがまんが出来なくなったのが「グラーヴ」地区である。第二次大戦後の一九五九年に格付け制度を作った。赤は一三、白は九を選んだが、同一シャトーで両方とも格付けされたところがある。また、この格付けは、メドックのように格付けの中での級別をつけていない。さらに一九九六年になって「サン・テミリオン」も格付けをしたが、そのほか、メドックではの内容は複雑で簡単に説明できない（サン・テミリオンの章で述べる）。そのほか、メドックでは一八五五年の格付けにもれたシャトーが「ブルジョワ」の格付けを作った（これも少し説明が必要なので一七七頁以下に詳述）。

格付けというのは、一定の時点での、ワインの評価をするものだから、評価自体に異論が出ても不思議ではないし、その後の時の流れの中での盛衰があり得る。一八五五年の格付けについても、判定後何回か改訂がこころみられたが結局手直しが出来ないまま、百五十年たった今日でもそのままになっている（ムートン・ロートシルトだけが唯一の例外として二級から一級に昇格した）。サン・テミリオンは、数年ごとに見直しをするということでスタートしたが、改訂のたびに地元ではひともめしている。ポムロールのように今日まで断固格付けを拒否している地区もある。

格付け制度は、当事者の意思と離れて独自の議論を産むものだし、功罪半ばすると言ってよい。ただ、数多くのシャトーがあるボルドーでは、消費者にとって便利がいいことも事実である。ただ、格付けは、購入する場合のめやすのひとつにすぎないので盲信しないことが肝心である。そのことは、収穫年《ヴィンテージ》についても言える。

ネゴシャンとワイン・トレード

ボルドー・ワイン市場を特徴づけているのはネゴシャンの存在である。ネゴシャンは難訳語のひとつで、英語ではシッパー Shipper になるが、単にワインを輸出するだけの業者ではない。ボルドーは広大なワイン生産地だから、ぶどう栽培からワインを造るまでを専業とする農家が無数散在する。しかも小零細な農家が多く、そうした人達はワインを造れても売る能力を持たないのがほとんどだった。だから、どうしてもそうした小零細生産者から、出来上がったワインを樽で集荷し販売する業者が必要だったし、事実そうした商売が発達し、ビッグ・ビジネスになった。ネゴシャンと呼ばれるようになったこれらの業者は、激しい競争の中で大業者が力をつけ、大手数社がボルドー市場を支配する寡占状態になった。大量のワインを樽で集荷し（そのために農家とネゴシャンを結びつける仲買人《クルチエール》が発達した）、自社でブレンドと瓶詰めをして外国のみならず国内にも出荷する（その限りでは外観上、生産者のようにも見える）。扱うものは主として広地域もの《ジェネリック》（単にボルドーと表示するもの）か、自社で考案した商標《ブランド》（なになに・モノポールというような）ものの安い日常ワインだった。ブレンドするから出所や素性がはっきりしないため（アルジェリアや南仏《ミディ》、イタリアまで）、良心的業者のものは信用できるが、いいかげんなものも少なくなかった。だから不正ブレンドが発覚して有名なボルドー・スキャンダルという大事件にまでなった。それでも一九七三年に、日本と同じようなバブル崩壊が生じて寡占業者の多くがその地位を失うまで、その勢力はたいしたものだった。こうした取引構造をもつワイン生産地は世界でも類をみなかった。現在ではネゴシャンにかかわる農業協同組合の発展が目立つが、それでも全体としてみてネゴシャンの優位は変わらない。

複雑であって、日本でしばしば誤解を招いているのが、このネゴシャンとシャトーとの関係である。というのは、多くのネゴシャンは、本業であるブレンドものの販売のサイド・ビジネスとしてシャトーものを扱うからである。もともとシャトーは、ボルドー市内にかたまっているネゴシャンとは全く別に、それぞれボルドー各地に散存し、各自おのおのワイン造りを始めたのだが、いざ造ったワインを売る段階になると、どうしても販売に手なれたネゴシャンの御世話にならざるを得なかった。そうした中で自然と、ワインを造るのはシャトー、売るのはネゴシャンという機能分担の傾向が生じ、その結果、各シャトーは自分のワインを売るには、必ずネゴシャンを通すという慣行が生じた（勿論、例外はあるし、最近は変わりつつあるが、ボルドーのシャトーを訪れても、そこでワインを直接売ってくれなかったのは、そうした事情からである）。そして原則として各シャトーは、どのネゴシャンにも売るし、各ネゴシャンはどのシャトーのものも買える。いわゆる「フリー・マーケット・システム」である（ブルゴーニュのように、日本総〔独占〕販売代理店・輸入業者はない）。だから、ある日本の輸入業者がシャトー・マルゴーのワインを自分のところだけが輸入・販売することは出来ない。またサントリー社が、シャトー・ラグランジュを持っていても、日本に輸入する場合は、いったんどこかのネゴシャンを通さなければならないし、シャトー・ラグランジュとしてはサントリーだけでなくネゴシャンを通して外の業者にも売らなければならない。だから、同じシャトー・ラフィットでありながら、Aというネゴシャンが日本に売るものもあれば、Bというネゴシャンが売るものもあることになる。このことは中間業者のマージンとの関係で、同じシャトーものが違った値段で売られることがあるのを意味する。

問題はさらにそれだけではない。ボルドーのシャトーは大規模のところが多く、生産量も少なくない。ボルドーのシャトー・ワインは、大体二年間樽熟成をさせてから瓶詰めするのが普通である。シャトーとしては二〇〇四年の秋に収穫したワインを二〇〇六年の春から秋にかけて瓶詰めして売りだすから、ワインを二年間樽で寝かせるということが必要になる。量が多いとなると、このストックのための経費負担もばかにならない。昔は、シャトーが樽でワインを売ったものだったが、一九七〇年代以降、シャトー自らが瓶詰めまでしないかぎり、シャトー・ワインとして売れなくなった。そのために生じたのが、いわゆる「プリムール」制度である。他の地方でプリムールといえば新酒を意味するが（例えば、ボジョレ・ヌーボーは、正式にはボジョレ・プリムールである）、ボルドーでこの用語は独特の意味をもつ。収穫年の翌年の春をすぎると、シャトーは樽のワインを売りに出すがこの初値販売物がプリムールである。ある年のプリムールがどのシャトーでいくらで売りに出されるかは、ボルドーのシャトーとネゴシャンにとって最大の関心事である。ある一級シャトーがある年、一樽をある値段で売りに出せば（昨年より高いとか低いとか）同じクラスのシャトーもその値段を無視できないし、格の下がったシャトーのワインをそれより高く売ることはできないということになる。このプリムールの値付けについては、シャトー間とネゴシャンとの間で虚々実々の駆け引きがアンダー・グラウンドで行なわれているらしい。買い手があるシャトーのワインをプリムールで樽買いしたからといって、樽のワインをその場で引き取れるわけではない。現実に引渡しを受けるのは、瓶詰めが終わった後のワインである。そのため買った者が現物の引渡しを受ける権利（証書）を他に転売することが認められている。そのため、シャトーにすればAというネゴシャンになになにフランで売ったのに、瓶詰めワインを引き取りにくるのは見知らぬ他の業者ということもあり得るし、引取り業者はシャトーが売った値段よりはるかに高い値段で仲介業者から買っていたということがあり得る。こうした取引慣行が、前述のフリー・マーケット・システムと結びついているから、不慣れな日本業者としてはボルドー・ワイン市場は摩訶不思議ということになる。それより問題は、こうした取引形態は——なにしろ量が多いから——、必然的に投機性を帯びることになる。一九七三年にいわゆる大クラッシュが生じて、大手ネゴシャンが再起不能の大痛手を蒙《こうむ》ったのも、浮かれ相場の高価にネゴシャンが目がくらみ、買いしめに走ったあと、他の輸入諸国があまりの高価にそっぽをむいて買いを手控えたからだった。現在は、市場も落ち着いて七〇年代初頭のようなことはなくなったが、それでもこの十年近くのボルドー・ワインの高騰続きはちょっと異常で、いつリアクションがあるかもしれないから、ボルドー・ワインの投機買いは慣れない者が手を出すものではない。もっとも一般論をいえば、こうした問題は高級シャトーものの話で、そう高級でないワインは生産過剰で、しかも新興国のワインの品質向上と低価格に苦しめられつつあるというのが実情である。

今まで述べてきたことを総括すれば、ワインの本当の良さを少しつっこんで知ろうとしたら、どうしてもボルドー・ワインの赤を飲まなければならないということである。白が悪いとか劣るということではないが、高級ワインの典型という分野では、ボルドーは赤なのである。そして地域名称ワインが悪いというわけではないが、ワインの理想型というものを知ろうとするなら、シャトー・ワインを飲むに限る。ただ、シャトー・ワインも数がおびただしく、品質の点でピンからキリまである。選ぶ手がかりは、地区名と格付けである。後述するように、ボルドー生産地域はいくつかに分類されるが、まず代表的なところがメドックで、それに次ぐのがグラーヴ、そしてサン・テミリオンとポムロールである。メドックとグラーヴは左岸もの、サン・テミリオンとポムロールは右岸ものと呼ぶ（ボルドー地域を流れるガロンヌ河とドルドーニュ河、それが合流したジロンド河を中心に見ていうわけだが、右と左の区別は川の上流から下流を見ていう）。この四つの地区名をまず覚え、それぞれその中のシャトーを選べばよい。格付けされたようなシャトーはいわばエリートなのだから、格付け上位にこだわることはない。格付けの中位、いや下位のものでも優れたワインはいくらでもある。

そして大切なことはある程度熟成したものを飲んでみることである。一度、同じレベルのシャトーの十年ものと二十年ものとを飲み比べてみたらいい。熟成美ということがわかるし、やはり、ボルドーの赤は、ある程度瓶熟成させたものを飲まないと、その真価がわからないということがわかる。

ボルドーも、今、激変時代に入っている。従来はさして重要とみられなかったところから、驚くようなワインが次々と生み出されてきている。白ワインも、かつての低迷を脱却しつつある。歴史をもつ有名なシャトーをきちんと正確に知ることがなんといっても基本だが、ただ新しい潮流を無視することはできないだろう。本書を書きあらためようとしたのは、そうしたアップ・トゥ・デイトの動向と、新顔《ニューフェイス》を紹介したかったからである。

最後に、今回の改訂に際し、諸データのチェックについて、ＳＯＰＥＸＡ（フランス食品振興会）の小林幸恵さん、引間直子さん、ボルドー在住の岡田御夫妻には大変お世話になった。心からお礼を申し上げたい。

1　ボルドー・ワインの各地区

ワインには地名がつきものである。ワインについて書かれた本を開いてみると、地域・地名の連続でうんざりした人は少なくないだろう。しかし、ワインはぶどう造りから始まり、ぶどうはその生まれたところで性格がきまるから、ことワインになると、出所の問題はさけて通れない。

ボルドーは、広大な地域だから、その中の地区名も多岐にわたる。ワインのプロを志す者には細かい点を把握・理解することが必要だが、ふつうの飲み手でもおおまかな地区分布を知っておくといいだろう。鳥瞰図的に頭に入れておくと細部を探すにも便利である。

ボルドーを大きく分けると、次のようになる。

23　ボルドー・ワインの各地区

（a）メドック
（b）グラーヴ
（c）ソーテルヌ＝バルサック
（d）サン・テミリオン＝ポムロール

BORDEAUX●ボルドー
Paris
Bordeaux
Médoc
Saint-Estèphe
Pauillac
Saint-Julien
Côtes de Bourg
Côtes de Blaye
Lussac-Saint-Émilion
AC BORDEAUX
Lalande-de-Pomerol
Saint-Georges-Saint-Émilion
Montagne-Saint-Émilion
Listrac
Moulis
Margaux
Haut-Médoc
Pomerol
Fronsac
Puisseguin-Saint-Émilion
Côtes de Francs
Saint-Émilion
Côtes de Castillon
BORDEAUX市
Graves-de-Vayres
Canon-Fronsac
Premières Côtes de Bordeaux
Sainte-Foy
Pessac-Léognan
Entre-Deux-Mres
Haut-Benauge
Loupiac
Graves
Cérons
Côtes de Bordeaux Saint-Macaire
Barsac
Sauternes
AC BORDEAUX
Sainte-Croix-du-Mont

（e）アントル・ドゥー・メール
（f）ブールとブライ
（g）その他の地域

このうち（c）のソーテルヌ＝バルサック地区は、甘口白ワインを出す特有の地区だから、赤ワインを考える場合は度外視してよいし、本書でも別に扱う。（e）（f）（g）はいずれも赤白両方のワインを出すところだが、ボルドーの主流をわかりやすく捉えるために後の方でひとまとめにして説明することにする（もっとも、最近はこれらの地区も軽視できなくなった）。赤ワインを前提にしてボルドーのイメージを描くとなると、なんといっても「メドック」「グラーヴ」「サン・テミリオン＝ポムロール」の三つが重要になる。さて、それでは、その代表的な三つの地区について少し詳しく説明していこう。

なお、各地区のシャトーを紹介するにあたり、読者にとっては何らかの目安が必要であろうから、主なワイン・ブックの評価を表にして載せておく。まず、ボルドーのワインについて書かれたオーソドックスなガイド・ブックとしては ***Le Grand Bernard des Vins de France*** がある。これは大手ネゴシャン、ジネステ社のベルナール・ジネステが一九八四年に書きはじめたもの（現在はジャック・ルグラン社刊）。これは「マルゴー篇」から始まったもので、その後すべてのボルドーの地区について書かれ、現在はブルゴーニュやフランス各地まで取り上げている。著者も本ごとに違っていて全部で三十冊近く刊行されている。本書ではこのシリーズを「ジネステ・ブック」と表記し、評価を載せる。ワインの評価はグラス数で表わし、5グラスが最高。グラス数がついていなくて、ただ収録されているシャトーもあるので、これについては○印で表わす。次に、ロバート・M・パーカーJr.の『ボルドー』（第四版）の評価。パーカーの評価は、「傑出」「秀逸」「優良」「良好」「その他の主なシャトー（本書では「その他」）」として表わす。また、フランス・ワインの格付けのきわめつけともいうべきミシェル・ベタンヌ&ティエリー・ドゥソーヴの ***Classment des Meilleurs Vins de France***（二〇〇四年度版の邦題『フランスワイン格付け』料理王国社刊。本書では「ル・クラッスマン」とする）の採点の星数を数字でつけ加えておく。星がつかず、ただ収録されてるものは○印をつける。現代のボルドー・ワインの辞典的存在といえる、ウブレヒト・ドゥイジュケール&マイケル・ブロードベントの ***The Bordeaux Atlas Encyclopedia of Chateaux***（本書では「ボルドー・アトラス」とする）に収録されているものも紹介する。その他、各地区のシャトーを評価するのに最適なワイン・ブックからの引用も掲載していく。

2　メドック

独断的な言い方が許されるなら、メドックはボルドーでも優品・逸品を生み出すところで、まさしくボルドーを代表する地区だ。ボルドーの他の地域でも優れたワインを出すシャトーがないわけではないが、ここほどずばぬけたワインを生むシャトーがひしめいているところはない。しかもその中には、この世でも至上最高のワインが含まれているのだ。このように秀逸な赤ワインが密集している地区は、世界でもここと、ブルゴーニュのコート・ド・ニュイくらいである。

この地域は、地図で見ればボルドー市の上、つまり、ボルドー市のすぐ北から始まって、ガロンヌ河がドルドーニュ河と合流してジロンド河になるその河沿いの左岸に細長く延びる地帯である。ボルドー市郊外のブランクフォールから始まって、大西洋に突出する突端のグラーヴ岬近くまで延びるこの地域は、長さ約一二〇キロメートル、幅は平均して約八キロ、面積が約一四五〇〇ヘクタール、全体で年間七二万ヘクトリットルくらいのワインを生み出しているから、ちょっとした量である。そのほとんどが赤なのだ。

日本では、半島といえばたいてい後背地の山脈から続く小高い丘が中心にあり、しばしばそれが海近くまで迫って、海ぎわだけにわずかな平地がへりのように残っている地勢が多い。しかし、このメドック半島とも呼べる地勢は全くの平坦地で、南部の方はかなり小高くなっているとはいうものの、走りまわってみても山や丘らしきものは見当たらない。低い丘があるだけである。そして全体が基本的に砂質地である。半島中央部から西側、ことに太西洋岸は沼沢地が多く、有名な避暑地のアルカションの南北には大きな湖や沼地が続いている。この半島のつけ根からフランス南西端のビアリッツへ到る一帯は、いわゆるランド地方で、広大な松の植林がひろがり、その規模の大きさには驚かされる（松脂の大産地である）。このランドから続く松林が、メドックの半島まで北へ延びているのが地勢上の特徴で、半島の東側、つまりジロンド河沿いのベルト地帯は、後から松林に迫られている形でぶどう畑が生きのびている。しかも、その地帯全体にぶどう畑が延々と続くのではなく、かなり切れ切れで、松林・雑林・野菜畑がぶどう畑のベルトの間に混ざっている。

要するに、メドックの景観を形成しているのは、なだらかでごく低い丘の起伏があるだけの平野の農村風景である。ブルゴーニュの黄金丘陵《コート・ドール》のような岩の露頭を含んだ斜面はないし、ドイツのモーゼルのように河をはさんで岩と石だらけの急斜面がそそり立つという光景はない。少し、小高いところからは広くゆったりと流れるジロンド河が望めるだけで、ところどころに農家や質素で古びた建物がごちゃごちゃとかたまる街道があり、たまに美しい邸宅のシャトーが点在するという平凡なところで、どうみても観光むきでなかった。最近はかなり変わってきているが、ここから世界の銘酒が生まれることを知っている者以外には、退屈なところだろう。有名な銘酒街道に車を走らせても、決して風光明媚というところでなく、いたって平凡な田園風景で、点在する小さな町や村の建物も地味でそっ気なく、ブルゴーニュやアルザスのように車を走らせているだけで気分が浮き浮きとしてくるような派手なところがない。風景の点なら、むしろぶどう畑がなくなる半島の突端の方が趣きがある。知らずに走っていたら、ここが世界最高の銘酒地帯とは決して思えないだろう。

どうして、ここで銘酒が生まれるのだろうか？　その秘密は、ひと口に言って砂利にある。その昔の太古時代に、ピレネー山脈からガロンヌ河によって、岩石が押し流され、下流になると砂利になって河沿いに累積し、河は後退して細くなった。そのためメドックの上流になるグラーヴ地方から、このメドックにいたる河沿い一帯は、砂と砂利と粘土とが混ざる土質になった。河の流れということから当然なのだが、上流の方ほど砂利の粒は大きく累積量も多い。海近くの北部メドックともなると水流がゆるやかになるから、ここまで運ばれる砂利の粒は小さくなり、累積もまばらになる。もっとも砂利がワイン造りに都合がいいといっても、ただ多ければいいというものでもない。ボルドーでもグラーヴ地区はその名の通り砂利が多いが（フランス語の gravier は砂利）、だからといって極上名酒は生まれない。砂利と砂質・粘土層との微妙な組合わせが、偶然の奇跡ともいうべき天の配剤になる。

ボルドー市から北に向かって半島の先まで延びる県道二号線は、一流シャトーの間を縫うように走るので、銘酒街道とも呼ばれている。この街道を行くと、ところどころにわずかに小高くなる起伏があるが、この部分が砂利の累積量の比較的多いところで、きまってというように名シャトーがかたまっている。有名シャトーと目と鼻の先でも、ジロンド河に近くなりすぎた畑になると、いわゆる「低地」と呼ばれて駄酒しか生まない。また、マルゴー村からサン・ジュリアン村に到る中間地帯にはスーサン、アルサン、ラマルク、キュサックなどの村があり、その間はかなり広いが、ほとんどが野菜畑か雑林で、ぶどう畑があっても、あまり良いワインはできなかった。

砂利まじりの微妙さは、水はけに当然関係がある。シャトー・ラグランジュの畑で見かけたことがあるが、雨の一時間後位で、小道をはさんだ畑の片方はすぐ乾き、片方はまだ水が溜まっていた。いうまでもなく前者がよい畑だった。ポーイヤックなどでも、畑をはしる小さな川ひとつで、生まれるワインが違ってくる。メドックのように河に近くて、総体的に低い地勢の場所では、水はけの問題はワインの品質上、決定的に重要である。シャトー・マルゴーを新オーナーのメンツェロプーロス財閥が買った時、シャトー・ラグランジュを日本のサントリー社が買った時、いずれもぶどう畑の改良についてまず大がかりに手をつけたのは排水管の全面的な改装・補修だった。ちなみに、このメドック地域では地下水位が高いために、ワインを貯蔵するための地下蔵が造れない。そのためワインの醸造と貯蔵を行なう作業場（ボルドーでは、これをシェChaiと呼んでいる。他の地方では、地下蔵を意味するカーヴcaveまたはセラーcellerと呼ぶ）は、ほとんどが地上にある屋根の低い建物になっている。マルゴーの新オーナーが近隣業者から羨望の目でみられながら、あえて巨財を投じて新築したのは地下蔵だったのである。

ところで、「メドック」という呼称については、気をつけなければならない点がある。昔は単にメドックというと、この半島のぶどう栽培地の南半分――つまり半島の河上部分――だけだった。

優れたシャトーは、この南半分にかたまっている。北半分の方は駄酒しか造れず、ネゴシャンのブレンド・ワインの供給地に甘んじていた。そのため、かつてはこのメドック地区を南北二地区に分け、南を**オー・メドック**、北は**バー・メドック**と呼んでいた。この「オー」と「バー」は上流と下流の意味だったのだろうが、フランス語のバー bas は、単に河下という意味だけでなく、なんとなく程度の低いニュアンスをもつものだから、バーのワイン造りの親爺達はこの呼び方を嫌い、いろいろ運動したあげく、バーの名前を取り払うのに成功した。だから今日では、単にメドックといえば、北半分のかつてのバー・メドック地区を指し、南半分だけを特定して指すときは、オー・メドックと呼んでいる。しかし、両方をひっくるめて呼ぶときは、やはりメドックというものだから、話がしばしば混乱する。本書では、誤解を避けるため、「メドック」といえば、全体を指し、特にバー・メドックを問題にする時は「北部メドック」という造語を使わせてもらうことにする。

メドック全体の栽培面積は大体一八六五〇ヘクタール、そのうち後述する六つの固有のAC表示を持つ地区が八七〇三ヘクタール、オー・メドックと名乗れるワインを出す地区が四五九一ヘクタール、北部メドックは五三五八ヘクタールである（二〇〇二年度）。

なお、この北部メドックでも、近年そのワインの品質のレベルは上がってきているし、中小零細シャトーの中でも優れたワインを造り出すところが出てきた。これらのシャトーの多くが、いわゆる「クリュ・ブルジョワ」である。その意味では、北部メドックは、ブルジョワ・ワインの巣ともいえるので、この点は本章(9)「クリュ・ブルジョワ」の節にまとめておく。

(1) オー・メドック、その内の四つの地区(村)

このオーの方のメドックが、ボルドーきっての名酒がひしめいているところである。その中で固有のＡＣ(原産地規制呼称)表示を持つ地区が六つある。しかし、酒飲みの見地から見ると、なんといっても、その内の四つが重要である。オー・メドックを地図でみるとちっぽけな地域のようだが、実際にはかなり広く、それがいくつかの行政単位に分けられている。これはフランス語では**commune**になるが、日本人に理解しやすく表現するとなると、やはり「村」である。全部で二九カ村もある。若干、話をややこしくしているのは、ワインのＡＣ呼称上の分類が必ずしもこの「村」と一致していないことだ。つまりある一つの有名な村があると、その周辺の村でとれたワインは、ＡＣ呼称上、有名な村の傘下に入って、その有名な方の名前を名乗ることができる。マルゴーでいうと、本来のマルゴー村だけでなくその周辺の四カ村のワインは、マルゴーと名乗ることができる。そうした点から、単純に「村」という表現を使うことは正確ではないのだが、本書ではそのような点はあまり神経質にならないことにする。

そうした意味での分類をすると、オー・メドックは、南から、**マルゴー**、**サン・ジュリアン**、**ポーイヤック**、**サン・テステーフ**の四つの地区(広義の村)が重要であり、マルゴーとサン・ジュリアンの間にはキュサック、ラマルク、アルサン、スーサンなどの村があり、四つの地区の西側(川から見れば奥)に固有のＡＣをもつムーリ、リストラック地区があるし、それ以外にもサン・ロー

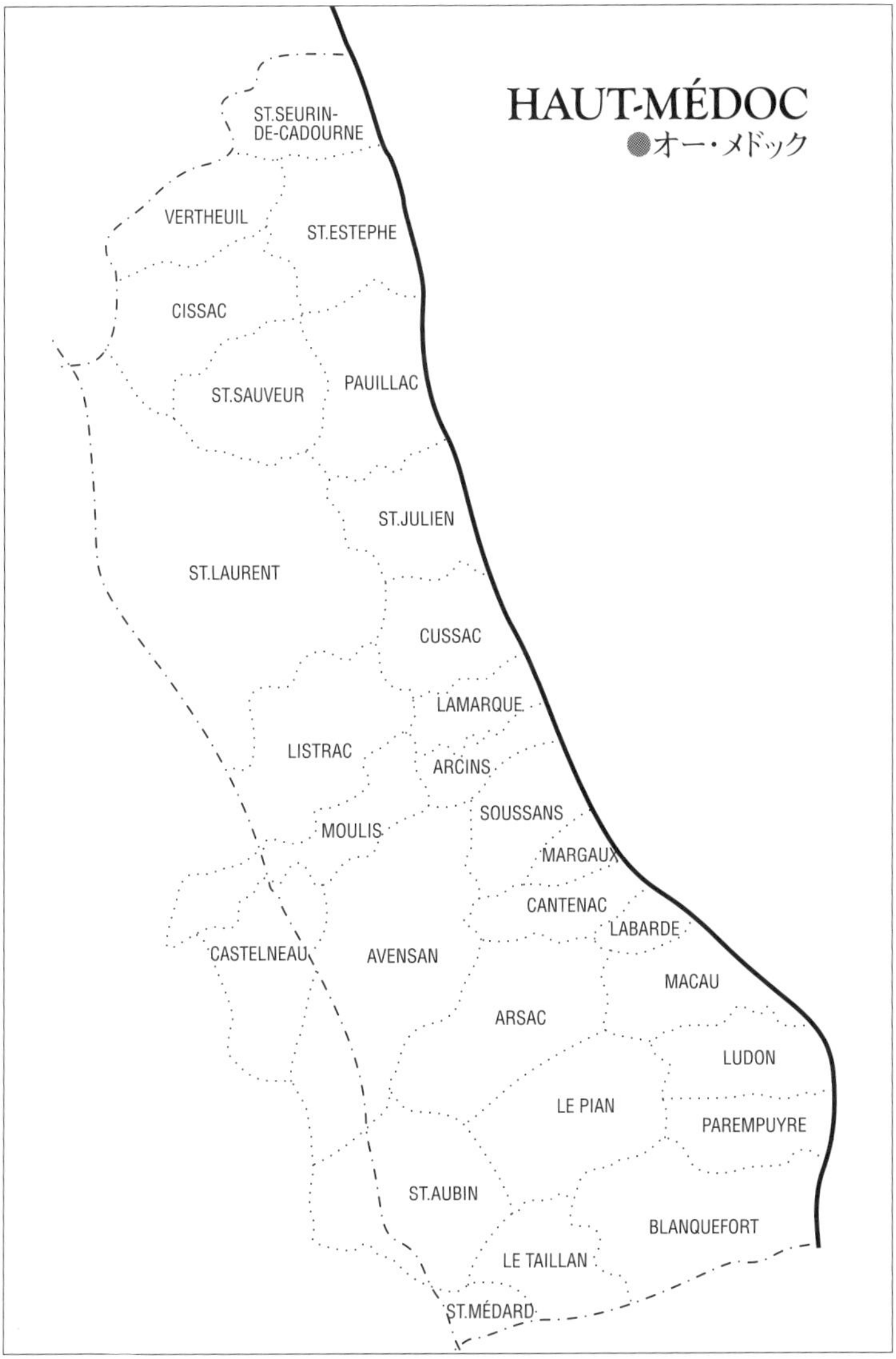
HAUT-MÉDOC
オー・メドック
ST.SEURIN-
DE-CADOURNE
VERTHEUIL
ST.ESTEPHE
CISSAC
ST.SAUVEUR
PAUILLAC
ST.JULIEN
ST.LAURENT
CUSSAC
LAMARQUE
LISTRAC
ARCINS
SOUSSANS
MOULIS
MARGAUX
CANTENAC
LABARDE
CASTELNEAU
AVENSAN
MACAU
ARSAC
LUDON
LE PIAN
PAREMPUYRE
ST.AUBIN
BLANQUEFORT
LE TAILLAN
ST.MÉDARD

ラン、サン・ソーヴール、シサック、ヴェルティユなどの村がひろがっている。どこもそれなりに重要で、決して無視してよいというわけでなく、ことに最近は優れたワインを出すところも増えてきている。しかしメドックをワインのタイプからみると、重要なのはやはり最初の四つである。いいかえると、ボルドーの赤ワインを語る場合、この四つは、利き酒のメルクマールになる典型的なタイプなのである。つまり、ボルドーの赤ワインは、フランスの赤ワインの中で、東のブルゴーニュとならぶ西の横綱ともいうべき代表的なクラシック・ワインであり、そのボルドーの赤の代表選手がメドックといえるのである。そのメドックの中で、四つの地区＝村のものが、それぞれその特徴を凝縮したような形で、優劣を競い合っている。したがってワインを学びたいと思う者としては、まずこの四つの赤ワインの原型を身に――舌に――覚えさせなければならない。この四つのヴァラエティをもったワインの特徴と、その品質――良し悪し――について、自分なりの味覚上一定の物差しをつくることが出来ると、自然にボルドーの他の地区、グラーヴやサン・テミリオンとの違いがわかってくるものなのである。

それでは、この四つの特徴はどのようなものかというと、味覚では明らかにとらえられるものなのだが、いざ表現するとなるとなかなか難しい。どうしてこのようなタイプの違いが形成されるのかといえば、当然のことながら、まずは土質の差にあるのだろうが、それにその地区特有の微気象《ミクロクリマ》が微妙に組み合わさり、その土壌と気象との組合わせがぶどうに影響を与えるのであろう。ここで、このタイプの違いの識別にひとつの難題が加わる。というのは、ボルドーの場合、各醸造元が栽培するぶどうの品種が複数であり、その混合比率がいちようでないからである。ブルゴーニュの場合、少なくとも格付けされるような優れた畑のワインは、赤ならピノ、白ならシャルドネと決まっているが（同一種の中での分枝系《クローン》の差はある）、ボルドーのメドックの場合、カベルネ・ソーヴィニヨンとメルローの二種を主体に他の二種を若干混ぜ合わせるが、その比率は各人各様である。そのため主体になる品種次第で、ワインの趣きがかなり変わってくる。カベルネ・ソーヴィニヨンは堅く、メルローは柔らかい酒軀《ボディ》をつくるから、マルゴー地区でもカベルネを多くしたところと、サン・テステーフ地区でメルローを多くしたところとでは、酒軀の点では似かよった点が出てくるのである。

そうしたいろいろな意味での各シャトー、各醸造元のワインの特徴と差を計算に入れても、大きくみると四つのタイプが浮かび上がってくる。南の**マルゴー**は優美で柔らかくふくらみがあり、ことに芳香が精妙である。これに比し、北の**サン・テステーフ**は、酒軀はしなやかだが、マルゴーのような柔らかさやふくらみはなくてどちらかといえば堅く、芯がしっかりしている。そして色と芳香に深みがある。**ポーイヤック**は、総体に堂々とした威厳があり、これならではの格調の高さが芳香と酒軀にあふれている。**サン・ジュリアン**は、マルゴーとポーイヤックの中間、というよりその長所を合わせたものとされているが、何といっても芳香と酒軀に均整さと精妙さ、優雅な微妙さがある。いずれにしても、このオー・メドックの中でも格付け銘柄の上位にランクされるようなものは、育ちのよさ、気品と風格、そして芯と腰の強さがある。昔のバー・メドック、現在の北部メドックのものは、そうした点が総体に低調になる。また、グラーヴやサン・テミリオンは、芯と腰の硬さや強さがやわらいでくる。スリムで均整がとれた筋肉質の美男子、いわばギリシャ彫刻にみられるような品をそなえた均整美はメドックの逸品ものがすべて備えている特徴である。逆にそれが備わっていなければ、メドックの逸品の名に値しない。最近、カリフォルニア産の、カベルネ・ソーヴィニヨン系の赤ワインに実に優れたものがあり、技巧をこらした酒造りの極に達したものが現われてきているが、それでもメドックに比べると何かひとつ欠けているものがある。それは育ちからくる品のよさである。何をもって品のよさというのか？　と言われると説明に窮するが、品のよさというのは——人間でも同じように——内側からにじみでてくるようにまつわっているもので、人相とか態度とか人の一部をとらえて即物的に説明できるものでない。それと、完璧な熟成美に到達するという点でも、まだまだメドックには及ばない。

(2)　オー・メドック南部

オー・メドック南部とは

四つの地区の比較論は、結局のところ飲んでもらって感得してもらうより仕方がないから、本章としてはもう少し地理的説明に移ろう。

オー・メドックの中でも、地図の上ではマルゴーより南、ボルドー市から銘酒街道を行くと一番手前の地域は、オー・メドック地区の最南端になり、独立したブロックを形成している（ワインを出す村としてはパランピュイール、リュドン、ル・パン、ル・タイヤンなどの諸村）。このブロックのワインは二つの格付けシャトー（ラ・ラギューヌとカントメルル）を除くと、ＡＣオー・メドックの表示で出されることになる。メドックの序章として、まずこのあたりから説明しよう。

ボルドー市の古い建物が並んだ軒並みを、どこかの通りを選んで郊外に向かうと、まず市街を囲んでいる旧環状線に出る。この大通りは、フランクリン・ルーズベルト、ジョージ五世、ウィルソン大統領だとか、めまぐるしく名前を変えるおかしな通りである。この環状線と交差する通りのうち「解放通り」Avenue de la Libération、別名「メドック街道」を探して左折して北上する。二度目の環状線を陸橋で越えて、少し行ったところで分岐する県道二号線に入る。道路標識は「ポーイヤック街道」である。ここまでが少しごちゃごちゃしているが、これからあとは一本道だから、まず間違えることはない。この県道二号線こそ、自動車がやっとすれちがえる位の狭い道だが、いわゆる**銘酒街道**である（なお、この道と並行して河側にもう一本道がある。これは県道二一〇号線で、ラバルドの先で県道二号線と合流する。この方が車も空いていて、のんびりしている。また、この県道二号線と全く別にサン・メダールの先で右折し県道二号線と並行する県道一号線がある。こちらは広くて高速道路のように車を飛ばすのには便利だが、ワイン街道のように両側にシャトーが並んでいるわけではないから味気ない。ただ時間を節約したい場合は、これを使って直接ポーイヤックまで行くことが出来る）。

最初の街はブランクフォールで、工場と小さな家が雑居している。この町に入る突っつきに小さな川があり、知らないでいると通り過ぎてしまうが、実はこれがグラーヴとメドックとの境になっている。この町を通り過ぎてしまうと、あたりは急に田舎道の風情になる。といっても別に美しい田園風景がひろがるわけでもないし、ひなびた風情があるわけでなく、どちらかというと平凡で殺風景である。これは、この街道全般にいえるところで、ところどころに点在するシャトーを除けば、同じような風景がだらだら続く街道沿いに現われる民家や村も、ごく質素でありきたりのもので、観光気分を満喫したいと思ったら裏切られるだろう。

そうした田舎道を少し走るとパランピュイール Parempuyre というおかしな名前の村を過ぎたあたりから、雑林や、野菜畑のあちこちに、日本人から見ると貧相にしかみえないぶどう畑が目に入ってくる。メドックの入口リュドン村である。最初に右手に現われてくる格付けシャトーは**ラ・ラギューヌ La Lagune**（格付け三級、栽培面積七二ha、生産量三七〇〇〇ケース）。街道のすぐ右手なのだが木立ちでちょっと見えにくく、通り過ぎて後ろをふりむくと見えてくる。シャンパーニュでもアイ村にある名門アイヤラ家のもの。立派な中庭をもつ。シャトーの建物は地味だが清潔で、その中で造られるワインを象徴している。最近、醸造所を含め内部を現代的なものに刷新した。ボルドーでも珍しい女支配人ジャンヌ・ボワリィ——太って陽気な女傑——の厳しい管理が実って、たいした名声をかちとっていた。現在はデュセリエ女史とパトリック・ムーランが醸造技師（責任者）である。このワインは、メドックでも一番グラーヴ寄りで、グラーヴとの境界から数キロしか離れていない。そのため両者の特徴をそなえていて面白い。若いうちは、グラーヴのドメーヌ・シュヴァリエと区別がつかないとも言われる。値段も比較的安いので、いわゆる通人がねらうワインになっている。その次に左手に現われるのがマコー村の**カントメルル Cantemerle**（格付け五級、栽培面積六七ha、生産量三五〇〇〇ケース）。現われるといっても街道から見えるのはこんもりとした林だけ。少し回り道をして訪ねると、その立派なシャトーに驚かされる。ラベルに黒白のエッチングで飾られているこの邸館は古びていたが最近美しく改装された。ここのワインは長い間低迷期にあったが、それでも小粋なクラレットとして人気があった。一九八〇年以降、コルディエ社の傘下に入り（現在はSMABTP）、現在はめきめき酒質を向上させている。

このブロックは、右に述べた格付け二シャトー以外はたいしたことがないとされ、従来シャトー見学をする人達は先を急いで通りぬけていた。しかしその外の五つほどのシャトーは、時間があれば立ち寄る価値があり、中には最近酒質を向上させ無視出来なくなっているところもある。まず左手（西側奥手）に**デュ・タイヤン du Taillan**。ここはクリューズ家のもので建物は十八世紀、セラーはさらに三世紀を遡れる修道院のもので歴史的保存物になっている。ソーヴィニヨン・ブラン一〇〇%の白は出色。

次は街道の右手（河側）にある三つの古いシャトー。一番手前が**クレマン・ピション Clement Pichon**。ここはボルドー市に一番近いメドックのシャトーとして有名だった。邸館は一八八〇年に建てられたゴシック風の立派なもので庭も美しい。一九七六年以降ポムロールの名家ファイヤ家（プリュール・デ・ラ・コマンダリーの他、サン・テミリオンでラ・ドミニクを所有）のものになり畑の改植と醸造所を改装して、ワインは完全に面目を一新した。次が**セギュール Ségur**。その名の通りラフィットやラトゥールを創った〝ぶどうの王子〟ことセギュール伯爵が建てたもの。当時はこのあたり一帯は河で（後にオランダ人が干拓した）、水に浮かぶ島だった。そこへぶどうを植え、邸館を建てたわけだが、フランス革命まで伯爵のものだった。一九五九年からグラジオリ家のものになり、荒廃していた畑を徹底的に改良した。現在同家のジャン・ピエールが醸造所を近代化させてワインの品質向上につとめている。当たり年のものはしっかりした酒軀《ボディ》にエレガントさをそなえ、このランク（クリュ・ブルジョワ級）のものとしては驚かされるような素性の良さと深みを持っている。このすぐ北に**ダガサック d'Agassac** がある。十三世紀に領主アガサックによって建てられた邸館は、二つの高い塔をそなえ、文字通りのシャトーの威風を放っていて、メドックでも最も古いもののひとつ。一九六〇年代に、カロン・セギュールのオーナー、カプベルン・ガスクトン家が買い、畑を広げ手入れをしなおした。一九九六年からグループマ社の所有になっている。ワインは濃厚で凝縮感があり、しっかりした酒軀とタンニンを持っていて、若いうちは堅さを感じさせるくらいである。街道の西手、かなり内陸部に入ったル・パン村のはずれに**セネジャック Sénéjac** がある。アメリカ生まれのギュイーヌ伯爵が一九七三年にこの実家へ帰ってきて、ここで第二の人生を送ることにした。翌七四年にはいちはやくワインは金賞を取ったが、ニュージーランドの女性ワイン・メーカー、ジェニー・バイレー・ドブソンを迎え、一九八〇年に醸造所の徹底した現代化をはかって、ワインを刷新した結果、新鮮な果実味を持ち、タンニンが洗練され、比較的早く飲めるソフトなワインになった。ここはメドックにしては珍しく少量の白も造っているが、これもなかなか面白い。

オー・メドック南部のブルジョワ

オー・メドック地区には、以上のような格付け、及び格付け外の注目すべきシャトーのほかに、いくつかの優れたワインがある。一八五五年の格付けにこそ入れなかったが、自己所有畑をもち、自分でワイン造りをして、樽でネゴシャンに売らず、自分のところで瓶詰めまでして自分の名前で出すいわゆる「ドメーヌ・ワイン」はメドックでも数が多い。これらの中小シャトーのワインは、一九三二年からクリュ・エクセプショネル **Crus Exceptionnels** とクリュ・ブルジョワ・シュペリュール **Crus Bourgeois Supérieurs** 及びブルジョワ **Bourgeois** に格付けされた。この手のワインは、**プティ・シャトー**と呼ばれたり、**ブルジョワ**ものと呼ばれているが、最近その品質の向上はめざましい（本章の最後の一七七頁に、この「ブルジョワ」のことをまとめておく）。オー・メドック南部の中で、出色ものとみられるブルジョワものを詳説するには紙数の余裕がないが、以下各節の末尾に三冊のワインブックの評価を添えておこう。「ジネステ・ブック」と、ミカエル・ドヴァズの *Encyclopedie des Cru Bourgeois du Bordeaux*（評価はないので掲載されているものには○をつける）と、ロバート・パーカーの『ボルドー』（第四版の評価である）。

		（ジネステ）	（ドヴァズ）	（パーカー）
Agassac（d'）	（リュドン村）	3	○	
Arche（d'）	（リュドン村）	3	○	その他
Cambon la Pelouse	（マコー村）	3	○	
Grand Clapeau Olivier	（ブランクフォール村）	3		
Grand Lafont	（リュドン村）	3		

Guittot Fellonneau	（マコー村）	3		
Lemoine-Lafon-Rochet	（リュドン村）	3		
Magnol	（ブランクフォール村）	3	○	
Maucamps	（マコー村）	3	○	
Pichon	（パランピュイール村）	3	○	
Saint-Ahon	（ブランクフォール村）	3	○	
Sénéjac	（ル・パン村）	3	○	良好
Taillan	（ル・タイヤン村）	3	○	

マルゴー（ラバルド村）

さて、マルゴーである。ボルドー・ワインの中でも、世界に最も名前が知られているのが、マルゴーだろう。響きの良さと、女性のように優美という伝説が結びついたからかもしれないが、日本でも渡辺淳一の小説『失楽園』で一躍有名になった。ただ、オー・メドックの四つの地区でみるとダントツの女王的存在のシャトー・マルゴーが他のシャトーの牽引車的存在になっているが、全体としてみると必ずしも誉められる実情でない。ここには六〇の格付けシャトーのうち二一が集まっているが（第一級が一、第二級が四、第三級が一〇、第四級が三、第五級が三）、これらが完全にその実力を発揮しているとはいいがたい状況にある。ことに十四もある第二、三級のシャトーがいまひとつふるわない。他の地区ではこのレベルのシャトーの躍進ぶりが目立つのに比べ、マルゴーは眠れる巨象の感がある。といっても、これらのシャトーのワインが悪いというわけでは決してないし、ごく最近になって活気が出始めている。有名なシャトー・マルゴーはマルゴー村にあるが、その高名にあやかりたいということなのだろうか、マルゴー村だけでなく、その隣接する四つの村、カントナック、スーサン、アルサック、ラバルド出身のワインは一定の条件を備えるとAC上「マルゴー」を名乗ることが許される。ラベルにシャトー名がなく、単に「マルゴー」と表示されたものは、いわゆる「村名ワイン」にあたるが、こうしたものはほとんどがネゴシャンのセミ・ジェネリック・ワインで、五つの村のブレンドもの（五つの村でもワインの品質にはかなり差がある）。良いものもあるがマルゴーの令名を汚すようなものもある。これに手を出すよりは、いわゆるプティ・シャトーを選んだらよい。その方がけじめのついた個性をもったものになっている。格付けシャトーの中でもマルゴー村以外のものが十もある。

林が多い街道を少し北へ行くと、急に左手に大きく広がったぶどう畑があり、その奥に屋根をみせているのが**シャトー・ジスクール Giscours**（格付け第三級。栽培面積八〇・五ha、生産量四二〇〇〇ケース）である。ここは村としてはラバルドだが、AC上はマルゴーの名を名乗れる。事実、このシャトーも立地条件としてはひとつだけぽつんと南端に位置しているが、ワインのタイプとしては、マルゴー的である。シャトーそのものは地味な建物だが、手入れの行きとどいた前庭は広く、全体として広壮な感じである。このシャトーは、格付け上は、第三級の五位、つまり上からいうと二十四番目になるが、一九五四年アルジェリアから逃げてきたタリ氏の手に移って以来（当時八〇ヘクタールの畑のうち栽培されていたのはわずか七ヘクタールだった）、同家の丹精をこめた手入

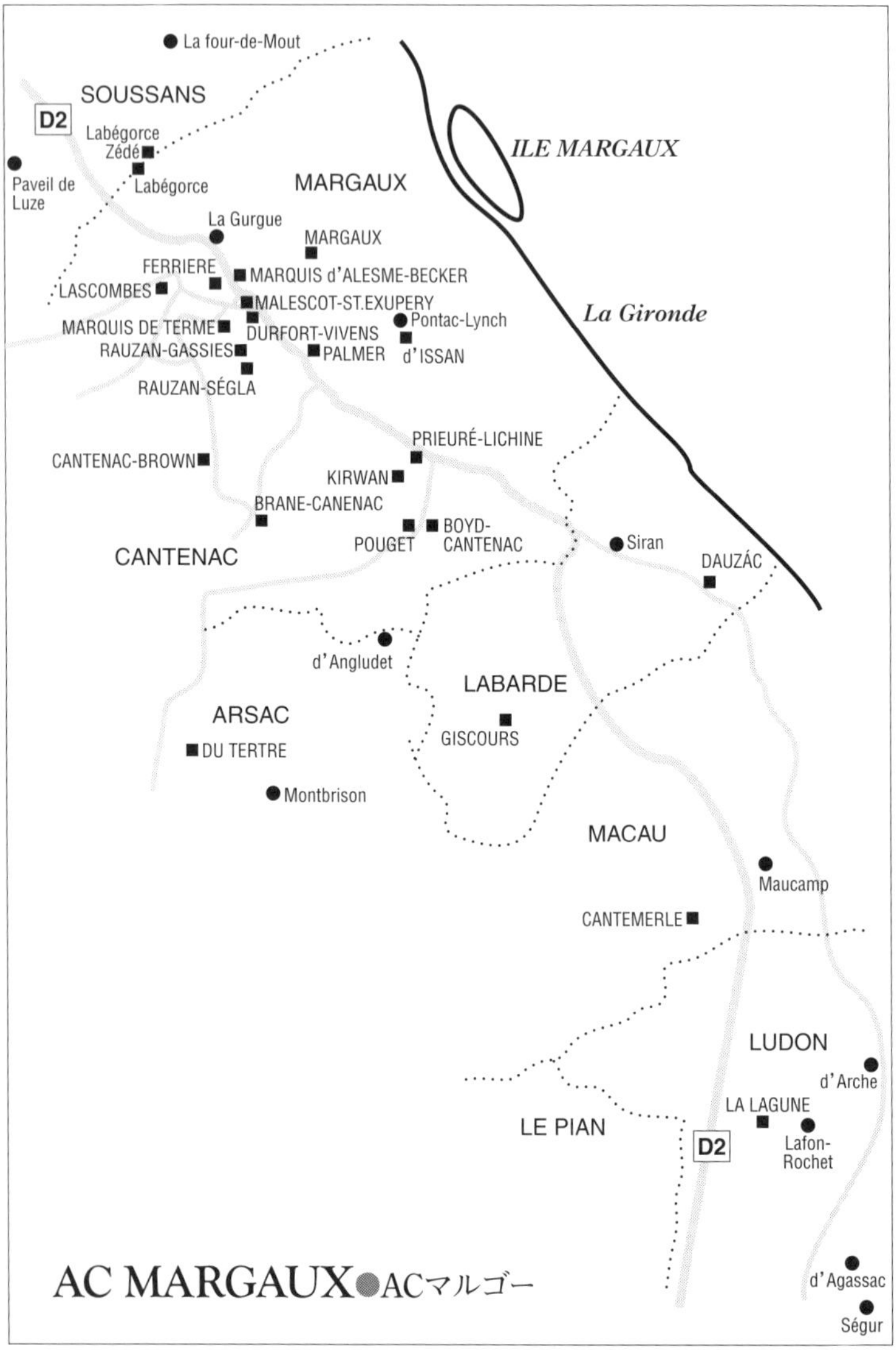
La four-de-Mout
SOUSSANS
D2
Labégorce
Zédé
Paveil de
Luze
Labégorce
MARGAUX
ILE MARGAUX
La Gurgue
MARGAUX
FERRIERE
MARQUIS d'ALESME-BECKER
LASCOMBES
MALESCOT-ST.EXUPERY
MARQUIS DE TERME
DURFORT-VIVENS
Pontac-Lynch
La Gironde
RAUZAN-GASSIES
PALMER
d'ISSAN
RAUZAN-SÉGLA
PRIEURÉ-LICHINE
CANTENAC-BROWN
KIRWAN
BRANE-CANENAC
BOYD-
CANTENAC
POUGET
CANTENAC
Siran
DAUZÁC
d'Angludet
LABARDE
ARSAC
GISCOURS
DU TERTRE
Montbrison
MACAU
Maucamp
CANTEMERLE
LUDON
d'Arche
LA LAGUNE
LE PIAN
D2
Lafon-
Rochet
d'Agassac
Ségur

AC MARGAUX ● ACマルゴー

れでめきめき評判をあげた。ことに英国のギルビィ社がワイン・ビジネスに本腰を入れるようになった時、同社を含めるＩＤＶに帰属するシャトー・ルーデンヌ Ch. Loudenne（北部メドックのサン・イザン村）とセットで、強力な業務提携——醸造技術・資本供与・販売政策など——の後ろ盾をもつことになり、ボルドーのみならず英米でも名声を確立するようになった。一時期、格付け二級に近い取り扱いをされるまで評価が上ったが、その後サン・ジュリアンのブラネール・デュクリュを買収すると共に、ＩＤＶと分かれた後、家族騒動のごたごたや、ワイン・スキャンダルなどのトラブルがあり、名声が急落した。しかし一九九五年にオランダのエリック・アルバダ・イェルヘルスマが買収し、畑と醸造所の基本的な改良を行なったため、名声が再び復活しつつある。

ジスクールを中心に、ジロンド河側にラバルド村の**シャトー・ドーザック** Dauzác（格付け第五級、栽培面積四五ha、生産量二三〇〇〇ケース）、内陸側の奥にアルサック村の**シャトー・デュ・テルトル** Du Tertre（格付け第五級、栽培面積五〇ha、生産量二〇〇〇〇ケース）がある。いずれも格付けの最下級だから、いわゆるグラン・ヴァンを飲むのを御自慢にしているような人には見向きもされないワインだが、この手のワインこそ飲みこんで舌を馴らすのにむいている。なんといっても格付けワインだから、ネゴシャンのジェネリック・ワインとは違って、それなりの個性をもっているし、そう懐を痛めるような値段でない。この手のものと、ブルジョワ級との比較をすると、クラレットでも中級ものの上位、上級ものの底辺というものが、どの程度かということがわかる。

銘酒街道を北上すると鉄道の踏み切りがあるが、これがマルゴーの中核部分の玄関のようになっている。そのすぐ右手にシャトー・シランがあり、その更に奥がドーザックである。ジロンド河に近く、シャトーの前に小さな石碑があるが、現在世界中で防カビ用の農薬として使われている「ボルドー液」の発祥地である記念碑である。ドーザックは御家騒動の結果、一時評判が落ち、格付けがやりなおされたら格はずれになると評価された時期があったが、一九七八年、フェリックス・シャテリエが買い取り、新しく現代的な醸造所を建て、畑も拡げた。一九八九年に保険会社のMAIFが買収、酒造りの名手アンドレ・リュルトンにワイン造りをまかせたので、一九九三年以降ワインは改良され、現在もめきめき躍進中である。ここのワインはいわば中庸のよさで、誇張がなく整っていて安心して飲める。

シャトー・テルトルの方は、かなり内陸部に入り、街道から五キロほど内陸部のアルサックの集落の近くになる。ACマルゴーのワイン（シャトー名を表示しないで、ラベルには単にマルゴーの名前だけを出すもの）を出せる五つの村の中で、アルサックの村がこの手のワインを一番多く出している。フランス語のTertreは丘とか塚とかいう意味だが、シャトー・テルトルはその名前のように、村の中でも小高い丘にある。ここも古く歴史は十二世紀まで遡れるし、「ぶどうの王子」セギュール伯の所有だった時代もあった。このワインは、第一次大戦と、ことに第二次大戦後、評判の落ちた格付け銘柄の代表のようなものだった。しかし、一九六二年、フィリップ・カプベルン・ガスクトンがこのシャトーを手に入れて、一九七〇年代末から名声が戻りつつある。それもそのはず、ガスクトンは、かのサン・テステーフのカロン・セギュールのオーナーであり、その娘はエノロジスト（醸造家）としての腕に定評がある。競争の激しい格付け銘柄の中で、いったん市場での評判が落ちると回復するのは容易なことではない。そうした関係で、このシャトーのものは、品質に比べて比較的安い値段がついている。ワインは樽香とタンニンが強く、堅いたちだが、少し寝かせるとしなやかでまろやかな飲みよいものになる。

ラバルドで無視できないのは**シャトー・シラン Siran**（栽培面積二五ha、生産量一一〇〇〇ケース）である。シクラメンが咲く美しい庭をもつこのシャトーは、一四二八年以来の由緒あるもので一八四八年以来名門ミアイユ家の所有になっている。本来自分のところは一八五五年の格付けに入るべきだったと考えていたから、クリュ・ブルジョワに入らなかった。しかし、そうも言っていられなかったのだろう。新しい二〇〇三年のクリュ・ブルジョワのリストではトップのエクセプショネルの仲間入りをした。原爆対策のシェルターとかヘリコプターの基地まである面白いシャトーで、訪問客は歓迎される。当たり年のワインはなかなかのものだが、深みとか複雑さを売り物にするワインではない。なお、シャトー・ベルガール **ch. Bellegarde** はここのセカンド・ワイン。

さらに、アルサック村には格付けされていないが、無視出来ない存在の**モンブリソン Montbrison**（栽培面積一三ha、生産量六五〇〇ケース）がある。内陸部のテルトルとジスクールとの中間あたりにぽつんとひとつ孤立している。若いジャン・リュック・フォンデルへイデンが家族の畑を改良して、ブルジョワのトップ級のワインにまで仕立て上げた。アルサックのワインがなぜマルゴーの名前を名乗れるのかという質問に対する解答のようなワインである。

マルゴー（カントナック村）

さて、街道に車を走らせると、突然、通りの真正面に小さな僧院が現われて、車がぶつかるので

英米で人気のあるシャトー・プリューレ・リシーヌ

はないかとびっくりさせられる。うまい具合に道の方が右によけているので心配はないが、そのため、お寺のかげに隠れている小さなシャトーを見過ごしがちである。この地味な――通りに面して石壁があり小さな入口しかついていない――シャトーこそ、アレクシス・リシーヌの**シャトー・プリューレ・リシーヌ Prieuré Lichine**（格付け第四級、栽培面積六八ha、生産量三五〇〇〇ケース）である。ロシア革命から逃げてきたリシーヌは、数奇な運命を経た末ワイン商になり、ことに第二次大戦後アメリカ向きのワインの輸出で大成功をおさめた。偉大なフランス・ワインを教える本がないことに気がついて『フランスワイン』を書いたが、これがフランス・ワインのバイブルと言われるほど英語圏とヨーロッパ中に普及した。その後、努力を傾けて書いた*Encyclopedia Wine and Spirits*もこの種の出版物として画期的集大成になった。ワインの輸出をやっていても、ワイン造りへの夢が消えず、一九五一年、自分のアレクシス・リシーヌ社を英国のビール会社バス・チャリントン社に売り払い、その資金で、このかつて修道院だったシャトーを手に入れた。リシーヌの情熱と近代技術の導入が実って、格付け第四級の末尾だったこのシャトー（当時の名はル・プリューレ）ものは、英米（ことにアメリカ）では人気のあるものになっている。アレクシス（一九八八年死去）の時代から訪問客を受け入れた、メドックでも珍しい存在だったが、息子のサーシャの時代になってモダンなレセプション・ルームを新築した。ここの畑はアレクシスの時代に買い集めて増やしたから分散している。それだけにすべてをまとめて均一な品質に仕立てるには優れた技術が要る。ワインは品がよくおとなしいたちだったがサーシャが造るようになって一時評判が落ちたが、その後ミシェル・ロランを雇い、深みや果実味がよく出るようになった。

リシーヌをすぎたあたりから、あたりはやや小高くなり一面に畑を眺望できるようになる。よく注意して眺めると街道の左手にキルワン、その奥にブラーヌ・カントナックと、カントナック・ブラウンがある。右手の先の方にはディッサンが現われてくる。

カントナックといえば、われわれ外国人がしばしばまごつかされるのは、カントナックの名前がつく似たようなシャトーが三つあることだ。**ブラーヌ・カントナック Brane-Cantenac**（格付け第二級、栽培面積八五ha、生産量三八〇〇〇ケース）、**カントナック・ブラウン Cantenac-Brown**（格付け第三級、栽培面積五二ha、生産量二六〇〇〇ケース）と**ボイド・カントナック Boyd-Cantenac**（格付け第三級、栽培面積一八ha、生産量八〇〇〇ケース）がある。名前を覚えるだけでもやっかいだし、どれがどうなのか、こんがらかりがちである。しかし、ブラーヌは名前が先に来てカントナックがハイフンの後にくるし、ラベルは金地に黒色の名前だけというメドックとしては変わったデザインだから、まず覚えられる。格付け上ではこれが第二級で三つのうちのトップ。ブラウンの方は、英国風のスペルなので遠慮したのか村名が先にくる。ラベルは金地にシャトーが黒刷になっているから区別がつく。ボイドBoydは変わった綴りでカントナックが後にくるが、白い細長ラベルで上部が金帯状になっているから、これも前の二つと見わけがつく。

さて、三つのシャトーの中で、どの品質がよくて、定評が高いかというとちょっと難しい。ロバート・パーカー（『ボルドー』第四版）に評価させると、ブラーヌは「秀逸」（ただし一九九八年以降）だが、ブラウンとボイドはランク四位の「良好」として点が辛い。「ジネステ・ブック」の方は、ブラーヌが五、ブラウンは四、ボイドは三グラスとオーソドックスである（五グラスが満点）。

ブラーヌ・カントナックの畑は、このあたりのシャトーの中では一番ジロンド河から離れているし、小高い丘という恵まれた立地条件にある（といっても、標高たかだか一五〜二〇メートル止り）。そして耕作中の面積は八五ヘクタール（シャトーの所有地全体は三〇〇ヘクタール）もあって、メドックの中でも大きなところのひとつである。年間約四万ケースものワインを出している。ということは、それだけこのワインが人目にふれるし、有名にもなるが、ワイン造りの管理に難しさが出てくるということであろう。このシャトーは十八世紀からワインを造っていたシャトー・ゴルス・ギュイにブラーヌ男爵（現在のムートン・ロートシルトの所有者）が自分の名前をつけた。男爵の政治力でこのシャトーを二級にさせたとも言われている。一九二九年以来、ボルドーの酒造りの一族として有名なリュシアン・リュルトンがその本拠地にしている。畑は良いし、名手の腕にかかるのだからワインは優れてよいはずだが、どちらかというと軽く凝縮度に欠けていた。しかし一九八九年、アンドレが責任者になってからは、原料となるぶどうの品質向上につとめ、現在は次第に評価が上がりつつある。

カントナック・ブラウンは、その昔は単にシャトー・カントナックと呼ばれていたが、十九世紀の初頭英国のスポーツ画家ブラウンが買ってから現在の名前になった。ブラウンの破産後、レオヴィル・ポワフェレの所有者だったアルマン・ラランド家が買い取ったが（その時、英国のスチュワート調の建物が建てられた）、一九六八年以降はデュ・ヴィヴィエール家のものになり（同家はボルドー市のネゴシャン、ルーズ社のオーナーだが、同社は一九八〇年以降レミー・マルタン系）、一九八七年に保険会社のアクサ・ミレジムが買収した。巨大な資本を投入して同社のワイン開発部門の実力者ジャン・ミシェル・カズ（シャトー・ランシュバージュのオーナー）がビクトリア朝の建物を美しく修復し、ダニエル・ローズ率いる醸造技師のチームが畑と醸造所の改良にあたるようになって、ワインはめざましく変身しつつある。ここのワインは、かつて持ち主がオランダ系だった関係で今でもその方面に得意が多い。ワインは、古典的な堅いたちで、タンニンが強く熟成に時間がかかった。しかし、現在はこうしたスタイルを変え、おいしく飲みよいものになっている。ボルドー・ワインの典型を飲みたかったら試していい堅実なワインであることに間違いない。

ボイド・カントナックは、キルワンの裏手、カントナック村の南東端にあるが、ここはちょっと変わった素性をもっている。というのも、ここのワインはお隣りにある**プージェ Pouget**（第四級、栽培面積一〇ha、生産量四五〇〇ケース）と同じ醸造所生まれだったからである。ボイドの方は、一七五四年にアイリッシュ系のフランス貴族ジャック・ボイドに買われてこの名前がついた。革命後一時期、カントナック・ブラウンのブラウンが管理していたこともあったが、後にジネステ家のものになった。プージェは、もともとカントナック村の修道院のものだったが『三銃士』に出てくるリシュリュー公がここのワインをすすめられ持病の胃炎などが治ったため、このシャトーを修復させ、そのワインをルイ十三世の宮廷に紹介したといわれている。しかし、その後の歴史はぱっとしないものだった。一七四八年にアントワーヌ・プージェが買ってこの名前がついたが、そのプージェ家とその娘が嫁いだシャヴァイユ（法律家でボルドー市の事務長官）の家族が運営していた。ところが有名なギルメー家が一九〇六年にプージェを、一九三二年にボイドを買ったため、歴史も格付けも異なる二つのシャトー・ワインが同じ醸造所の同じ仕込み桶から生まれる結果になった（ボイドには邸館や醸造所がなかった）。ボイドの方は輸出に力を入れたため海外市場に名が通っているが（英、ベルギー、オランダ中心）、プージェの方はデュボス社が一手販売を引き受けて、もっぱらフランス国内にさばいていた関係で、海外ではあまり名が通っていない。もっとも、もともと畑が違うので一緒にしてはまずいということから、一九八三年以来は、醸造所でも新しい仕込み室を別につくって、別々に酒造りをするようになった。こうしたいきさつから、二つのワインは似かよったところがあるのは当然だが、いずれもマルゴーとしては深みはあるが頑強で堅いたちである。ボイドはラベルのデザインで損をしているが、しっかりとした酒で、一部に酷評するむきもあるが少し寝かせてから飲んでやると、そう悪いものでもない。良い意味でも悪い意味でも格付け銘柄の中級クラスのワインというものがどのようなものかがわかる。

さて、話を銘酒街道に戻そう。街道の左手、鉄道の線路をはさんでリシーヌの裏隣りにあたるのが、**シャトー・キルワン Kirwan**（格付け第三級、栽培面積三五ha、生産量一六〇〇〇ケース）。こぢんまりとしているが美しい庭（植物学者がオーナーだった）と風格のある建物をもつこのシャトーは一一四七年まで歴史を遡れるし、その名前もフランス革命時代にここの持ち主になったアイリッシュ系の家族のケルト語に由来しているというくらいだからなかなか由緒がある。一八五五年の格付けの時は三級のトップだった。いろいろないきさつがあって、このシャトーはボルドー市に寄付され、シュレデール・エ・シラー社が一手に販売を受け持っている時期があった。同社はワイン商としてボルドーきっての老舗だが、売るだけの時はかなりいいかげんな造り方をしたらしく、すこぶる評判を落とした。ところが一九二六年になって、シュレデール社がこのシャトーを買うはめになって、ワイン造りの方にも気を使うようになった。それでもいったん落ちた定評をなおすのはそう簡単ではなかったので、五級並みという手厳しい評価を受けていた。一九七〇年代に入って、シュレデール社がワイン造りの改革に本格的に腰を入れだしたので、一九七八年以降のワインは良くなっているし、ジネステ社も四グラスの評価をするようにまでなった。ことに一九九四年に保険会社のグループGANが資本参加をするようになり、ポムロールのレグリーズ・クリネの醸造技師が酒造りの管理をするようになったのでワインの品質は急上昇するようになった。現在のワインは濃厚で、凝縮感があって調和がとれ、タンニンがなめらかである。

さて、今度は街道の右手を見ると長い並木道が走っているのが見える。このつき当たりが、**ディ**

ッサン d'Issan（格付け第三級、栽培面積五二ha、生産量二七〇〇〇ケース）。一一五二年に、後のヘンリー二世とエレオノール妃との結婚式に使われたのはここのワインだった。十四世紀にはこのあたりで今日のシャトー・マルゴーと並ぶ二大シャトーだった。堀で囲まれ城塞のような石壁をめぐらせた中世領主の館の面影を残す建物はメドックでも古いもののひとつ。堀と庭は実に美しい。そのためかここはしばしば音楽祭に使われている。広大な畑の一部は石垣で守られている。オーストリア皇帝が寵愛し、英国王室御用達だったこのワインは一八五五年の格付けでは三級でキルワンとトップ争いをしたが、それ以前は――以後もしばらくは――この格付け以上に高く評価されていた。第二次大戦中にシャトーも畑も手ひどく荒らされたが、終戦直後クリューズ社のエマニュエルが買い取って再興に力を尽くした。その関係で最近まで同社の専売ワインだった。一時期評判の落ちた時代があったが、最近とみに品質が改良されてきている。ここのワインはカベルネ・ソーヴィニヨンの比率が多く（七五〜八五％）、その点キルワンと対照的である（四〇％）。そのためワインはマルゴーとしては少し堅いたちだが、今のところ品質の割に値が安いお買い得ワインになっている。

カントナックで無視できないシャトーは、この村の最南東端（ジスクールの裏手になる）のダングリュデ d'Angludet である。このあたりはワイン造りの歴史が古く十三世紀に遡ることが出来るし、十七、八世紀頃はかなり有名だった。フランス革命頃から衰退してしまったためこのシャトーも格付けに載らなかった。一九六一年に英国の酒商ピーター・シシェル（パルメの共有者）が荒廃してゼロに等しかったこのシャトーを買い取り見事に復興させた。ブルジョワ級でもトップのエクセプショネルのランクに入るが、一九八〇年に入ってからは格付けに入らないのがおかしいとまで言われる品質になっている。値段が安くてマルゴーらしいワインを飲みたかったら、こうしたワインをねらったらいい。

カントナック村も通り過ぎ、いよいよマルゴー村にさしかかろうとする矢先、突然街道沿いにお伽話に出てくるような美しいシャトーが現われる。銘酒街道沿いの建物としては一番瀟洒で、誰しもちょっと入りたくなる程美しい。マルゴーの中でも、シャトー・マルゴーと並んで人気のある**シャトー・パルメ**（格付け第三級、栽培面積四五ha、生産量二〇〇〇〇ケース）である。かのワーテルローでナポレオンを破ったウェリントン将軍は、その前にスペインでもナポレオンと戦い、ボルドーに凱旋して来ている。その時からの幕僚のひとりのパルメ将軍が、ナポレオンの敗退後、ボルドーへ来て、ここを手に入れたため、その名前がついたシャトーである。同将軍時代は広大だった領地も、将軍の死後莫大な借財整理のため切り売りされてしまった。それでも、その中心部分をイザーク・ペレールが（ラフィットの持ち主ロートシルト家と仇敵で、この第二帝政風の邸館を建てた）一八五五年の格付け直前に買い取り、以後大不況時代まで同家の持ちものになっていた。現在は、英国系のシシェル社、オランダのメーラー・ベス、フランスのブウティユやジネステなど数家の共有になっている関係で、屋根に三カ国の旗がひるがえっている。ただ、実際にこのシャトーの管理の中心になったのはブウティユ家で、その支配人として品質維持につとめてきたのはシャルドン家（イヴ、エリック、クロード、フィリップなど）だから、この家族の名前がパルメの代名詞のようになっている。格付け当時から一級の実力があるといわれていたこのシャトーは、シャトー・

マルゴーが不遇の時代はマルゴーのトップだった。格付けは二級でありながら一級に迫るワインを「スーパー・セカンド」と呼ぶようになっているが、そのはしりでもあった。ここのワインはメルローの比率が多く（シャトー・マルゴーは二〇％だが、ここは四〇％）、それが華やかな香りとソフトな肉づきのものにさせている。

マルゴー（マルゴー村）

さて、いよいよマルゴーの中のマルゴー村である。パルメを背にして街道を走ると、数分で建物がかたまった、こぢんまりした町にさしかかる。小さな四辻を中心に、マルゴーの名だたるシャトーがひしめいている。畑は別にして、シャトーの建物だけでいえばここに集中している。メドックのシャトーはふつうぽつんぽつんと畑の中に散在しているが、ここは例外になる。銘酒街道も、ここでは曲がりながら街中を抜けて通る。その中心の十字路に立って、たった今、通り過ごしてきたところを振り返ってみると、その南西に二級のセグラとガッシーのローザン、その北隣りに四級のマルキ・ド・テルムがある。四辻の左手は二級のデュルフォール・ヴィヴァン、四辻の先で街道が左折する角が三級のマレスコ・サン・テグジュペリ。その少し先の左側が三級のフェリエール。辻から左へ行く小道を通って少し入ると二級のラスコンブ。街を通り抜ける少し手前の右手に三級のマルキ・ダレーム・ベッカーといった具合に並んでいる。しかし、町というより村といいたくなるような集落は、地味でくすんだ古い建物がごちゃごちゃとかたまり、ひっそりとたたずんでいるだけで、街道からシャトーらしき美観をもった建物は見えないから、知らずにいれば、あっという間

女王の風格を持つシャトー・マルゴー

に通り過ぎてしまう。最近は街角にしゃれた造りのパビヨン・マルゴーというホテル・レストランが出来たので、こちらの方が目立つ。

ただ、町に入る少し手前の見通しのよいところからは、少し離れた右手に古い教会の塔が見える。この奥が**シャトー・マルゴー**（格付け第一級、栽培面積九〇ha、生産量三三〇〇〇ケース）である。わざわざメドックまで来て、銘酒を生むシャトーを見ようと思う者は、まずはここに寄って見たいと思うから、マルゴーの町に入る手前で右折してシャトー・マルゴーに向かう。このシャトーのことを語るにはあまりにも多くの話があるからここでは省く（旧版『ワインの女王』では詳説）。シャトーの正面に百メートルくらいの広い並木道が延びている。この道のはずれに立つと両側に大きなプラタナスの巨木が並び、はるかかなたのつき当たりに、立派な鉄柵の間ごしに四本のギリシャ柱つきのファサードをもつ均整のとれた帝政時代様式のシックな城館がひかえている。薄い黄色の建物は夕陽があたると黄金色に輝き、メドックの栄光を象徴しているようである。やはりマルゴーは女王の風格がある。ボルドー市場に君臨していたネゴシャン、ジネステ家の誇りだったが一九七三年のバブル崩壊期に手放した。アメリカの大業者が買収しようとしたがフランス政府が拒否。フランス中にスーパーのチェーンのフェックス・ホタンを経営しているギリシャ人のアンドレ・メンツェロプーロスが買収を認められた。その後わずか三年後にメンツェロプーロスが死亡。未亡人のローラが夫の遺業を引き継ぎ、現在はその娘のカロリーヌが共同買収者だったファイアットのアニエッリの持株も買い取り、単独所有者として経営の実権を握っている。メンツェロプーロス家が巨財を投じて畑と醸造所・酒庫を改良したので、一時名声が堕ちたこのシャトーは不死鳥《フェニックス》のようにトップに返り咲いた。ワインは典雅、優美、豊潤、長命。まさにマルゴーの華であり、全ボルドーの女王的存在である。

　マルゴーの格付けシャトー中、一級のマルゴーについで、二級のトップに並んでいるのは**ローザン・セグラ**（格付け第二級、栽培面積四五ha、生産量二四〇〇〇ケース）と**ローザン・ガッシー**（格付け第二級、栽培面積二八ha、生産量一三〇〇〇ケース）である。メドックの多くのシャトーは十八世紀に起源をもつものが多いが、ローザンは一六六一年まで来歴を遡ることができる。セグラの方には英国風シャトーの建物（三時代にわたって建てられた。本書のカバーに描かれているのはその一部）があり、最近庭とともに美しく改装された。ガッシーの方は、白塗りの地味な醸造所があるだけである。ただ長い塀にシャトー名が書かれているので、こちらの方が目立つ。この二つのシャトーはもともとひとつのもので、ボルドーの有力な酒商ピエール・デ・メジュール・ローザンの持ち物だった（ポーイヤックのピション・ロングヴィルも所有）。フランス革命時に二つに分割され、三分の二がローザン男爵夫人、三分の一が政治家のガッシーの手に渡った。

その後、セグラの方は一八六六年以降ボルドーの大酒商のクリューズ家の時代を経てメロン氏の所有になり（一九五六年の大霜害の時、畑をほとんど植えかえ、メルローを多く植えつけた）、さらに一九六〇年に英国のジョン・ホルト社に買収され、同じグループの傘下にあるエシュナエル社が管理運営にあたっていた。クリューズ家の所有になって以来、次第に名声がおとろえ、ことに第二次大戦後のワインは格付け第二級に値しないと酷評されるようになった。しかし一九八三年以降アレクシス・リシーヌ社の旧社長ジャック・テオがこのシャトーの管理にあたるようになってからプルゾーが醸造責任者になって醸造所の設備を改修し、選果を厳しくするようになったので一躍名声を取り戻した。さらに一九九四年になって化粧品のシャネル社が買収、もとラトゥールの支配人だったジョン・コラサにシャトーの管理をまかせた。コラサは同じラトゥールで働いていたデイヴィッド・オールをコンサルタントに委嘱した。以来名声はとみに上がり、現在はスーパー・セカンドの仲間入りが出来るようになった（一九九〇年代以前はローザンのスペルがRausanだったが、現在はsをzに戻した）。

ガッシーの方は、第二次大戦後ポール・クエ（サン・テステーフのベロルム・トロンクワ・ラランド及びポーイヤックのクロワゼ・バージュのオーナー）が買い取り、一九六八年以降その子供ジャン・ミシェルの所有になった。一九九二年以降醸造所を改修し、エノロジストのジャン・ルイ・カンプを酒造りの責任者にして以来品質の向上が見え出しているが、いまだセグラに比べると見劣りがする。二つのシャトーとともに一八五五年の格付け当時は、第一級のマルゴーに続く実績を誇っていた。しかし、その後第二級に値しないというところまで落ちこみ、それが再び名声を取り戻したよい例である。

一八五五年の格付けの二級の中で、サン・ジュリアンの三つのレオヴィルに次いで六位をしめる**デュルフォール・ヴィヴァン**（格付け第二級、栽培面積三〇ha、生産量一三〇〇〇ケース）は、マルゴーの中の格付け順でいえば、シャトー・マルゴーと二つのローザンの次にひかえることになる。しかし、そのわりにあまり知られていない。このシャトーは十五世紀に遡れるもので、ブランクフォールの領主だったデュルフォール家に属し、現在のシャトー・マルゴーの邸宅のところも含まれていた。二百年後に、その一部がヴィヴァン家のものになった一七八五年に、後のアメリカ大統領ジェファソンがボルドーを訪れたとき、ローザンやレオヴィルと並んで二級ものとしてこのワインを買いこんでいる。ベト病やフィロキセラ禍の時代にヴィヴァン家の手から離れ、ボルドーのネゴシャン、デロー家のものになり一九三七年の大不況時代に、シャトー・マルゴーの持ち主でもあったジネステ家に買収された。これは、このシャトーとしては災難だった。シャトー・マルゴーと同じ所有者に属するようになればオーナーとしてはどうしてもこの方を冷遇するようになったからである。畑は一一ヘクタールにまで落ちこみ、名声も失われた。一九六一年になって、ブラーヌ・カントナックの所有者、リュシアン・リュルトンが畑だけを買い取った。

マルゴーの四辻に立つと、左手に半円形の壁に円錐屋根をもった変わった建物が目立つが、これが現在のデュルフォール・ヴィヴァンのオフィスである。ラベルのデザインになっている本来の宏壮なシャトーは少し離れたアルサックにあり、現在もジネステ家が住んでいる。デュルフォール畑の一部はシャトー・マルゴーへの入口にあるが、大部分はブラーヌ・カントナックの方にある。畑がリュシアン・リュルトンの手に移り、同一の村の同一の造り手のものになっていながら（ラベルも同じように金色）、出来上がったワインははっきり違うものになっている。カベルネ・ソーヴィニヨンの比率が多い関係で（八二％、ブラーヌは七〇％）バックボーンがしっかりしているし、熟成に時をかければ素晴らしいマルゴーらしさを発揮する。リュルトン家のものになってからシャトーの復興に取り組み、ワインの酒質は徐々に回復し、一九八二年以降はめざましく良くなってきている。畑は第二級だからもっとその実力を発揮してよいはずだが、まだもう一息の感がある。酒質が堅いたちなので損をしているのかもしれない。しかし最近のものは値段がまだ格安についているから、飲んでみて裏切られることはない。

二級の中で、デュルフォールより二位下がっての八位だが、知名度と人気があるのは、**ラスコンブ**（格付け第二級、栽培面積八三ha、生産量四〇〇〇〇ケース）である。このシャトーはもともとデュルフォール・ヴィヴァンと一体になってデュラス公爵領だったもので、その一部をアントワーヌ・ド・ラスコンブが買い取ってから独立したシャトーになった。メドックの数多くのシャトーの中でも、長い年月の間同一家族に属しているところもあれば、逆に所有者が転々と変わったところもある。ラスコンブは後者の代表的なもの。一七〇〇年代の創設期から何代か変わった所有者の中で、一八五五年の格付け時代のヒュー家とか、その後のギュスターヴ・シェ・デタンジュ（息子のジャン・ジュル・テオフィルは、スエズ運河の帰属をめぐってのエジプト政府との争いに勝訴した弁護士として有名）とかジネステ家（法人化した後の筆頭株主）などは有名である。こうした歴史の中で畑はわずか一三ヘクタールにまで減った時期もあったし、今世紀に入っても名声は地に堕ちていた。そうした凋落から百八十度転換の再起をやってのけたのが、アレクシス・リシーヌ。ロックフェラーを含むアメリカの大金持ちをスポンサーとして組織し、一九五二年にこのシャトーを買い取り、畑とワイン造りをめざましく改良し、名声を回復させた。その後一九六七年になってリシーヌが自分の経営する輸出業者アレクシス・リシーヌ社を英国の巨大ビール会社バス・チャリントン社に売り、自分自身はシャトー・プリューレにたてこもってワイン造りに専念するようになってから、アメリカのグループも手を引き、七一年にチャリントンを主体とする英国グループのものになった。バス・チャリントン社になって醸造所を始めとする建物は改築されている。シャトーに向から道こそ狭いが、シャトーそのものは英国のヴィクトリア朝風の面影を残す建物からプールまである宏壮なもので、賓客の接待にこの上もないところになっている。現在このシャトーの畑は、ブラーヌ・カントナックに次いでメドックで第二の広さになっている。ただ、他のところでは、一般にシャトーを中心に畑がかたまっているところが多いが、ここは四〇以上もの散在する畑を持っているのが特徴的である。そのためワイン造りが難しく、一貫性を欠くきらいがある。ことに収穫年によって、かなり違ったワインになる。そうした関係から専門家の中では、ここのワインは二級に値しないと見るものも多かった。ただ一九八五年にルネ・ヴァネテル（シャンパンでのキャリアが長い）が総支配人になってから酒質向上につとめ、良くない畑のワインはセカンドものにし、このシャトー名のワインの生産量を制限するようになってから評価が昇りつつある。二〇〇〇年にブリ

新旧混在の醸造所をもつマレスコ・サン・テグジュペリ

ュノ・ルモワール（モンローズ）他数名が銀行のバックを得て買収、酒造りの名手ミシェル・ロランをコンサルタントに迎え、酒質が急速に回復しつつある。

マルゴーでも日本人に発音し難いのは、**マレスコ・サン・テグジュペリ**（格付け第三級、栽培面積三一ha、生産量一九〇〇〇ケース）だろう。このサン・テグジュペリは『夜間飛行』の作家と同じスペルである。このシャトー名は二つのオーナーの名前を結びつけたもの。一人は一六九七年に所有者になったボルドー議会における王の助言者かつ検察官のシモン・マレスコ、もうひとりは一八二七年にここを買ったジャン・バプティスト・ド・サン・テグジュペリ公爵。このシャトーは、十六世紀に遡る歴史をもち、一八五五年の格付けでは三級六位の席に輝いたが、ベト病、フィロキセラ、第一次大戦、大不況、第二次大戦と相次ぐ災疫に耐えきれず、次第に没落し、第二次大戦直後はシャトーの建物も廃墟同然だったし、畑もわずか七ヘクタールをあますだけだった。一九五五年にアルザス出身のポール・ヅジェール（当時の所有者ヅジェール・エヴァン社の子会社ウィリアム・チャプリン・アンド・サン社から管理を委ねられた）が、それを買い取り、息子のロジェと二人で復興に心血をそそいだ。努力の甲斐があって畑も元の規模になり、品質もめざましく向上した。邸館も美しくなり、新旧設備の混在する醸造所は風格がある。日本ではこのワインはあまり知られておらず、また高く評価されていない。しかし、「ジネステ・ブック」がマルゴー村の中で五グラスの満点をつけているのはマルゴーとここだけである（ACマルゴーの中でいえば、このほかパルメとブラーヌ・カントナックだけ）。このシャトーは畑のほとんどがマルゴー村の北部にあり、土壌が特殊な砂利系で、ぶどうもメルローの比率が多い（三五%）関係で特有のキャラクターをもっている。ただ、ワインは実に飲みやすく愛すべきマルゴーであり、ワイン通たらんとする者、このワインを飲まざるべからず。なお、ここのセカンド・ワインのシャトー・ロヤック Ch. Loyac は出色もの。

マルゴーでも、末尾とはいいながら三級に入っている**マルキ・ダレーム・ベッカー**（格付け第三級、栽培面積一〇ha、生産量五三〇〇ケース）は、現在はサン・テグジュペリと兄弟関係にある。一五八五年に貴人の名をとって創設されたこのシャトーは、マルゴーでも最も古いもののひとつになる。ダレーム侯爵家は、代々王家の騎馬職を司っていたので、ラベルを蹄鉄のデザインで飾るようになった。このシャトーの持ち主は何回か変わり、それも国際的である。初めのフランス侯爵から一八〇九年にオランダの酒商ベッカーの手に移り、この人の名をつけて今日の名前になった。べッカーから別のオランダ人、二人のポーランド伯爵、フランス人、英国のキャプラン社を経て、最後にサン・テグジュペリも買ったスイス人のポール・ヅジェールのものになった。その後、ポールの息子のロジェがサン・テグジュペリを、その弟のジャン・クロードがこのシャトーを継いだ。ポール時代からここのワインは、サン・テグジュペリで仕込まれていた関係で、サン・テグジュペリのセカンド・ワインと見なされていた時代があった。しかしクロードの時代になって、弟も兄に負けずワイン造りに献身し、ことに一九七九年に、ステンレス・タンクの導入を始め醸造所を一新してから、その独立性と品質の向上がめざましいものになった。ぶどうもメルローとプティ・ヴェルドーの比率を増やしたので、サン・テグジュペリと酒質が違ったものになっている。

このシャトーは街道の右手にあり、矩型状の建物が奥に延びているので、街道からみると目立たなくて見過しがちだが、庭に入って横から見ると、英国ヴィクトリア朝風の堂々としたもの。実はかつてのシャトー・デミライユ邸館である（デミライユの畑の方はリュシアン・リュルトンが買い取った）。このダレーム・ベッカー邸館はシャトー・ラスコンブのオフィスになっている。

マルゴーには、もうひとつ、侯爵名をいただく**マルキ・ド・テルム**（格付け第四級、栽培面積三五ha、生産量一三〇〇〇ケース）がある。これは一八〇〇年代の初めにこのぶどう園を造りあげたガスコン系の貴族ペギルハムが、この侯爵名（テルムはローマの浴場の意味）の肩書きをもっていたからである。その後、豪商のオスカー・ソルベルグ、フレデリック・エシュナエル、アルマン・フュイエラなどいくつかの名家の手を経た後、一九三六年になってマルセイユの商人、ピエール・セネクローズのものになった。現在はこのセネクローズの三人の兄弟（法人化）が受け継いでいる。

テルムはマルゴーで唯一の第四級ワインだが、国外にあまり名前が知られていない。ラベルは非常に地味なものだが、別にラベルのせいでなく、過去にこのワインのほとんどはフランス国内の個人顧客に売られていて、残りはベルギーやオランダに売られるだけだったからである。このシャトーは、マルゴー村に入ってすぐ左手にあり、建物は切妻風のちっぽけな民家でシャトーというたたずまいではないが醸造所はモダンで立派なものになっている。ここも畑が分散していてマルゴー村だけでなく、カントナック、スーサン、アルサックにもある。ぶどうはカベルネ・ソーヴィニヨンの比率が少なく四五％だった（現在は五五％。メルローは三五％）。樽熟成期間も短い方である（一二～一八カ月）。ところが、面白いことに、ワインは色が濃くタンニンも多く、熟成が遅く長命のたちで、かなり長く寝かさないと飲み頃にならない。その点でマルゴーとして異色である。ただ、ここのセカンド・ワイン、テルム・デ・ゴンダットはＡＣマルゴーでなくボルドー・スペリュールだがそのランクのものとしては秀逸として評価が高いところが面白い。

これでマルゴーの名だたるシャトーは終わるわけだが、つけ加えなければならないシャトーが二つある。

ひとつは**シャトー・デミライユ Desmirail**（格付け第三級、栽培面積三〇ha、生産量一三〇〇〇ケース）。もとは偉大なローザン家の領地の一部であったし、一八五五年の格付け以前から名声を馳せ、格付け時も三級の仲間入りが出来たシャトーだった。音楽家を出したベルリンの銀行家のメンデルスゾーン家の持ちものだった時期もあったが、第一次大戦時に敵性資産として没収され、その後一九三八年になってシャトーの建物と畑が、建物はマルキ・ダレーム、畑はパルメなどへと別々に人手にわたった。かくしてこのワインが格付けから消え、一部はパルメのセカンド・ワインとして幽霊的存在になっていた。しかしこれを嘆いたリュシアン・リュルトン（前述の如くブラーヌ・カントナックとデュルフォール・ヴィヴァンの持ち主）が分散した畑を買い集めて次第にもとの姿に復元し、一九八〇年に最後の畑を手に入れてシャトー名を名乗る権利をかちとり、カントナックのポール・オーバンという十七世紀のシャトーの建物も買って、ここでデミライユのワインを不死鳥のように復活させた。一九八一年が再開後初の瓶詰めになるが、酒造りの名手リュルトンの腕にかかるのであるから将来が期待されている。

もうひとつの例外的存在は、**シャトー・フェリエール Ferrière**（格付け第三級、栽培面積一〇ha、生産量五〇〇〇ケース）。三級の栄冠に輝き、畑もマルゴーの中心部にあり、シャトー名も一七九五年にボルドー市長になったジャン・フェリエールの名前にちなんでつけられたものだったが、いろいろな事情から一九一五年以後完全に没落してしまった。一九六〇年にアレクシス・リシーヌがここを借りて改良にはげんだので酒質は向上した。しかしその後畑はシャトー・ラスコンブに貸され、ワインもそこでつくられていた。年間わずか二、三〇〇〇ケースほどのワインは、ほとんどがフランスのホテル・レストラン・チェーンの専売ワインとして使われていたから一般市場には姿をみせなかった。ただ一九九二年になって、ジャン・メルローが買い取り、管理と運営を姪のクレア・ヴィラー（シャス・スプリーンの支配人）にまかせるようになってから、すべてが変わり、これからは装いを新たにしたフェリエールが市場に姿を現わすだろう。

マルゴーのブルジョワ・ワイン

さて、これでマルゴーの格付けシャトーの紹介が終わったわけだが、ACマルゴーを名乗れる五つの村にも、格付けにもれたが優れたシャトーがないわけでない。現在ほとんどが「ブルジョワ」級になっている。詳述する紙数がないので、四一頁と同じようにワイン・ブックの評価をつけ加えておく。ただ、この中でもアングルデは最近非常に評価が高い。二つのラベコルスの中でセデのつく方はティアンポン家（ポムロールのヴィユー・シャトー・セルタン）の所有になってから名声があがりつつある。モンブリソンもジャン・リュック・フォンデルヘイデン（一九九二年、三五歳で早死）の努力で評価が高くなっている。

		（ジネステ）	（ドヴァズ）	（パーカー）
Angludet（d'）	（カントナック村）	3	○	優良
Arsac	（アルサック村）	3	○	
Baraillots（les）	（マルゴー村）	3	○	
Canuet	（マルゴー村）	3		
Gurgue（la）	（マルゴー村）	2	○	その他
Labégorce	（マルゴー村）	3	○	その他
Labégorce Zédé	（スーサン村）	3	○	良好

Larruau	（マルゴー村）	4	○	その他
Ligondras	（アルサック村）	3		
Martinens	（カントナック村）	3	○	その他
Monbrison	（アルサック村）	3	○	良好
Montbrun	（カントナック村）	3		
Pontac-Lynch	（マルゴー村）	3	○	その他
Vincent	（カントナック村）	3		

(3)　サン・ジュリアン

オー・メドックの四つのＡＣ地区のうち、北部のサン・テステーフ、ポーイヤック、サン・ジュリアンはそれぞれ境界を接しているが、最南部のマルゴーとサン・ジュリアンの間は地図で見るとつながっていない。つまりワインの空白地帯のようになっている。しかし実際はこの地域（スーサン、アルサン、ラマルク、キュサック村）でもワインを生産していないわけではない。ただ独自のＡＣを持っていないだけである。わかり易くするためにこの中間地帯は「メドック中央部」として後にまわして(7)（一五六頁以下）で説明しよう。

AC : ST-JULIEN●サン・ジュリアン

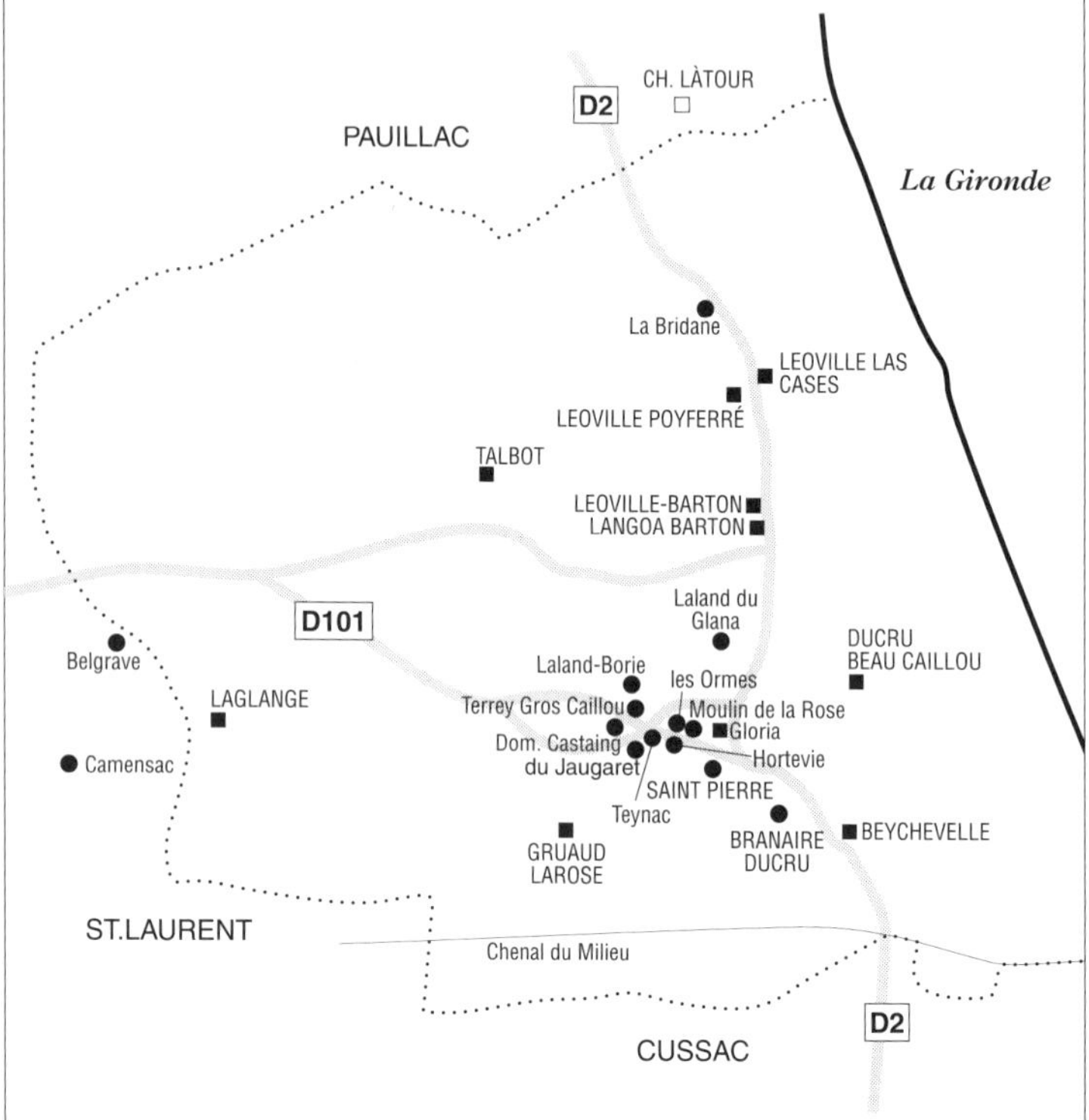
CH. LÀTOUR
D2
PAUILLAC
La Gironde
La Bridane
LEOVILLE LAS CASES
LEOVILLE POYFERRÉ
TALBOT
LEOVILLE-BARTON
LANGOA BARTON
D101
Laland du Glana
DUCRU BEAU CAILLOU
Belgrave
Laland-Borie
les Ormes
LAGLANGE
Terrey Gros Caillou
Moulin de la Rose
Gloria
Dom. Castaing du Jaugaret
Hortevie
Camensac
SAINT PIERRE
Teynac
BRANAIRE DUCRU
BEYCHEVELLE
GRUAUD LAROSE
ST.LAURENT
Chenal du Milieu
D2
CUSSAC

サン・ジュリアン南部

キュサックの平坦な地帯を通っていると前方にやや小高い丘が見えてくる。これでサン・ジュリアンにたどりついたわけである。この丘の手前裾にジャル・デュ・ノールの小川とミリューの小さな運河が並行して走っている。多雨だった一九八七年の冬には、これが氾濫してあたり一帯に冠水し、サン・ジュリアンの丘からみると湖のように見えたものだった。

銘酒街道から眺めたサン・ジュリアンの丘は、左手にぶどう畑の斜面が広がり、その斜面の上に小ぎれいな納屋風の建物が見えるが、これは後述するブラネール・デュクリュの一部である。街道の右手は以前は木が茂った小山のようになっていて視野をさえぎっていたが、今はその木を切り払ってしまってシャトーの玄関と建物が建っている。街道のやや急な坂を昇りきると、美しい建物が右側に現われてくる。通りに面して鉄柵と立派な門構えがあり、前庭の巨木の陰にシャトーの邸館が見える。表通りと前庭にかけて美しい花壇になっているので、街道沿いのシャトーとしてはパルメと並んでひときわ人目を引く。しかも、これが**ベイシュヴェル**（格付け第四級、栽培面積八五ha、生産量四七〇〇〇ケース）だと知らされ、その変わった名前の由来と面白いデザインのラベルを思い出せば、どうしても印象に残ろうというものである。このシャトーは街道から見た正面も立派だが、中に入らせてもらって、ジロンド河に臨むシンメトリーの建物と手入れのいきとどいた中庭を見れば、メドックのシャトーの典型ともいうべきものに敬意を表することになるだろう。

一五八七年エペルノン公爵に三つのおめでたがあった。若い妻をもらい、海軍提督に任命され、そして、このシャトーを手に入れたのである。そして間もなく、このシャトーに、ベイシュヴェル

ユニークなデザインのシャトー・ベイシュヴェルのラベル

というニックネームがつくようになった。ジロンド河をボルドーへ行き来する船は、このシャトーのあたりへ来ると当時の船の敬礼である「帆下げ」を古代ガスコーニュ語の baisse-voile の号令とともにやったからである。その後、公爵家はこのシャトーを手放したが、名前はそのまま残り、ラベルのデザインも半帆の古代船という一目みたら忘れられないものになった。

何人かの手を経た後、一七五七年のブラシエ侯爵時代に、ルイ十五世風の建物が建てられ、ボルドーでも有数な美しいシャトーのひとつになり、一八七五年にアルマン・ハイネの手に移ったが、この人の娘がアシール・フールに嫁いだ。フールは「動産銀行」を設立した当時の金融界の大物で、ナポレオン三世の蔵相になり、ロートシルト家と死闘をくりひろげた人物である。一九八三年までこの家系の後継者がこのシャトーの所有者になっていた。こうした華やかな歴史、美しいシャトー、変わったラベルのおかげばかりではないだろうが、一八五五年の格付け当時は四級だったが、現在人気はとみに高く、二級並みの値段で、取引きされている。一九八九年以降、法人化されたこのシャトーの株の六〇%をGMF保険会社、四〇%をサントリー社が持つようになった。現在サントリーは、このシャトーの管理運営にあたっているが、単にワイン造りだけでなく地域の文化振興にも力を入れている。ことに新人芸術家の育成に焦点をあてた芸術教室やギャラリーのために、年に一定期間シャトーを開放していたから、メドックの文化センターの役割を果たしつつある。

ベイシュヴェルの華やかな庭と名声のために、しばしば見過ごされてしまうのは、街道をはさんだ真向かいの**ブラネール・デュクリュ**（現在、単に「ブラネール」と名乗っている。格付け第四級、栽培面積五二ha、生産量二七〇〇〇ケース）である。シャトーも地味だし、ラベルも地味で、名前もちょっと覚え難いところがあるためか、日本ではほとんど知られていない。しかし十八世紀の半ば以降、ベイシュヴェル、デュクリュ・ボーカイユと並んで、サン・ジュリアンのシャトーの中でも屈指の名声をもっている。一八五五年の格付け当時は第四級の中で三位になったが、タルボーが四位、本家的存在のベイシュヴェルの方は九位だった。つまり、あまり名は知られていないが、サン・ジュリアンとしての典型的な良さをそなえているワイン、いわば通むきのワインなのである。ワイン・ミステリーの傑作、ロアルド・ダールの短篇「味」でテーマになったのがこのブラネール・デュクリュだった。といえば、酒通の間でこのシャトーがどのように評価を受けているかがわかろうというものである。

このシャトーはもともとベイシュヴェルの持ち主だったデ・ペルノン公爵のものだったが、一六六六年当時、リュック家に分離して譲渡され、以来二百年もの間、同家の所有だった。ぶどう畑が今日のように完備したのは一七二〇年頃からで、畑の確立につとめたリュック家のルイ、つまりルイ・デュ・リュック、別名デュリュックの名前で取引きされていた。同人の死後、その従兄弟のグスタヴ・デュクリュの手に移った。この人が直系後継者なしに死亡した一八七九年以降このシャトーは、現在のブラネール・デュクリュを名乗ることになるが、ラベルの方はシャトー・ブラネールの名を掲げ、過去の功績をたたえるためその下にカッコ書きでDULUC-DUCRUの名が残されている。なおラベルの四隅の王冠はその後の二人のオーナー、ラルソン公爵、ラトゥール伯爵を記念したもの（ちなみにこのシャトーのラベルは、下の方に、毎年その年に生産された瓶の数を記載しているが、こうした小さな点にシャトーの誇りと自信が現われている）。ブラネールは第一次大戦から第二次大戦にかけて、名声にかげりの出た時代があったが、一九五二年からジスクールのタリ家がこのシャトーの運営にあたるようになって威信を回復した。一九八八年からオルレアンの砂糖会社の社長パトリック・マロトーと何人か（中にはボーモンのオーナー、ベルナール・スーラスもいる）が、このシャトーを買収。酒造りの名手フィリップ・ダルーアンを支配人とし、多くのシャトーの改築を手がけたマジェール兄弟に頼んで醸造所の徹底的な現代化・改築を行なった。そのため見事に新装されたこのシャトーから素晴らしいワインが生まれつつある。

ベイシュヴェルあたりの街道に立って、ジロンド河側を眺めると、斜め右の遠景に何やらシャトーらしきものが見える。街道からの外見は地味だが、そこまで行って裏側の庭からみると、実に堂々たる宏大なシャトーである。それもそのはずラベルにもそのヴィクトリア朝風の建物がデザインされているデュクリュ・ボーカイユ（格付け第二級、栽培面積五〇ha、生産量二〇〇〇〇ケース）なのである。このラベルは、メドックでは風変わりで、黄色の地に金の枠の中にシャトーのエッチングがセピアで刷られている。このラベルがちょっと安物風なことと、名前が小さく読みにくいからでもないだろうが、このシャトーも、日本ではその実力が知られることなく軽視されているもののひとつ。デュクリュ・ボーカイユという舌でも嚙みそうな奇異に聞こえる名前だが、ボーカイユの意味は「美しい小石」で、ここの畑の土質が絶妙な砂質・粘土と小石の混合になっていることを暗示している。美しい小石といわれるだけあって、赤・茶・黄・橙・ピンクと実に多彩で、金魚鉢の飾り石に使えそうである。

ここの地下蔵は一六〇〇年代頃に出来た歴史の古いものだが、後にその上に帝政時代風の建物が建てられ、さらに両翼にヴィクトリア風の塔状の四角い建物が増設された。ジロンド河に臨む広い前庭をもったこの邸館自体が立派なだけでなく、その建物の地下が醸造所兼酒庫になっているのである。これは、この地域では珍しい。水位が低いメドックで、しかも河にごく近いところにありながらこうした地下蔵をもてるということは、シャトーとその畑が小高い丘の上にあるという地勢の良さを物語っている。建物の内部も実に風格のあるもので、古いものを大切にするフランス人の良さが部屋の隅々まで行きわたっている。そして、また、ここに住んでいる人がそれにふさわしい。最近、この地下蔵続きに半地下の素晴らしい樽貯蔵庫を建て、しかも建物の一階をモダン・インテリアの美しいテイスティング・ルームにした。必見である。

このシャトーはもともとボーカイユとして評判が良かったが、一七九五年にベルトラント・デュクリュが買い取って品質の向上にはげんだので、三級の上位とされていたのが二級ものとして扱われるようになったし、名前にもデュクリュがつけ加わった。この人はボルドー商工会議所長の娘と結婚したが、義父の方は娘の亭主のワインで面目をほどこし、会議所の常飲ワインにされるくらいだった。その後相続による持ち主の交替があったもののシャトーの名声は維持され、一八五五年の格付けでは栄光の二級の座をかちとったが、六六年にナサニエル・ジョンストン家の手に渡った。同家はベト病やフィロキセラ禍などの災厄は乗り切ったが、大不況時代に続くアメリカの禁酒法の痛手に耐えきれずついにシャトーを手放した。買い手のテバラ・ドブリュクも結局シャトーを維持できず、一九四一年にフランソワ・ボリー家の手に移った。その父のウジェーヌがシャトー・カロンヌの改良で名声をあげた一家で、現在はフランソワの子供ジャン・ウジェーヌ・ボリーが当主である。誠実な人格と酒造りに対する献身的な愛情で尊敬をえている人物だが、その息子のフランソワ・クサヴィエも酒造りの腕ききである。ボリー家は、グラン・ピュイ・ラコスト、バタイエとオー・バタイエを所有しているほか、ラグランジュの畑の一部を買い取り、**ラランド・ボリー**（栽培面積一八ha、生産量八〇〇〇ケース）として売り出しているというボルドーの名門である（ボリー家とその一族の持ち畑の関係は一二八頁参照）。この一家の努力によって、専門家の中でのデュクリュ・ボーカイユの名声はとみに高い。かつて二級のトップだったムートンが一級に格上げされた後、二級の中でトップの座を争っているシャトーがいくつかある。レオヴィル・ラス・カス、ピションン・ロングヴィル・コンテス・ド・ラランド、コス・デストゥルネルと、このデュクリュ・ボーカイユなのである。

サン・ジュリアン西部

さて、銘酒街道に戻り、こんどは左手を西の内陸部に向かう県道一〇一号線を行くとサン・ジュリアンが誇る二つの名シャトーがある。ひとつは県道の左手にひろがる畑の真ん中にぽつんと建っているグリュオ・ラローズ。それから更になだらかな丘を行くと、深い木立ちの陰に隠れていて塔だけしか見えないが、ラグランジュがある。

グリュオ・ラローズ（格付け第二級、栽培面積八二ha、生産量四六〇〇〇ケース）は、従来ラベルの上縁に黒色地にコルディエの金文字が入り、中央部は地味な字と紋章との組合わせだが、このラベルのデザインがなんとなく高級なワインでないような雰囲気なのと、名前も発音しにくいので、損をしているシャトーである。しかし格付けは二級であり、ワインはその肩書きを裏切らない。（現在ラベルが変わった）いつ飲んでも期待を裏切られることがない。力強くありながらサン・ジュリアンの優雅さがしみじみ味わえるワインである。「ジネステ・ブック」は、ベイシュヴェル、ランゴア・バルトン、レオヴィル・バルトン、レオヴィル・ポワフェレについては四グラスしかつけていないが、グリュオは五グラスの満点である（ちなみにこの本の「サン・ジュリアン篇」で、五グラスの満点シャトーは、ここと、デュクリュ・ボーカイユと、レオヴィル・ラス・カスの三シャトーだけ）。

このシャトーは、十八世紀の中頃、騎士グリュオが分散した畑を買い集めて合体させて自分の名前をつけたのが起源で、その後養子のラローズが自分の名前をつけて現在の名前になった。このラローズはギュイエンヌ地方の初審裁判所長もつとめたなかなかの人物で、宮廷や上流階級の人々との交際も広く、自分のワインを紹介するのに熱心だった。そこで“Le roi des vins, Le vin de rois”（ワインの王、王のワイン）というキャッチフレーズをつくったが、これがラベルに刷られていた。このラローズの死後、その所有をめぐってお家のごたごたがおこり深刻な法廷闘争にまでエスカレートし、結局はそのばかばかしい経費のために競売され、ある三家族（後に二家）の所有になった。そのため格付け直後の一八六〇年代からグリュオ・ラローズのあとにサルジェとフォーレという名前をつけた二つのワインが出る始末だった。一九三五年になってロレーヌ地方からボルドーに移ってきたジョルジュ・コルディエがこのシャトーを手に入れ二つをもとのひとつに合体させた。この人は酒商としてなかなかのやり手で、ロレーヌで成功し、ボルドーに引っ越してきて頭角を現わし、グリュオの他にシャトー・タルボー、シャトー・メイネイも買い占め、現在の大手コルディエ社の基礎をつくった。この人はシャトー名に自分の名をつけることはしなかったかわりに、ラベルの上に名前を刷ることで満足したわけである。ネゴシャン・ビジネスを盛大に営むかたわらこの三つのシャトーの所有者であることを誇りにしていたが、ことにラローズは虎の子中の虎の子だった。一九八五年にここはコルディエ家の手から離れてシュエズ銀行グループに移り、同銀行は一九九三年に巨大産業企業体アルカテルに売った。さらに一九九七年以降、シャス・スプリーンのメルロー家が主導しているタイヤン・グループに所有権が移った。ただ長い間、グリュオ・ラローズの酒造りの責任者であり、腕ききで名が通っているジョルシュ・ポーリは顧問として残った。アルカテルの買収以後多大な投資が畑の改良と醸造設備の刷新及び樽貯蔵庫の新設のために投じられたので、ここは古くて新しくなったシャトーとして名声を維持し続けている。なお、このシャトーには四角の塔があるが昇らせてもらうと見晴らしは絶景である。

話のついでに**シャトー・タルボー**（格付け第四級、栽培面積一〇八ha、生産量五六〇〇〇ケース）にふれると、このシャトーは同じサン・ジュリアンでも街道の左手の奥、グリュオ・ラローズの少し北にあり、ランゴア・バルトンの西側にひろがる広大な畑をもっている。格付けは四級だが、ここもラベルのデザインとあまりにも親しみ易い名前のために損をしているワインである。ここの畑はシャトーをとりまく見晴らしの良い平坦地にまとまっていて、面積も一〇〇ヘクタールを超すのだから（それに庭の約三〇haが加わる）ちょっとしたものである。日本人にはなじみがないが、タルボー将軍といえば英国人にとって歴史上の英雄で、シェイクスピアの『ヘンリー六世』（邦訳ではトールボット将軍）を読めばすぐわかる。百年戦争の末期の一四五三年、将軍はここからかなり離れたサン・テミリオンの先のカスティヨンで戦死し、英国のフランス・アキテーヌ地方の支配は終わりをつげる。実際は、このシャトーはタルボー将軍のものではなく、単に軍隊の本拠地だっただけらしい。しかしこのシャトーがタルボー将軍の城で、将軍はここで戦死したと思っている英国人は多いし、戦いに敗れた将軍が巨大な財宝を畑のどこかに埋めたという話が信じられているくらいである。

このシャトーは十九世紀の初頭、ドォー・ド・レスコー侯爵時代から名声を博していた。一九一八年にコルディエ家が手に入れて醸造所はさらに改良され、現在三五〇〇ガロン入りのステンレス・タンクが二五基ずらりと並んで、清潔さが徹底している発酵室は壮観である。畑の手入れも丹念で、化学肥料は一切使わず、収穫はサン・ジュリアンでは遅い方である。ぶどうの構成比率はラローズと若干違い、むしろカベルネ・ソーヴィニヨンが数パーセント多いが比較的熟成が早いところが面白い（ということはあまり長命でない）。一般的に言えばラローズの方が優れているわけだが、年によってラローズを抜くときもある。

タルボーで興味を引くのは、辛口白ワインを造っていることである（メドックでは例外的な白のひとつだった）。もともとは当主の個人的飲酒用として始めてみたものだが、評判がよいので本格的生産に乗り出し、現在六ヘクタールに白ワイン用のソーヴィニヨン種を植え、年間三万本ほどをカイユー・ブラン **Caillou Blanc**（白い砂利）の銘柄で市場に出している。

コルディエ家は、ここことグリュオ・ラローズの他にメイネイ（サン・テステーフ）、ラフォリ・ペラゲ（ソーテルヌ）、クロ・デ・ジャコバン（サン・テミリオン）などのシャトーを持っていたが、二〇〇二年にそれぞれが手放した中で、タルボーだけは一族の手に残した。現在は同家系のナンシイ・ビニヨンとロレーヌ・ルストマンの共有になっている。そしてナンシイとロレーヌの夫ティエリー・ルストマンが協力して経営にあたっている。

グリュオ・ラローズより内陸の**ラグランジュ**（格付け第三級、栽培面積一一三ha、生産量五二〇〇〇ケース）は、日本人が所有者になったシャトーとして特筆に値する。

サン・ジュリアンでもかなり内陸部に入り、サン・スーラン村との境沿い近くになるこのシャトーは歴史が古く、一二八七年当時（日本でいえば蒙古襲来の頃）テンプル騎士団の荘園だった。その後フランス革命までムートンのブラーヌ家を含む貴族達に継承されていた。メドックでも中心的

サントリーが買い取り、美しくなったシャトー・ラグランジュ

な位置を占め、領地の面積が三〇〇ヘクタールに及びメドック最大の領地だったから、フランス革命後この領地を買える人物は相当な人物だった。銀行家カバルス伯爵（ナポレオンの閣僚）、デュシャテル伯爵（ルイ・フィリップ朝の大蔵大臣）の所有時代を経て、一九二五年以後スペインのバスク地方の領主センドーヤ家に属するようになった。カバルス伯爵がナポレオン時代にスペインの大蔵大臣の任にあたっていたことが縁になったのだが、ボルドーでもスペイン人のオーナーというのは異色だった（以前のラベルが、ドン・キホーテ的人物をデザインしたものだったのも、そのため）。なにしろ広い領地だったから、かなりの量産をしていていろいろな商標ワイン（シャトー・サン・ジュリアンという商標もあった）を出していたから、一八五五年の格付けでは第三級だったもののその後評価は落ちた（一九六〇年以降かなり改善された）。広大な畑は次々と切り売りされ

（一部をボリー家が買いラランド・ボリーになった）、残された中核部分だけになった時、一九八三年に買収したのが日本のサントリー社である。幸い残っていた一五七ヘクタールはとても良い畑だった。

ボルドーの名シャトーは「金喰い虫」といわれるが、なおざりにされていたシャトーはなおさらである。サントリーは邸館を美しく修復しただけでなく醸造所と酒庫を徹底的に刷新、畑では排水工事と並行して適合品種の植え替えに着手した。ボルドー大学ペイノー教授門下のマルセル・デュカスを社長に、日本からは鈴田健二が赴任、この二人がコンビを組んで新しい酒造りに励んだ。サントリーの地元文化尊重策と、鈴田の人格があって、当初は他人者を白い目で見ていたボルドーの人達に暖かく受け入れられるようになった。数年たって酒質は向上、植え替えた樹が見事に育った今日では格付け三級でなく二級なみの評価を受けている。ことにセカンド・ワインのレ・フィエフ Les Fiefs の評価はとみに高い。

ラグランジュのすぐ奥、村としてはサン・ローランに入るが、三つのシャトー——ラ・トゥール・カルネ、ベルグラーヴ、カマンサック——がかたまっている。いずれもかなりの実力を持っているのだが村がサン・ジュリアンでないためと、知名度がないため過小評価されている。

ラ・トゥール・カルネ（格付け第四級、栽培面積四二ha、生産量一九〇〇〇ケース）も十三世紀に遡れる古い塔状の要塞城（百年戦争時代英国側についた領主の城）を残している。そのため初めはシャトー・サン・ローランだったが、この名がついた。十五世紀にはここのワインはグラーヴの倍の価がついた。十八世紀にスウェーデン系のルエトケン家（サン・ピエールの所有者）のものになり、格付け後も長く同一家系が続いていたがワインと畑は衰退の道をたどった。一九六二年ルイ・リプシッツが買収した当時ワインの生産量はわずか二〇トノー（現在は一三〇トノー）だった。一九七九年以降、娘のマリー・クレール・ペリグランと夫のギュイ・フランソワ（出版業界の人物だったがワイン造りに転向）が大規模の改革計画をたて着々と実行に移し、現在では格付け四級の名に恥じないけじめのついたメドック・ワインを出している。

ベルグラーヴ（格付け第五級、栽培面積五三ha、生産量二九〇〇〇ケース）は一八五五年の格付け以前から業界で認められていた存在だったが、何回か所有者を変え、その中にはワイン造りに関心を持たない人もいたのでその後荒廃状態に陥っていた。一九七九年に農業開発グループのCVBG（中にドートト社が入っている）が買収、根本的な復興計画に取り組み、ペイノー教授の指導も仰いでいるので現在失地回復中である。

カマンサック（格付け第五級、栽培面積六五ha、生産量三〇〇〇〇ケース）も、格付け以後所有者の交替もあって荒廃に陥っていた。スペインの名酒リオハの名門、マルキ・ド・カセラス家のエリセとエンリックの兄弟はフランス進出を計画。同家は初めは南仏ナルボンヌ市の近くに広大な畑を買ったが、量産・安酒の将来に見切りをつけ、そこを売り払って、ここを買った。畑の完全な改植を始め、醸造設備の刷新などが進み、ここもペイノー教授の指導を仰いでいるので既に成功の兆しが見えていて、将来が楽しみである。

サン・ジュリアン中部から北部

　街道を少し北へ向かうと街道沿いに人目を引く建物がある。巨大な瓶をかたどったもので、誇らしげにサン・ジュリアンと書いてある。看板や観光文字が目白押しに続く賑やかなブルゴーニュとちがって、メドックの人達は宣伝物らしきものが嫌いなようで、それだけにこれは異彩をはなっている。この近くにある、**シャトー・グロリア**（ブルジョワ、栽培面積四八ha、生産量二〇〇〇ケース）も異色である。グロリアの当主、アンリ・マルタンは、長く「コマンダリー・デュ・ボンタン（ボンタン騎士団）」の会長をつとめた人物だった。サントリーのシャトー・ラグランジュにおけるボンタンの式典では議長としてエネルギッシュな顔をのぞかせた。マルタンの父は地元の樽屋だったが、親子二代を通じてサン・ジュリアンのこのあたりの畑を買い集め、良い畑を見抜く目と賢明な買い取りや交換の腕で、このグロリアを形成した。グロリアが格付けされていなかったという関係もあって、マルタンはいわゆるブルジョワ級のワインの組織化とその地位の向上に努力した。彼の見識と力量にあずかったのだろうが、現在グロリアは格はずれシャトーの本拠のようになっているし、マルタン自身もボルドーで押しも押されぬワイン界のドンになっていた。マルタンの生涯の悲願は、格付けシャトーの所有者になることだった。父がまず、お隣りの**サン・ピエール**（格付け第四級、栽培面積一七ha、生産量九〇〇〇ケース）に目をつけた。ここは、もとはセラネアンというシャトーだったが一八三〇年代からシャトーは二分されて二つの名前がついていた。ひとつがサン・ピエール・セバストルと、もうひとつはサン・ピエール・ボンタンだった。マルタンの父がまずこのボンタンの建物とシェ（醸造所）を買った（畑はセバストル家が買収した）。一九八二年に既にグロリアのオーナーになっていたアンリがこのセバストル家の持ち分を買い取り、合体させた（そのため一時期のグロリアのワインの一部はサン・ピエールでもあった）。一九八二年以降、マルタンの娘のフランソワと娘婿のトリオーが協力して格付け第四級のサン・ピエールの名を復活させ、マルタン家は三代目で宿願を達したことになった。現在シャトー運営の実権をにぎっているトリオーは、未来派の建物のような醸造所を建て、畑の排水や醸造設備に新機軸の技術を導入している。

さて、隣り村のポーイヤックへ向かって銘酒街道を北上すると、サン・ジュリアンの華ともいうべきシャトーが待ち受けている。車のスピードを落としていかないと、あっという間に通り過ぎてしまう距離に、三つのレオヴィルが街道沿いにかたまっている。まず、街道の左手に堂々とした邸宅が鉄製の門ごしに見えるが、これがランゴア・バルトン。実はそのちょっと手前の通りをはさんだ右手にレオヴィル・バルトンがあるのだが、格こそ上にあるもののこのバルトンの方は醸造所だけで邸宅はない。レオヴィル・バルトンのラベルに刷られているシャトーは、現在のランゴアである。そこからほんのちょっと行くと、密集した集落の中に、これも地味でシャトーとは言いかねる建物が左右にある。右手がレオヴィル・ラス・カス、左手がレオヴィル・ポワフェレである。もっとも、この二つのレオヴィルは邸宅と醸造所・事務所が通りの左右に入り組んでいるから、どれがどれだかちょっとわかりにくい。右手の奥に高い教会の塔があったり、石造りのライオンの像がのぞいてみえたりする。しかし、建物の集落を通り越すと、右手のぶどう畑を隠すように長い石塀が続くがその一カ所に、石造りのアーチ状の門がぽつんとひとつ、あたりを睥睨するように立っている。ボルドー・ワインのファンならすぐわかるはずだが、これはモノトーンの地味なラベルに写真でデザインされているラス・カスの門である。昔は風雨にさらされ真っ黒だったが、一九六六年にフランス文化相アンドレ・マルローの歴史的建造物クリーン・アップ政策に共鳴して綺麗に洗い流した。

一八五五年の格付けをみると、二級の中に、同じ名前のシャトーが三組ある。二つのローザン、三つのレオヴィル、二つのピションである。ローザンはマルゴーで説明したし、ピションは隣り村のポーイヤックにあるから、ここでは三つのレオヴィルと、それに加えて二つのバルトンについて、まとめて説明する。三つのレオヴィルは、もともと一六三八年当時、ボルドーの有力な酒商、ジャン・ド・モアティに、モアティ（息子が後にフランスの財務長官になった）が創設したものだった。一七〇〇年代の初期に、モアティ家を継いだ娘が結婚した関係でここがボルドーのもう一つの有力な家族の手に移った。ブライズ・アントニー・アレクサンドレ・ド・ガスク・レオヴィル家で、当主はボルドー議会の議長であるばかりかマルゴー村の大地主だった（この畑が後にパルメとディッサンになる）。ガスクが一七六九年に跡継ぎなしで死亡したため、このレオヴィル家の畑は甥と姪のものになったが、その一人がド・ラスカース・ボーヴォア侯爵である。かくて、畑は**レオヴィル・ラス・カス**（格付け第二級、栽培面積九七ha、生産量四五〇〇〇ケース）になるが、革命時に侯爵は身の危険を感じて外国へ亡命、シャトーはいったん国庫に没収された。侯爵の弟と二人の妹はシャトーに居座ってがんばり、取り戻しの請願活動に取り組んだ。あれやこれやの成り行きの末、結局領地の四分の三は家族の手に戻った。もっとも、残りの四分の一は国有財産として売り払われた。後述のように、一八二〇年にこの部分を買ったのがヒュー・バルトン、そして今日のレオヴィル・バルトンになった。

さて、レオヴィル家の新侯爵ピエール・ジャン陸軍元帥は、ナポレオンの股肱《ここう》となった人物で、はるばるセントヘレナ島までついて行ってその死までみとった数少ない人達のひとりである。後に有名なナポレオン回顧録を書いている。この人がレオヴィルの大部分を守り（もとの約半分）、息子のアドルフに継がれ、後に三人の孫のものとなり、やがては法人化されるが現在でもレオヴィル家が株のかなりの部分を持っている。

ピエールの妹のジャンヌがレオヴィルの一部（全体の約四分の一）をもらっていたが、ボルドーの有力な一家ベルトラン・ダバディ・ド・サンジェルマンに嫁いだ。その娘のマダム・ボンヴァルが一八六〇年に母からもらった持分を妹のポワフェレ男爵夫人に売った。この部分が今日の**レオヴィル・ポワフェレ**（格付け第二級、栽培面積八〇ha、生産量三八〇〇〇ケース）である。

レオヴィルの畑は、サン・ジュリアンの北部、銘酒街道をはさんで左右に広がっている。右手の畑は北に延びているが、小さな川をはさんでシャトー・ラトゥールと地続きなのだ。ジロンド河を見下ろすこのあたりの見晴らしは、実に素晴らしい。街道の右側のこの広々とした部分と、通りの左側の少し奥手に西の方に向かって横長に細長く伸びる畑がラス・カスの畑である。全体で約九七ヘクタールもあるから、単一所有者のぶどう畑としてはメドックでも広いもののひとつになる（この街道の左側の畑の多くがセカンド・ワインにまわされている）。街道の左手、通りに並行して南北に伸びる部分と、その奥手に二カ所、横長（ラス・カスの横長畑の地続き）の畑と、そのさらに奥の斜型の部分がポワフェレの畑になる。面積は八〇ヘクタールほど。もっとも、この話は畑のことで、二つのシャトーの建物（オフィス・醸造所・酒庫）は街道沿いに左右に入り組んで訪問者を混乱させる。街道の左手沿いの少し南、ちょうどポワフェレの建物の裏手あたりが、レオヴィル・バルトンの畑。面積は約四八ヘクタール。

三つのレオヴィルのうち、ラス・カスが当初から家系が続く本格的存在。ポワフェレは格付け直後の一八六〇年にポワフェレ・セレ男爵夫人のものになったが（このときポワフェレの名がついた）、その息子がロシアの鉄道投機に失敗してこれを手放し、アルマン・ラランド（カントナック・ブラウンの持ち主）に売られ、その娘がボルドーの有力酒商エドワード・ロートンに嫁いだ関係でロートン家のものとなり、それが二人の息子ダニエルとヒュージュ（いずれも今日でもボルドーの酒商として続いている。弟の方の会社がヒュージュ・ロートン社）に継がれた。ロートン家の所有時代は長くなく（もっともロートン家の紋章がラベルに残っている）、一九二〇年にキュヴリエ家がつくったドメーヌ・ド・サンジュリアン社に買い取られ、現在も同社の所有である（同家は、シャトー・カマンサックとサン・テステーフのル・クロックも持っていた）。このシャトーは、ロートン家の時代からポーランド出身のスカウィンスキー家の管理に委ねられていたが、同家の後継者であるデロンが一九七九年まで管理していた。同家は酒造りの腕でメドック中のあちらこちらに影響を与えたが、殊に関係の深かったのが、ジスクールとポンテ・カネである。

さて、**レオヴィル・バルトン**（格付け第二級、栽培面積四八ha、生産量二五〇〇〇ケース）の方はちょっと変わった運命をたどる。一七二〇年代に北アイルランドからボルドーにやって来たトム・バルトンという男がいた。羊毛とワインの商売を手がけて財をなし、その息子のウィリアムは父の商売を手伝ったがもっぱらアイルランド側を受け持った。このウィリアムに六人の息子がいて、それぞれ、政治や軍隊生活に身を投じたが、四男のヒュー・バルトンが心ならずも父の商売を継いだ。初代のトムは死ぬ少し前からボルドーのダニエル・ゲスティエとゆるい共同経営関係を結んだが、一八〇二年から完全な共同経営関係に入り、ボルドーの仕事の実質はほとんどこのゲスティエが切りまわすようになった。そこにフランス革命が起こり、ヒュー・バルトン親子はアイルランドに身をひそめた。この間、ウィリアムが死に、莫大な家産を一身に継いだヒュー・バルトンは一八〇二年にボルドーへ戻ったが、こちらの方のビジネスはゲスティエが革命時代を乗り切って続けていた。ゲスティエの信頼のおける誠実な態度に感謝したヒューは、ここに正式にバルトン・アンド・ゲスティエ社（B＆G社）をつくることになる。これが今日でもボルドーの大手会社として、日本でもなじみの深い会社である（現在はアメリカのシーグラム社の傘下に入っている）。帝政時代も終わり、一八二〇年代になるとバルトン家の家産は倍になっていた。もともと同家はサン・テステーフにシャトー・ル・ボスクを借りていたが、ここで名門シャトーの領地を家産に加えることを思いたった。一八二一年に、シャトー・ポンテ・カネの広い領地を整理してたてなおしをはかろうとしていたポンテ家からサン・ジュリアンにあるその領地とシャトーの一部を譲り受けた。これが**ランゴア・バルトン**。そしてその二十三年後、ド・ラスカース・ボーヴォア侯爵の持ち物であり、侯爵の亡命で国庫に没収されていたレオヴィルの一部を買い取ることができた。これがレオヴィル

・バルトンである（二つともバルトン家の個人所有にしてB＆G社に組み入れなかった）。もっとも買ったのは畑だけだった（シャトーの建物が現在のポワフェレである）。もともとこの畑はランゴア・バルトンと隣りのようなものだから、ワイン造りはランゴアでやることになった。こうした関係から、最近までレオヴィルとランゴアの二つのバルトンは同じシャトー（街道沿い左側）の醸造所で造られてきたし（もっとも内部で厳密に別々に仕込まれていた）兄弟ワインのように見られている。

さて、同じ畑が三つに分かれ、それぞれ別々の運命をたどったとなると、そこから造られるワインがどうなっているかは誰もが関心をもつところだろう。いろいろな見方があるが、ポワフェレは今世紀の初期は三者のうちで最も名声が高く、ことに一九二九年ものはボルドーきっての名酒という栄光に輝き、ワイン史上に残っている。しかしその後は、ラス・カスに追い抜かれただけでなく、一時期二級に値しないと酷評された時代もあった。ラス・カスも一九五〇年代に新樹の植え替えで一時品質を落としたが一九五九年以後は名声を回復し、現在サン・ジュリアンだけでなく全メドックの中で、二級のトップ争いをしている。まさに、スーパー・セカンドである。ラス・カスで特筆できることは、良い年であってもかなりの量がセカンド・ワインの「クロ・デュ・マルキ」にまわされていることである。そのため、このセカンド・ワインの人気は高い。もっとも、ポワフェレも、当主のディディエ・キュヴリエが、シャトーのルネッサンスに悲願をこめ、一九七九年と一九九四年の二度にわたる巨大な投資をして畑を改良、醸造設備の更新を行なった。その成果が次第にみのり、現在は格付け二級にふさわしいワインを出している。

レオヴィル・バルトンは、B&G社の専売ワインになっていることや、格がひとつ落ちる三級のランゴアと兄弟ということで足をひっぱられた形になっているが、他の二つのレオヴィルと比較しないかぎりは二級の名を辱めない秀逸なワインである。ヒューの曾孫ロナルドはやや偏屈と誤解されていた人物だったが、ワイン造りは伝統墨守で時流におもねった早飲みタイプを拒否していた。一九八六年に彼が死んだ後、シャトーを引き継いだ甥のアントニーはワインに洗練さと優美さを出すよう励んでいるので、最近評価が急上昇している。

(4)　ポーイヤック

シャトーの分布

さて、いよいよ、ポーイヤックである。なにしろ世界最高の赤ワイン、ラフィット、ラトゥール、ムートンという超一流のシャトーがこの村だけに三つもあるし、その他の名シャトーもひしめいている。ブルゴーニュで、トップの村といえばロマネ・コンティのあるヴォーヌ・ロマネ村で、この村のワインといえば悪いはずがないと考えられている。ボルドーで、そうした意味の村といえば、ポーイヤックになる。

銘酒街道を北上し、レオヴィル・ラス・カスの畑の終わったところ、あっという間に通りすぎてしまいそうなジュイヤックの小川から、ポーイヤック村が始まる。とっつきが、シャトー・ラトゥ

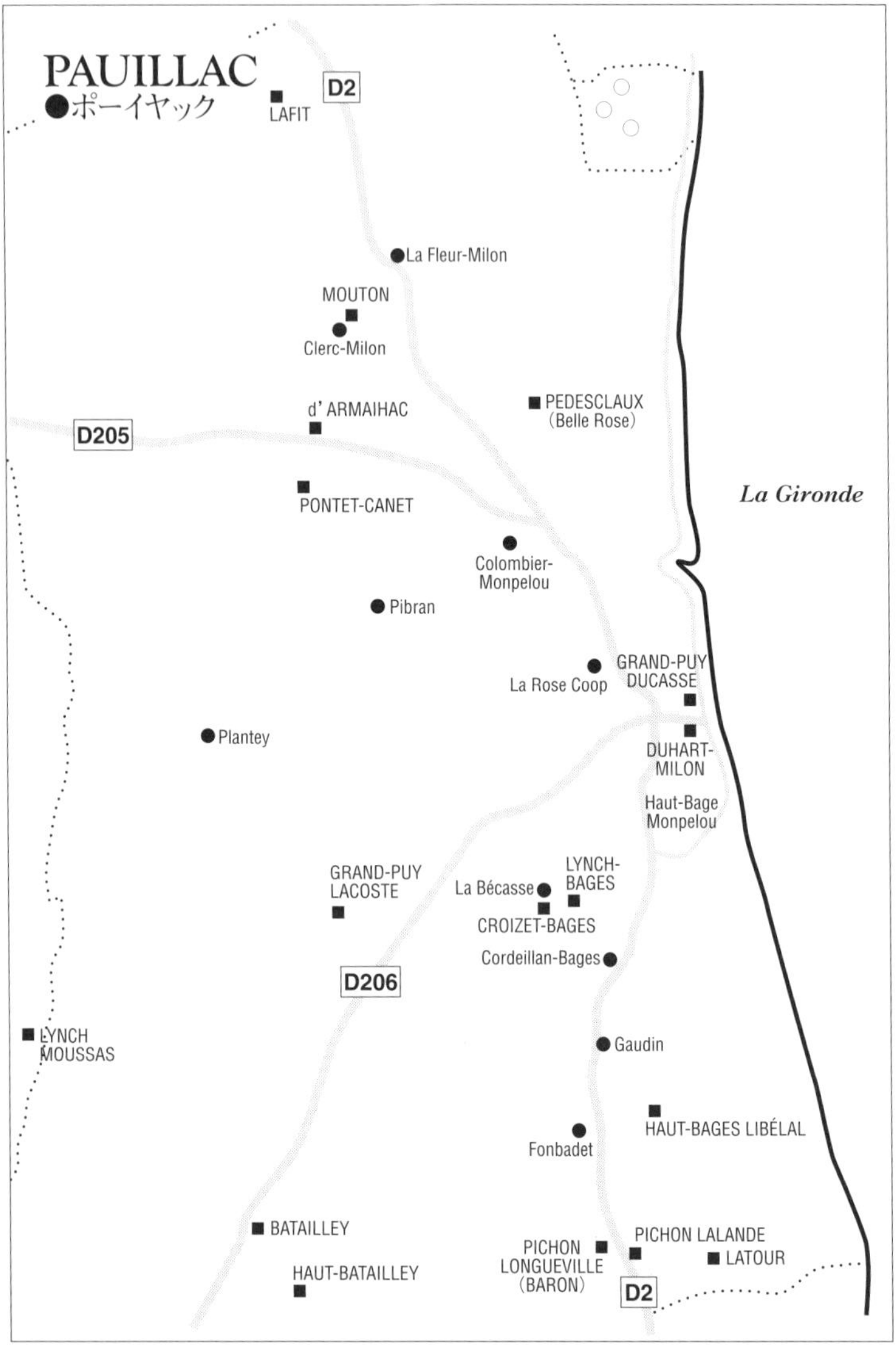
PAUILLAC
ポーイヤック
D2
LAFIT
La Fleur-Milon
MOUTON
Clerc-Milon
d' ARMAIHAC
PEDESCLAUX
(Belle Rose)
D205
PONTET-CANET
La Gironde
Colombier-
Monpelou
Pibran
La Rose Coop
GRAND-PUY
DUCASSE
Plantey
DUHART-
MILON
Haut-Bage
Monpelou
GRAND-PUY
LACOSTE
La Bécasse
LYNCH-
BAGES
CROIZET-BAGES
Cordeillan-Bages
D206
LYNCH
MOUSSAS
Gaudin
HAUT-BAGES LIBÉLAL
Fonbadet
BATAILLEY
PICHON LALANDE
PICHON
LONGUEVILLE
(BARON)
LATOUR
HAUT-BATAILLEY
D2

ールである。と言っても、ひと昔前までは街道沿いの畑の隅に薔薇が植わっているのに気がつく位だった。ぶどう畑の端を薔薇で飾ったのは、ここが始めだった。今では街道沿いに石垣と立派な門が出来ているが、広壮な邸宅は見えない。右手の広い畑の中に、ぽつんと丸屋根の石の塔が、小さく見えるだけである。その塔もラベルにデザインされているのと違って現代的で頭が丸く、給水塔と間違えそうである。もっとも街道から、ジロンド河に向かって直角に畑の中を真っ直ぐに延びる道を数百メートル入ってみると、塔の横にある木立ちの陰に、小さいけれど、瀟洒な邸宅がちゃんとある。

街道の右側沿いのラトゥールの畑を見ながら――というのもそこがラトゥールだということを知っていればの話で、眺めただけではただのぶどう畑にかわりがない――少し行くと、左右に由緒ありげな邸宅がある。右側の方はラトゥールの畑の続きだし、ラトゥールの門がすぐ横にあるから、説明してくれる人がいなければこれがシャトー・ラトゥールかと思いこみそうである。だがここが二つのピション・ロングヴィルで、右側がコンテス、左側がバロンである。どちらの邸館も、よく似ていて、瀟洒な建物にとがった鉛の屋根つきの丸い塔がつき、ロワール河流域で見かけるような文字通りのシャトーである。昔はコンテスの方は植込みの陰になっていて街道から見えなかったが、一九八九年春に木を切り払ったので、立派な建物と庭が通りから見渡せるようになった。左側のバロンの方は通りから眺められる立派なものだが、以前は建物の保存が悪かったので、くすんでみえた。現在は、どちらもきれいにクリーンアップされているので銘酒街道を華やかに飾る存在になっている。

街道のこの左手の奥に二つのバタイエがあるが、内陸部に入っているので街道からは見えない。街道を少し走ると、左手の方の小高い丘にシャトーらしきものが見える。これがポーイヤックきっての有力者、アンドレ・カズのランシュ・バージュである。その奥にグラン・ピュイ・ラコストがあるが、この方は見えない。

ここからのポーイヤックは、街道の風景が変わってくる。前方やや右手に市街らしいものが見えてくる。昔は古い建物と建物の間を通ってこのポーイヤックの町を抜けたものだった。今では町の手前で街道が右折し、ジロンド河岸に出る。ボルドー市を出て、ここで初めてこの大河を直接目の前で見ることになる。ここで見るジロンド河は、アレクシス・リシーヌに言わせれば、ミシシッピー河級なのだそうで、なかなか雄大である。対岸もかすかに見えるくらいで（原子力発電所が見える）、大きな船が行き交い、海のような風情である。ただし、水は泥で濁っていて、とても泳ぎたくなるような感じではない。

ポーイヤックは、ちょっとした街で、百軒近い造船所――ホバークラフトの組立て工場を含めて――があるらしいが、この河岸の港は、漁港とヨットハーバーの合の子のようなちっぽけなものである。もっとも町の人にいわせれば、一七七七年に、アメリカの独立運動を励ますためにラ・ファイエット侯爵が出帆したのはここからだそうだ。ヨットハーバーのあるところで、通りをはさんで、レストランやカフェが並んでいる。明るいペンキの色を塗りたくったり、ガラス張りのテラスがあったり、コカコーラやアイスクリームの看板があったりするが、全体にちょっと安っぽくって、どう見てもこの高級ワインを生み出す町にふさわしくない。食べ物の方も、お世辞にも誉められなかった（最近は少し良くなったが）。河岸は一応プロムナードの形をとっているし、今まで街道沿いにこうしたところはなかったから、心が踊ってリラックスした気分にはなる。

この安っぽい避暑地のような海岸通りに、ワインファンとしては見逃せないところもある。レストランの途切れたところに、フランス国旗をかかげた古ぼけてはいるががっしりした建物があり、これが格付け五級のグラン・ピュイ・デュカスのシャトーである。このシャトーの畑はここからかなり離れた内陸部のポンテ・カネの方にいくつかに分かれてあるが、この建物自体は、「コマンダリー・デュ・ボンタン」の本拠地になっていた。これはブルゴーニュのシュヴァリエ・タートヴァンに匹敵する業者のワイン振興・販売推進団体である。ボンタンは、ワインを澄ます卵白を入れる木椀のことで、この祭りには会員はワインカラーのローブを身にまとい、頭にはボンタンをかたどった面白い帽子をかぶる（ちなみに、サントリーの佐治社長〔現会長〕は、日本人で初めてのメンバーである）。従来ここが地元ワインの展示・試飲所である「メゾン・ド・ヴァン」になっていたが、今では街道の反対側、少し南手にモダンな建物が出来て、そちらに移っている。

なおこのデュカスの裏手に、かつてのペデスクローのシャトーがあるが、現在この五級シャトーはもっと北に畑と別の建物をもっている。

ポーイヤックの河岸通りの町並みが終わると街道は二手に分かれる。そのまま海岸沿いを直進すると（こちらは県道二号E2線になりそのまま行くとモンローズを河側から眺めてサン・テステーフの町に着く）ギョッとさせられる景観があった。そこはシェルの石油精油所プラントで、石油精製のタンクや煙突がいくつも立っている。なんでこんなところにこんなものを造ったのか神経を疑ったものだ。偉大な畑のすぐ近くに煙と異臭をはき出す怪物を造って、ワインに影響でも出たら大変である。この建設には地元でも抵抗があったようだが、一九七三年当時のワイン・ショックによる不況対策ということでおしきったらしい。もっとも三本の煙突からはき出す煙は西風が吹くから河の方へ皆行ってしまってぶどう畑に悪影響はないのだそうだ。しかし周囲のワイン造り屋のねばり強い反対運動が実って、ついに操業廃止に追い込まれ、現在は、ただの工場敷地になっている。

河岸沿いに直進する道から分かれ、左折して、すぐまた十字路にぶつかり、これを右折すると本来の北進する旧県道二号線に戻る。このあたりはゆるい勾配をもった広々とした畑の光景になる。少し行くと、街道から西北へ行く分かれ道がある。この分かれ道の左手のはるか遠景にシャトーらしきものがみえるが、それがポンテ・カネである（辻のところに標識も出ている）。その右にこんもりとした森が見えるが、ここがバロンヌを含めたムートンである。

街道をさらに進むとまた家並みが始まるが、そのうちの一つの辻がムートンの入口。街道からはシャトーは見えないし、ムートンは森のある大きな庭に囲まれているから、どこがシャトーへの入口かわからずぐるぐる回ってしまうことがある。ダビデを象徴する星の塔が、目じるしである。

街道にもどり家並みを抜けると、また視界が広がり畑が続く。右手の小高い丘の上に見えるのが昔のクレール・ミロン。街道の左手の少し先に左手に長く延びる並木路がある。このつき当たりがラフィット。門の鉄扉ごしにシャトーがみえるが、外見は狭苦しい感じでマルゴーのように立派ではない。中庭に入れてもらうことが出来れば、醸造室や赤壁塗り貯蔵庫、シャトーの建物などの位置関係がわかるし、中庭から続く畑を登ってみると、デュアール・ミロンも見える。もっとも、この有名なシャトーを眺めたい人がいるだろうと、今では街道の左手に小さな車寄せをつくり、視界をさえぎる木などを取り払った。ここに車を止めればこのシャトーの遠景の写真がとれる。

街道でいえば、ラフィットがポーイヤックのどんづまりで、ここから先がサン・テステーフになるが、ラフィットのすぐ地続きの先に目と鼻をつき合わせたようにコス・デストゥルネルがひかえている。

特級御三家

ポーイヤックのシャトーの説明は、簡単なようで難しい。第一級の栄光の座をしめるのが**ラフィット、ラトゥール、ムートン**の特級御三家だが、ここでは三シャトーそれぞれの要約と、関連シャトーをまとめて説明することにする。ただその前に、三者の関係に少しふれておこう。まず、その素晴らしさの優劣については、今でも一級の中での格付け上の順位が重視されている。一般にトップ中のトップとみなされるのは、やはりラフィットである。しかし、個々の瓶の優劣になると、年代ごとの出来を無視して語れない。したがって、ここではどうしても各シャトーの当たりはずれを調べなければならなくなる。この点についてのひとつの手がかりは、マイケル・ブロードベントの*The Great Vintage Wine Book*である。この本は各年ごとの性格や、各シャトーについての試飲を詳細にまとめた大部のもので、ボルドー通をもって任じる者としては、どうしても手元におかなければならない本である。そのほかにも、ボルドーの名シャトーについて何冊かの本があるし、ワイン専門誌の《デカンター》が出しているヴィンテージの特集号などがあるから、これらを読みくらべればよい。年代との関係で重要なのは、飲み頃である。ここでも一般的な言い方をすれば、ラフィットが一番早く熟成し、ムートンが一番遅い。ラフィットだと、作柄によっては五、六年目からけっこう飲める年のものがあるが、ムートンだと八年から十五年くらいたっても一般にまだ若い。ワインのタイプと立地条件からいうと、一番南のラトゥールが北のサン・テステーフ・タイプで、どちらかというと堅い。それに比べて一番北のラフィットが南のサン・ジュリアン・タイプに似て柔らかで優雅なのは面白いところである。

シャトー・ラフィット・ロートシルト（格付け第一級、栽培面積九四ha、生産量二〇〇〇〇ケース）

世界最高のワインを一本だけ選べと言われると難しいが、やはり、ラフィットになるだろう。これに肩を並べられるのはボルドーだとラトゥール、ブルゴーニュだとロマネ・コンティになるだろう。一八五五年の格付けで第一級のトップにランキングされ、以後一五〇年間その王座をすべり落ちないというのは、たいしたものである。それだけでなくて、その凄さは量である。ラフィットの栽培面積は九四ヘクタール、年間生産量は二万ケース（一四万本）である。それに比べると同じ高価をよんでいるペトリュス（ポムロール）は一一・四ヘクタール、四五〇〇ケース（約五三〇〇〇本）、ロマネ・コンティはわずか一・八ヘクタール、約六〇〇〇本でしかない。シンデレラ・ワインと騒がれてロケット的な高価がつくヴァランドローもわずか二・六ヘクタール、七五〇ケース（九〇〇〇本）である。つまり稀少価値が高価の一因になっているのだ。ラフィットほどの量を出して王座を守り続けるというのはまさに壮挙で、それを支える栽培・醸造技術陣の苦労は尋常なものではない。

このシャトーは、もともとセギュール家のものだった。その後いくつかに分かれ、革命時に没収され、公売され、複雑な事情がからんだ後、再び競売にかけられ、一八六八年、ロートシルト家（英国ではロスチャイルド、フランスではロチルド。本書ではすべてロートシルトとする）でもパリに住んでいたジェームズが四四四万フランで競落する。一八三六年のマルゴーの売り値が一三〇万フラン、一八五三年のパルメが四三万フラン、同じ年のムートンの売り値が一一二万フランだったのに比べるといかに高価だったかわかる。ジェームズが買ったのはパリの自分の銀行があったのがラフィット通りで同じ名前だったからという伝説になっているが、実際はそう簡単なものではなかった。ロートシルト家と世紀の死闘を繰りひろげた仇敵の銀行家アシル・フールがベイシュヴェルを、フールと手を組んだイザーク・ペレールがパルメを買収していた。また同じロートシルト家でもロンドンのナサニエル家がムートンを買っていたから、ジェームズとしてもそれに対抗するためにに、どうしてもそれより上のラフィットを大金を投じても買収したかったのだろう。

ラフィットをめぐる歴史的逸話はきりがないので、ここでは詳細は避けるが、ただどうしても大切なことを二つだけ指摘しておきたい。フランスの宮廷は始めボルドー・ワインを無視し続けていた。愛飲酒はブルゴーニュとシャンパン（今のような発泡ワインでなく、赤ワイン）だった。輸送上の制約もあったが、ボルドーは、十二世紀の初頭から百年戦争が終わるまで英国領だったたし、にっくき英国人の愛飲酒だったからだろう。真偽は定かでないが。ヴェルサイユ宮殿の女主人だったポンパドール妃が、フランス最高のワイン、ロマネ・コンティを手に入れようとしたがコンティ公に横からさらわれてしまったので、それとの対抗上ラフィットに目をつけ宮廷の愛飲酒にした、という話になっている。ポンパドール妃に憎まれて、ボルドーに島流しをされていたリシュリュー公(『三銃士』のリシュリュー宰相の甥)がボルドー・ワインのファンになり、復帰の際にヴェルサイユに紹介したらしい。とにかく、ラフィットがパリのフランス人の中で脚光をあびるようになったのは、ポンパドール妃以後のことなのである。

もうひとつは、今日の「ボルドー・ブレンド」(カベルネ・ソーヴィニヨンを主体にしてメルローを組み合わせる調合法)の先鞭を切ったのはラフィットだということである。フランス革命以前、ボルドー・ワインに使うぶどうの選別はかなりいいかげんで、何十数種のぶどうが混植されていたし、主流になっていたのはマルベック種だった。革命に続くナポレオン時代、シャトーの管理をまかされていた管理人達がカベルネ種が最高品種であることに目をつけ、せっせと植え替えを始めた。初めはメルローは無視されていたがそのうちこの品種を補助に使うようになって、今日のボルドー・ワインを世界の雄とさせている品種構成が確立していったのである。

ラフィットを語ることは、ボルドー・ワインを語ることであり、話はつきるところがない。新潮流の象徴としてひとつだけ特筆しておこう。黄色の壁で塔のある古い邸館は藤の花で飾られてはいるもののやや地味で(中のサロンは粋そのもの)、ラベルとそう変わっていない。しかし内部の醸造所は全く一新された。ボスニヤン樫の発酵槽の一部はステンレスタンクに置きかえられた。そして、一九八九年半地下の樽貯蔵庫が新設されたが、全く斬新なデザイン(どこでも矩型の部屋だが、

シャトー・ラフィット・ロートシルトの円形樽貯蔵庫　画／Ben Johnson, 1988

ここのは円型の部屋で、円柱が円を描いて並び、床の中央が樽を運びやすくするため低くなっている）で世界中のワイン関係者を驚かせた。すべての新樽が眠っている光景は見事としかいいようがない。まさにここには伝統と革新とが同居しているのである。

ポーイヤックのシャトーは、それぞれセットになったところが多いから、これを一緒にした方がわかりやすい。まず、ラフィットでいうと、**デュアール・ミロン・ロートシルト Duhart-Milon Rothschild**（格付け第四級、栽培面積六五ha、生産量二八〇〇〇ケース）がある。ラベルのデザインがラフィットによく似ているから、ラフィットと間違える人がいる。この畑はラフィットとムートンの畑の西側地続き（カリュアードと呼ばれる平地畑）である。ポーイヤックにおける唯一の四級であるデュアール・ミロンは、一八五五年の格付け以前から、かなりの実力が評価されていた。

十八世紀末にマンダヴィ・ミロンのものだったが、その後百年にわたってカステジャ家の所有に移り、戦後同家が手放し、一九六二年にロートシルト家が買い取った。その当時は耕作面積も一六ヘクタールほどで、醸造所やシャトーの建物もみじめな状態だったが、ロートシルト家が畑の植え替えから醸造設備まで全面的に改修し、これが完了した一九七四年以降面積も四五ヘクタールになり、ワインも建物も素晴らしいシャトーに復活した。ぶどうの栽培（品種比率は少し違う）からワインの仕込みに至るまで、ラフィットと全く同じ管理下におかれている（樽はラフィットのお古）。それでも出来上がったワインは——似ていてもよさそうなものだが——全く違うものになっている。やはり、これは根本的に土壌（殊に底地の差）のためである。この二つの飲み比べは、ボルドー・ファンならずとも一度はこころみてよいものだろう。なお、ラフィットはムーラン・デ・カリュアード Moulin des Carruades というセカンド・ワインも造っている。また一九七〇年に入って北部メドックのブレニヤン村にブルジョワ級のシャトー・ラ・カルドンヌを買い（後に手放した）、ソーテルヌではシャトー・リューセック、サン・テミリオンではレヴァンジルも買って、新しい酒造りに挑戦している。

シャトー・ラトゥール（格付け第一級、栽培面積六五ha、生産量三四〇〇〇ケース）

塔《ラ・トゥール》が名前とラベルのデザインになっているこのシャトーは、もともとはボルドー地方が英国領になった時代の初期に海賊を退治するための要塞だった。百年戦争の末期、タルボー将軍が敗退した時、砦は壊され、農園は崩壊した。だから将軍が畑に財宝を埋めたという伝説も残っている。

今、畑の中にぽつんと建っている丸屋根の塔はずっと後に建てられた鳩小屋・給水塔である。その後、何回か所有者が変わり、その中にマルゴーの所有者だったレストナックがいて、その時代からワインを造り始めた。

十七世紀後半セギュール伯爵家のものになったが、同家のニコラ・セギュールはラフィットとカロン・セギュールも持っていて「ぶどうの王子」の愛称で呼ばれた人物だった。その頃からラトゥールのワインはラフィットと並んで名声を博するようになる。セギュール家の娘ボーモン家の時代、フランス革命時の国家の没収と買い戻し事件、ボルドーで初めてのシャトーの法人化、バルトン＆ゲスティエ社の参入など波乱の運命をたどった後、第二次大戦後の一九六三年に至って、英国のピアソン財閥が買収した。それに有名なハーベイ社が一役かんだが、そのハーベイ社はシンジケート、アライト・リヨンの傘下に入ってしまった。一九八九年になってその持株が売りに出されたが、買ったのは材木業で産をなし新聞界に手をのばし、さらに多店舗展開をひろげるフランソワ・ピノだった。

ピアソン時代に多大な資本を注ぎこんでシャトーの畑と醸造所の徹底的な改修を行なった。新支配人ジャン・ポール・ガルデールと新鋭醸造技師ジャン・ルイ・マンドローのコンビがやったわけだが旧弊保守的なボルドー・ワイン界を驚かせたのは伝統墨守の権化のように思われていたこのシャトーが、それまでの木製大桶の発酵槽をステンレスタンクに変えたことだった（この二年前の一九六二年にオー・ブリオンが採用したが、メドックでは初めて）。疑心暗鬼だった他のシャトーもラトゥールの成功に開眼され、これをきっかけに以後メドックにおける現代醸造技術の導入が進むことになったのである。まさに、このシャトーのモットー「今日の伝統は昨日の前進、今日の前進は明日の伝統」なのであった。持ち畑を調査する中でラトゥールの名前にふさわしくない畑（シャトーを取り巻く主要な畑のほかに、南に少し離れた二カ所の飛び地がある）と、樹齢の若い畑のワインはセカンド・ワインのレ・フォール・ド・ラトゥールとして出すことにした。このセカンド・ワインシステムを採用し、その比率を多くすることが本来のシャトーのワインの品質を高めることになるから、これも多くのシャトーが見習うようになった。なお、二〇〇〇年になって、この醸造所の内部と設備は大がかりに改装され、素晴らしい現代的設備のものに装いを新たにした。

ラトゥールのワインは深い色調、精妙なブーケ、比類のない凝縮感とバランス、長い余韻など超一流の名を辱めないものだが、とりわけ他が及ばない二つの特色がある。それは、時には頑強、男性的、とっつきにくいとまで言われる、若いうちの酒軀《ボディ》の堅牢さであって、そのため、その長寿さは傑出している。何十年たってもその生気が失われないという体験談は数限りなく、サザビーズなどの古酒のオークションでは常に姿を見せている。もうひとつは一般に不作とされる年でも非常に良いワインを出すことである。つまり年によるばらつきの少ないことで、裏切られることが滅多にない稀な存在なのである。

シャトー・ムートン・ロートシルト（格付け第一級、栽培面積七九ha、生産量三二五〇〇ケース）

ドイツのフランクフルトのユダヤ人街の一隅で徒手空拳に等しい身のマイヤー・A・ロートシルトが、古金貨の売りこみでウィルヘルム公に取り入り、以後両替商・金融業者としてヨーロッパ諸侯の財政にかかり合い、半世紀足らずのうちにヨーロッパ金融界の雄になったのは、現代初期の経済動乱期のサクセス・ストーリーであった。それには五人の息子が手を取り合ってドイツ、オーストリア、フランス、イタリアの政商として活躍したからである。その中でも、ロンドンのネイサンの辣腕は金融史の伝説になっている（ナポレオンのワーテルローの敗戦をいち早くキャッチし、イギリスのコンソル公債を投げ売って、公債が大暴落したところで大量に買い戻し、勝報が伝わると逆に大暴騰したので巨利をおさめた）。そのネイサンの息子ナサニエルが一八五三年にシャトー・ムートンを買った。ところがその直後一八五五年の格付けが行なわれ、ムートンは二級になってしまった（その理由はいろいろあるがロートシルト家の国籍や新参金融業者に対する反感があった）。

ムートンとしては痛恨のきわみ、以後「われ一位たり得ず、されど二位たることを潔しとせず、われムートンなり」をモットーに失地回復をめざして努力を重ねることになる。そして約百年後の一九七三年、遂に第一級に格付けされることになった（格付け制度、唯一の例外）。この大成功は、いつにかかって一人の優れた人物、バロン・フィリップの才能によるといえるだろう。若いうちはプレイボーイでスポーツマン、イギリス演劇の翻訳家、やがてショービジネスと映画界で活躍する。第二次大戦が勃発するとナチスによる逮捕を避けピレネー山脈を越えて逃亡、ロンドンに渡り、ドゴール将軍自由フランス全国委員会に参加。終戦とフランスの解放を迎え、まだぶどうの秋の収穫が間に合うのを知ってすぐムートンへ帰った。

ムートンはもともと「小高い丘《モット・ドテユウ》」ということからつけられた名前だったが、いつしか同発音の羊《ムートン》をもじってシンボルに使うようになった。ここを含むポーイヤック全体はセギュール家の領地だった。十八世紀の初頭、いくつかに分割されたが、その中のひとつのクリュ・ムートンをブラーヌ男爵が手に入れた時から、ブラーヌ・ムートンと呼ばれるようになった（農耕小屋があるだけで邸館はなかった）。これを一八五三年、ナサニエルが買ったわけである。ナサニエルの死後、ジェームが邸館を建て、その息子のアンリ・ジェームスがシャトーを引き継ぎ、自分は文芸活動で多忙だったので管理をフィリップに委す。二〇歳の時だったが以後フィリップはここを永住の地としてパリから移り住んだ。

シャトー経営の実権を握ってジェームがまずやったことは、ワインの瓶詰めを、ボルドー市のネゴシャンでやってもらうという従来の慣行をやめて、シャトーで自らやることだった。このシャトー元詰めはムートンが一九二四年から他のグラン・クリュにも呼びかけ、次第に他にも定着して行き、約五十年たった一九七〇年代に入って全ボルドーの制度として確立するようになる。次にやったのはラベルの創案だった。一九四七年から毎年ラベル上部を異なったモダン・アーティストの作品で飾ることだった。今でこそ珍しくないが当時としてはまさに画期的で世界を驚かせたが、このワインと芸術の結びつきというアイデアは、年代を一目でわかるようにしたし、ムートンのラベルに採用されることは新人アーティストが世界に認められる登竜門になった（日本人では、一九七九年に初めて堂本尚郎、一九九一年には節子・バルテュスが載った。なお二〇〇〇年は特別のエッチングラベル）。もうひとつは美術館の新設だった。メドックを訪れたワイン愛好家が見るところがないことに気がついたフィリップは、ワインにまつわる美術品を蒐集・展示する小粋な美術館を建て、訪問客にシャトーの門戸を開放した（当時は一般の愛好者・観光客はシャトーになかなか入れ

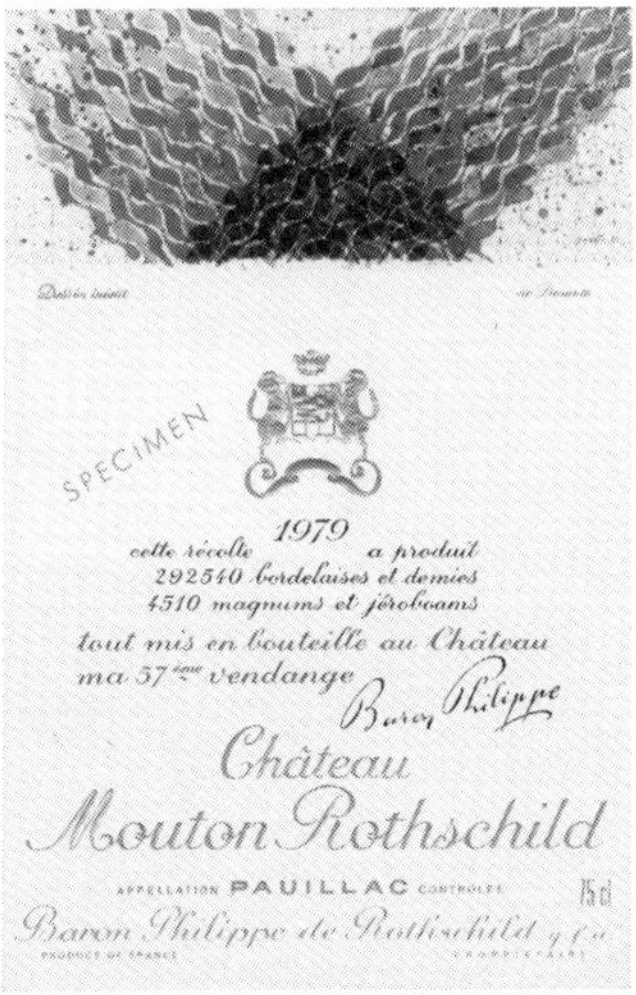

シャトー・ムートン・ロートシルトのラベル
堂本尚郎氏のデザイン

てもらえなかった）。

一九七三年に念願の第一級入りを果たしたフィリップ（バロンの愛称で通るようになった）は醸造所・酒庫の徹底的改築をはじめとして品質向上に精力を注いだ。一九八九年バロンの死後、娘のフィリッピーヌが父の偉業を辱めない努力を続けている。

ムートンのワインは、濃厚・深奥、パワフル、威風堂々として、ポーイヤックの特色の典型例である。ことに特筆すべきことはずばぬけて長寿の点である。ムートンの醸造長ブロンダンは「五年まではジュース、二五年たたないとムートンにならない」と豪語しているが、確かにムートンは遅熟のたちで、日本でムートンを飲んで失望したという人は少なくないが、そうした人はほとんどが二十年以上たっていないものを飲んでいる。それと熟成期間中の瓶の保存状態が問題である。こうしたムートンの特色の鍵のひとつはぶどうの品種構成にもよる。ムートンの場合はカベルネ・ソーヴィニヨン（ＣＳ）七六％、メルロー（Ｍ）一三％、カベルネ・フラン（ＣＦ）九％、プティ・ヴェルドー（ＰＶ）二％である（ラフィットはＣＳ七〇％、Ｍ二〇％、ＣＦ一〇％。ラトゥールはＣＦ八〇％、Ｍ一五％、ＣＦ四％、ＰＶ一％。マルゴーはＣＳ七五％、Ｍ二〇％、ＰＶ三％、ＣＦ二％）。

ムートンも、弟か妹にたとえられる二つのシャトーを擁している。

まずムートンの畑の南隣りに、**ダルマイヤック d'Armailhac**（格付け第五級、栽培面積四九ha、生産量二二〇〇〇ケース）がある。ムートンと呼ぶ名の畑は十八世紀以前はひとつのものだったが、一七三〇年頃に一部がブラーヌ男爵の手に渡って今日のムートン・ロートシルトになり、一部は当時のボルドー議会議長だったドミニック・ダルマイヤックが買ってムートン・ダルマイヤックになった。その息子のアルマンは、子供がなかったので、妹のものになり彼女がフェランド家に嫁いだので同家のものになった。一九三四年にバロン・フィリップがシャトーとフェランド家の事業（ソシエテ・ヴィニコール・ド・ポーイヤック）を買い取った（建築を半分でやめたような奇妙な邸館がムートンの庭のはずれに残っている）。ダルマイヤックという名前が英国人に発音しにくいこと、アルマニャック地方産と間違えられてもこまるので、男爵は名前を**ムートン・バロン・フィリップ**に変えた。その後一九七六年に男爵は、亡くなったポーリーヌ夫人をしのんで、男爵《バロン》を男爵夫人《バロンヌ》に変えた。この畑は本来ムートン・ロートシルトと同じだったのだから吸収してもよかったのだが、男爵はムートン・ロートシルトの足を引っぱることになるのをおそれて、分離したままにした。もっとも畑の一部を削ってムートンの庭をひろげ、女性的な性格をのこすためにメルローの比率を多くしている。仕込みはムートン・ロートシルトのスタッフがあたっている（樽はムートン・ロートシルトで三年使ったもの）。このようにやっているのだからこのワインがムートンと同じものであってよいのだが、タイプとしてはむしろラフィットに似ているのが面白いところで、熟成も早い。ワインのラベルは、初めは二匹のスフィンクスが並んだデザインだったが、現在は一匹に変わっている。いろいろ、いきさつがあって、一九八九年から名前だけはもとのダルマイヤックに戻った。

ムートン・ロートシルト家は、ラフィットと街道をはさんで向かい合っている**クレール・ミロン Clerc Milon**（格付け第五級、栽培面積三二ha、生産量一六〇〇〇ケース）もその畑の土壌の良さをみこんで一九七〇年に買い取っている。ここは十八世紀時代に所有者であったクレール氏の名をとって単にシャトー・クレールとも呼ばれていた。ジロンド河を見下ろせる絶好の地勢だが、同時に晩霜に襲われる危険が多い。ロートシルト家が買った当時、畑もシャトーも良い条件ではなかった。現在は畑も再編成されたし醸造所も新設（ムートンの隣り）され、生産も倍になっている。ワインは「プティ・ムートン」と呼ばれ酒通の中ではその評価はなかなか高い。ラベルは、ムートン家のコレクションになっているドイツの結婚式典用の祝盃をデザインしたもの。この盃は一六〇九年製で、女性が頭上に大きな器をささげているが、この部分が回転し、スカートの部分にもワインが入るため花婿と花嫁が同時に飲めるという趣向である。

なお、ムートン・ロートシルト家は、フェランド家から買い取った「ポーイヤック・ワイン醸造会社」を拡大し、名前もバロン・フィリップ・ド・ロートシルトSAと変え（現在はバロニー・クリュ及びバロン・フィリップ・ワイン会社）同家のワインの販売会社にしているが、この会社は**ム**

ートン・カデ Mouton-Cadet の商標で良質の普及ワインを出している。ちなみにカデは末っ子の意味である。

二つのピション

ポーイヤックで、一級の御三家を別格にしたとすると、次のトップにくるのがどこだろうかということは、いつも話題になる。それはそれとして、どうしても次にあげなければならないのは、やはり二つのピションだろう。なんといっても、二つとも第二級の座をしめているし、畑は街道こそはさんでいるがラトゥールと地続きなのだから（もっとも、ピション・ラランドの畑の大部分は街道から左手の西に広がっているが、一部は街道右手でラトゥールの北隣りの地続きである）。

十六世紀半ばにベルナール・ピションがロングヴィル男爵のひとり娘と結婚し、この家名が生まれ、それが次男のジャックに継がれる。この人がローザンの所有者、「ぶどうの魔術師」とよばれたマジュール・ド・ローザンの娘のテレーズと結婚した。このマジュールは、マルゴーのほかにポーイヤックのサン・ランベーにも広大な領地をもっていて、ここにもぶどうの木を植えつけていた。これをテレーズの持参金にした。これが今日のピション・ロングヴィル家の畑である。一六六〇年にルイ十四世がスペイン王妃マリー・テレーズと結婚するためスペイン国境まで旅行した時、このシャトーに立ち寄って猟をしている。十八世紀の中頃には、ワインはすでに名声を博し、ムートンやデュクリュ・ボーカイユと肩をならべるようになっていた。

一七五五年に生まれたピション・ロングヴィル男爵ジョセフは伝説上有名な人物で、革命のテロ時にパン焼き竈に八日もかくれて命びろいし、九五歳まで生きのびた。新しいナポレオン民法に基づき、財産を五人の子供に分けることにした。長男ラオールは（次男のルイが結婚しなかったため）全体の五分の二を継ぎ、残りをソフィ、ラヴォール、マリーの三人の娘が継いだ。しかしシャトーの建物はひとつだったし、畑も分けられないでひとつにまとめられていた。そのシャトーの建物が今日の**ピション・ロングヴィル・バロン**（格付け第二級、栽培面積五〇ha、生産量二五〇〇〇ケース）である（実際はラオールが一八五一年頃に今日のゴシック風の建物に建てかえた）。その後、一八四〇年代にマリーはシャトー・ラトゥールの当主ボーモン伯爵の愛人になり、ラトゥールの土地の一部をもらって邸宅を建て、ここに二人の姉妹と住んだ。これが今日の**ピション・ラランド**（正確にはピション・ロングヴィル・コンテス・ド・ラランド。格付け第二級、栽培面積七五ha、生産量三六〇〇〇ケース）である。二つのシャトーの建物はちょっと似ているがバロンの方は正面の両翼に円錐屋根の塔がついているが、ラランドの方は一本の円錐塔が裏側の中央についているから区別がつく。

ラオールが死んだ一八六四年頃から、畑が二つに分けられる。バロンの方は街道の左手で、一部がシャトーを取り囲み、街道の左手沿いに南に長く延びているほか、北の方にも二カ所に分散している。ラランドの方は、一部が街道の右手でラトゥールの北隣りになり、残りはバロンの畑の西と南にひろがっている。

ラオールは子供がなく、甥で同名のラオールがバロンの畑を継ぐ。マリーの方も子供がなくこれも姪のエリザベス・ド・ナルボンヌ・ペレが継ぐが、ラランド侯爵の子供であるシャルル伯爵と近

左右に円搭があるピション・ロングヴィル・バロン

親結婚をする。この間に二人の娘が生まれ、そのうちの一人のソフィ・ド・ラ・クロワが五人の子供をつくるがその子供達が一九二五年にピション・ラランドをミュイレ家の兄弟（エドワードとルイ・ミュイレ）に売る。このエドワード・ミュイレの娘とその夫のエルベ・ド・ランクザン将軍が今日のラランドの持ち主である。このミュイレ家はボルドーで二百年も続く酒商で、ランクザンの祖父と父の時代からボルドーの畑を買いだし現在はクーフラン Coufran、ベルディニャン Verdignan、シラン Siran を持っているだけでなく、シトラン Citran、パルメ Palmer（後に手放す）、ドーザック Dauzac の共同経営者になっている。

　一九七五年から七八年にかけて、ラランドはお隣りのレオヴィル・ラス・カスの当主ミシェル・デロンに経営をまかせた時代があったが、この時期にデロンがラランドのワインを目ざましく改良し、その名声をあげた。それだけでなく、一九七

裏側から見ると中央に搭があるピション・ラランド

八年にメイ・エレーヌ・ド・ランクザンが継いでから、さらに面目を一新する。このランクザン夫人はまさしくエネルギッシュな女傑で、酒庫を新設し、醸造室を現代的なものにし、さらに邸館と庭を装い美しいものにした（樽貯蔵庫の上が広い芝生を植えたテラスになっていてそこからの眺望は素晴らしい。また、最近、シャトーの中に美しいグラス・コレクションの展示室も造った。そこが、テイスティング・ルームにもなっている）。ワインも女主人にふさわしい華麗なものになった。現在ではラランドは、格付け二級のトップを争うスーパー・セカンドのひとつに数えられている。

バロンの方は、一九三三年にエティエンヌ・ブーティラー家に買い取られた。同家はパルメの株主であると同時に、グラン・ピュイ・デュカスの主要株主だったし（後にメストレザ・プレラー社に売却）、エティエンヌの妻マリー・ルイズ・デルボはシャトー・ラネッサン Lanessan とその隣りのシャトー・ラシェネLachesnayの承継人でもあるが、同家としての家宝はバロンだった。しかし豪壮な邸宅は永い間人が住まなかったため、荒れていたし、ワインの方もラランドに一足遅れをとっていた。ところがである。一九八七年、保険会社アクサ・ミレジムのワイン部門のリーダーになっているジャン・ミシェル・カズ（ランシュ・バージュ）が同社にここを買い取らせた。シャトーの邸館を美しく復旧しただけでなく、コンペティションでエジプト調を取り入れたモダンなデザインの醸造所を新設した。池をもつ庭が美しく、メドックの新しい名所が生まれた。醸造所の中もウルトラ・モダンの設備が訪問客を驚かす。酒造りの腕も確かなカズはワインの品質向上に力を入れているので後れをとったラランドに追いつこうとしている。二つのワインを比べて面白いのは、バロンの方はその名の通り男性的でやや堅く熟成に時間を必要とするが、ラランドの方は柔らかでまろやかさがあることである。もっとも、バロンも一九七九年以降、ワインの品質改良を行ない、スタイルも少し柔らかいものにしだした。二つのワインのタイプがちがうのは主としてぶどう品種の比率、ことにメルロー種の量であろう（ラランドは、CS四五％、Mが三五％、CF一二％、PV八％。バロンの方はCS七五％、Mが二五％）。ラベルでいえば、ラランドは白地に金色の紋と文字だけというおとなしいデザインだが、バロンの方は楯の紋章に二匹のグリフォン（鷲の頭と翼をもち、ライオンの胴体をもつ怪獣）が後足で立っている賑やかで勇ましい図柄で、メドックのワインの中でも一目見たら忘れられないラベルである。

ポーイヤックには一八五五年に格付けされたシャトーが一八もかたまっている。そのうち、第一級が前述の三つ（ラフィット、ラトゥール、ムートン）、第二級が今述べた二つのピション、第三級がなく、第四級が一つ（前述のデュアール）、残りが第五級である。格付け上、第五級には一八のシャトーがあるが、そのうちの一二をポーイヤックが占めているのであるからポーイヤックは第五級の巣のようなものである。

第五級などというと、つい、たいしたものでないように考えがちであるが、それは大いなる誤解である。一八五五年の格付けは——たとえ第五級にしても——それに入っただけで大変なもので、ボルドー全体ではそれこそ一〇〇〇を越すシャトーの上位グループのワインであり、シャトーものにもならないワインや、ボルドー以外のフランスの一般的ワインに比べれば、はるかに高い水準にある。

フランス・ワインは富士山のようなところがある。広い裾野にあたる大量の安ワインがあり、そのはるか上にそびえたつ頂上に極上ワインがある。メドックの格付け第五級ワインは、フランス・ワイン全体、いや世界のワイン全体からみれば、富士山の九合目以上にあたるワインなのである。マラソンで、誰もが実力トップとみていた選手が体のコンディションで首位を奪われることがあるように、格付けの各シャトーも、それぞれの出来不出来がある。百年以前の第五級ものでも、今日ではほるかに上位の実力をもつものがある。そうした意味で、ポーイヤックの第五級もののシャトーをみると、百年以上も前の格付けが今日では実態にあっていない実証をみせられる気がする。あくまで評価の違いというものについてのひとつの例としてだが、現代の評価の動向の手がかりとして、「ジネステ・ブック」とロバート・パーカーの『ボルドー』（第四版）の評価を表にしておく。ちなみにポーイヤック全体で、「ジネステ・ブック」が五グラスをつけているのは、三つの第一級シャトーと二級のラランドと次のランシュ・バージュだけ。パーカーも三つの第一級シャトーとラランドの四シャトーだけを「傑出」にしている。

	（ジネステ）	（パーカー）
d'Armailhac	4	良好
Batailley	4	良好
Clerc Milon	3	良好
Croizet-Bages	3	その他
Duhart-Milon	3	優良
Grand-Puy-Ducasse	3	良好
Grand-Puy-Lacoste	4	秀逸
Haut-Bages-Libéral	3	その他
Haut-Batailley	3	優良
Lynch-Bages	5	秀逸
Lynch-Moussas	3	その他
Pédesclaux	3	その他

Pichon-Longueville-Baron　4　秀逸
Pontet-Canet　3　秀逸（一九九四年から）

なお、ここでつけ加えておかなければならないのは、一八五五年の格付けに入っていないが、「ジネステ・ブック」が四グラスをつけている次の四つのシャトーがあることである。

Bécasse (la)（RPその他）
Fonbadet（RPその他）
Haut-Linage
Pibran（RPその他）

この四シャトーのワインは、日本ではめったに見かけないし、名もほとんど知られていない。しかし、この本では、著名なポンテ・カネや、前述の四級のデュアール・ミロン・ロートシルトにさえ三グラスしかつけていないし、四グラスをつけたのは全体の中で七シャトーしかないのだから、その実力がかなりのものであることは想像がつく。このうちフォンバデは銘酒街道沿いで二つのピションを過ぎた少し先にあるが、ここのペロニー家は時流におもねらず堅実なワインを造り続けていて長いファンを持っている。なおピブランは現在保険会社アクサ・ミレジムのもので（ということはジャン・ミシェル・カズの支配下にあり）、ブルジョワとは思えない優れた典型的ポーイヤックを出している。

なお格付けからはずれているが、この本で三グラスをつけられているものが一六ほどある。これらも日本であまり知られていないので、参考のため名前だけあげておこう。

Belle Rose
Bernadotte（RPその他）
Colombier-Monpelou（RPその他）
Fleur Milon（la）（RPその他）
Forts de Latour（les）（RP優良）（ラトゥールのセカンド・ワイン）
Gaudin（RPその他）
Grand Canyon（コロンビエ・モンプルーのセカンド・ワイン）
Grand-Duroc-Milon
Haut-Bages-Monpelou（RPその他）
Haut-Milon
Haut-Pauillac
Padarnac
Pey La Rose
Payrabon（RPその他）

Rose Pauillac (1a)（RPその他、協同組合）

Tour Pibran

このような格付けの変動をみると、ポーイヤックで、三つの第一級グラン・クリュ、二つの第二級のピションを除くと、まず注目しなければならないのは、ランシュ・バージュということになる。なお、ポーイヤックには、バージュの名のつくシャトーが六つ、ランシュの名がつくシャトーが二つあるから、ここでまとめておこう。

ランシュ・バージュ（格付け第五級、栽培面積九〇ha、生産量四六〇〇〇ケース）は歴史が十六世紀まで遡れる由緒あるシャトーだが、ドルイヤード家の娘エリザベスが一七四〇年にトーマス・ランシュ家へ嫁いでからランシュ家のものになった。一六八八年の名誉革命でアイルランド史上有名なリマリックの反乱は、一六九〇年のボイン河の戦いで反乱軍の敗北に終わったが、この時イギリスに忠誠を誓うことを潔しとしなかった人々は、この反乱を支援したルイ十四世をたよってフランスに亡命した。この七〇〇〇人ほどの亡命者の中にジョン・ランシュがいたが、この人がボルドーで毛皮と羊毛の商売で成功したのが、ボルドーにおけるランシュ家の始まりである。息子のジャン・バプティストはルイ十八世時代にパリ商工会議所のメンバーに選ばれたし、フランス革命直後の一八〇九年から一四年までボルドー市長もつとめ、伯爵位までかちとっている。同家はシャトーにランシュの名を残したが一八二四年にこれを手放し、二人ほどの手を経た後、一九三四年からカズ家のものになった。ジャン・シャルル・カズは、すでに、シャトー・レ・ゾルム・ド・ペズを持っていたが、一九三四年にランシュを借り、三七年に正式な所有者になり、七二年に九十五歳で死んだ。息子のアンドレが精力家で、ワインを改良して今日の名声をかちとっただけでなく、戦後の一九四七年以降ポーイヤック市長をつとめ、メドックきっての名士になった。一九六六年以降は、息子のジャン・ミシェルがシャトーに住みこみ、多忙な父を助けてワイン造りにはげんだが、父の死後急に頭角を現わすようになった。一九八二年以降、醸造所の根本的な改装を行ない、現在は立派に修復されたシャトーが丘にそびえている。ランシュ・バージュは街道の左手を少し入ったところにあるが、ここはかなり小高い丘だから、街道からもシャトーが見えるし、シャトーからもポーイヤックの街が見渡せる。ここの畑はカベルネ・ソーヴィニヨンの植付け比率が高く約七〇〜七五%で（メルローは一八%位）、それだけ熟成に時間がかかるが長命である。色も濃く深みがあり、ラトゥールと並んで最もポーイヤックらしいワインと評価されている。

ジャン・ミシェル・カズは父に負けず、エネルギーの塊のような人物である。既に各所で述べてきたように保険会社アクサ・ミレジムの重役に就任するや同社の資金運用をワインに向けさせた。メドックではピション・ロングヴィル・バロン（ポーイヤック）とカントナック・ブラウン（マルゴー）、ピブラン（ポーイヤック）を買収、ソーテルヌではシュデュイロー、ポムロールではプティ・ヴィラージュ、サン・テミリオンではフランク・メイヌ（後に手放す）を買収。それでもまだ足りないのかポートワインでは、名門キンタ・ド・ノヴァルを買収、さらにハンガリーのトカイにも進出している。現在メドックではアンリ・マルタンの地位を継いだドン的存在になった。ボルドーのワイン博覧会「ヴィネスポ」を香港と日本でも開催したのもカズの尽力である。メドックのシャトーが閉鎖的であるのを愁え、観光客を引きつけるように業界によびかけて、刷新の原動力になった。メドックにまともなレストランがないことに気がつき、ランシュ・バージュの隣りのコルディアン・バージュを買収。そこを素晴らしいシャトー・ホテルとレストランに改装した（一九九九年にミシュランの一つ星になった。ちなみにここのソムリエをしていたのは日本人の石塚秀哉）。ランシュ・バージュのワインがスーパー・セカンドの候補になるようになったのもカズの力量だが、一九九〇年から白ワインも造り始めた。

カズ家は一九三〇年にサン・テステーフのオルム・ド・ペズを買っていたが、一九七三年にシャトー・オー・バージュ・アヴェルスを買い取り、七六年以降はもっぱら若い木からとったワインをこの名前でランシュ・バージュのセカンド・ワインとして出している。

ランシュ・バージュのラベルは白地に黒と赤の文字だけのデザインで、もうひとつのランシュであるランシュ・ムーサ（格付け第五級、栽培面積三五ha、生産量一五〇〇〇ケース）も、同じようなデザインである（紙がクリーム色で字が小さい）。ラベルも名前も似かよっているので、同家系のシャトーと思いこまれがちだが、現在は全く違う。たしかにもともとはランシュ家のものだったが、ジャン・バプティスト伯爵時代に手放され、一八五五年の格付け時代は、ヴァスケズというスペイン風の呼び名をもった人のものだった。この人は真面目なワインの造り屋だったが、後継者はあまり熱心でなく、シャトーとワインは次第に落ちめになり、一九一九年という不況時代に、荒れるにまかされていた。ここを買い取ったのが、ジャン・カステジャである。同家は、後述の一二七頁のバタイエの持ち主でもあり、ボルドーでも一目おかれる酒造りの名家である。同家のものになって、ランシュ・ムーサは徹底的な修復が行なわれ、往時の名声を取り戻しつつある。一九六九年以降はジャンの息子、エミール・カステジャがこのシャトーを継いでいる。ランシュ・バージュは、銘酒街道に近いが、ランシュ・ムーサの方はかなり内陸に入り、ポーイヤックの格付けシャトーとしては最西端にぽつんと孤立した形でがんばっているという感じである。このシャトーもカベルネ・ソーヴィニヨンの植付け比率は高く七〇%だが、メルローはバージュより多く三〇%になっている。そうした関係から、ムーサはバージュに比べ男と女のような違いがあり、全体に柔らかでどことなくおとなしく優雅さもあり、早く飲めて、かつ飲みやすいワインになっている。

ランシュ・バージュの名前のうち、ランシュの方はアイルランドから由来したのだが（**Lynch**＝私刑というおかしな名前）、バージュの方はここにバージュの集落があるからである。街道の左手にあるこのバージュに名の知れたシャトーが四つある。ランシュ・バージュと、そのセカンド・ワインになったオー・バージュ・アヴェルス、その他にオー・バージュ・リベラルとクロワゼ・バージュである。このほか名は知られていないが、なかなか良いワインを出す**オー・バージュ・モンプルー Haut-Bages-Monpelou**（ブルジョワ、栽培面積一五ha、生産量八二〇〇ケース。内陸側でグラン・ピュイ・ラコストの隣り）などがある。

クロワゼ・バージュ（格付け第五級、栽培面積二五ha、生産量一一〇〇〇ケース）は、十八世紀にクロワゼ兄弟が造ったシャトーだが、その後カルヴェ家のものになり、その時代にポーイヤックの河岸にシャトーの邸宅を造ったが、この方は現在手放されてユース・ホステルになっているから、醸造所があるだけでシャトーらしき建物がない（醸造所と畑はランシュ・バージュの裏手にある）。

その後一時アメリカ人の手に移り、現在はポール・クエ家のものになっている。クエ家はローザン・ガッシーを所有しており、他にもブルジョワ級で好評なベル・オルム、トロンコワ・ラランドももっている。クロワゼ・バージュのラベルは、一八七八年と八九年にパリ博覧会などでとったメダルをデザインしたもの（ラベルの下部に赤と青の帯を使っているが、青の方はシャトー詰めではない）。この格付け五級のワインは一時停滞期があったが、クエ家のものになってからはなかなか評価がいい。ことに一九九四年に技術陣が交替して以降、ワインの品質は目立って向上している。このワインはカベルネ・ソーヴィニヨンの比率が低く（三五％、メルローは三〇％）、そのため柔らかいワインになっていた。ただ一九七七年の春霜で手ひどく傷めつけられ、その後畑の全面的な植え替えに取り組んでいる。カベルネ・ソーヴィニヨンの比率を増やしているから将来は酒質が変わってくるだろう（現在ＣＳ四〇％、Ｍ四〇％）。

オー・バージュ・リベラル（格付け第五級、栽培面積二九ha、生産量一四〇〇〇ケース）のラベルは白地に黒と赤で筆記体の文字をあしらっただけのもので品が良い。クロワゼの畑はバージュの集落の西の内陸部の小高いところにあるが、オー・バージュ・リベラルの方は街道の右手、ジロンド河よりの低いところで、ラトゥールの畑の地続きである。だから「オー」とつくのはちょっとおかしいわけである。いずれにしても、このシャトーは一七三六年以来ボルドーの仲買人をしていたリベラル家が一八五五年の格付け当時所有していた関係で、この名前がついたが、別に「自由」とは関係がない。この格付け五級のシャトーも一時は没落したが、一九六〇年代にクリューズ家が手に入れ、醸造所を徹底的に近代的なものにしたので、七〇年代以降は名声を取り戻した。一九八三年になって、クリューズ家はこのシャトーも手放し、ベルナール・タイヤン・グループとパリバス銀行に所有が移った。オーナー陣はシャス・スプリーンのベルナドット・ヴィラーに経営を委ねたがベルナドットの死後、娘のクレールが引き継いでいる（このグループは現在メドックで元気のいい企業体で、サン・テステーフのコス・デストゥルネルも買収している）。経営者が変わって酒質は言うまでもなく向上したが、このシャトーのワインはエレガントではあるものの、ポーイヤックの特色である凝縮感を備えていない。畑は良い位置にあるのに不思議である。

ポンテ・カネ（格付け第五級、栽培面積七八ha、生産量四五〇〇〇ケース）は、銘酒街道の三叉路から左手に分かれる道へ行くと目の前にひろがってくるぶどう畑の中に赤茶色の屋根と赤い窓、蔦がびっしりついた緑の壁の醸造所、そして立派なシャトーの建物が見えるからすぐわかる。すぐ北隣りには名にしおうムートンのバロンヌ（現在ダルマイヤック）の畑が続いている立地条件の良さがあり、畑の面積は七八ヘクタールもあり、年間四万五〇〇〇ケースも出しているのだから、ポーイヤックのみならず、メドック全体の中でもちょっとしたものである。

ここのシャトーは、一七二五年頃からジャン・フランソワ・ポンテという法律家が創設し、周辺の畑を買い集めて大きくしていったものだが、この人物は地元の有力者だっただけでなく中央でも権勢をあげ、ルイ十五世の秘書役もつとめたし、晩年には陸軍少将にまでなった。その弟のベルナールの時代、一八二一年に、広大になりすぎた畑のうちサン・ジュリアン村の部分をヒュー・バル

蔦がびっしりついた
ポンテ・カネの醸造所

トンに売ったが、これが今日のランゴア・バルトンの一部になった。カネのワインは本来優れたものので高い名声をかちとる実力をもっていたが、ポンテ家の末期には畑がいささかほったらかしになって名声も失墜し、一八五五年の格付けの時は五級という低級に甘んじなければならなかった。それでも五級の中ではトップの座だった。格付けの十年後の一八六五年に、ポンテ家の最後の持ち主マダム・ポンテがついに手放し、エルマン・クリューズが買い取り、クリューズ家の努力によって名声が徐々に回復し、時には二級並みの価格で取引きされるようになった。

クリューズ家はボルドーきっての大ネゴシャンで、日本には早くから輸出をしてきたから、赤字でデザインされた同社のCruseの文字はたいていの人が見かけたことがあるだろう。同家はいわゆるワイン・スキャンダルに巻き込まれて一時評判を落としたが、ボルドーとしては酒造りの名家であることも事実で、オー・バージュ・リベラルのほかに、このポンテ・カネを虎の子として持ち続けてきた。しかし、一九七四年のワイン暴落時に、クリューズ家は、ローザン・セグラ、ジスクール、ディッサンを手放すことを余儀なくされたが、ポンテ・カネだけはクリューズ家の娘を妻とするギュイ・テッサンに買い取られたので、曲がりなりにもクリューズ家系のものとして残った。テッサンはもともとコニャックの酒商だったが、サン・テステーフのラフォン・ロッシェを買ってメドックの酒造り屋の仲間入りをした。現在ではラマルクの近くのマレスカスも所有している。ポンテ・カネはクリューズ社時代、ボルドー市のシャラント河岸にある同社の社屋内で瓶詰めされていたから、「シャトー・ボトル」を表示することはなかったが、テッサンの時代になってから、シャトーで元詰めするようになった。ギュイを継いだ息子のアルフレッドは酒質の徹底的な改革を始めた。ことに従来とかく「堅い」という評価の原因になっていた品種構成（CSが多いときは七五%になっていた）を変え、メルローを増やした（現在CS六三%、M三二%、CF五%）。またとかく難点になっていた過大収穫方針を変えて、収量制限に取り組んだ。そうした努力の結果、二十世紀末から急激に評価が上昇し、旧来の汚名をそそぐ成果を果たしつつある。このシャトーは丘の上にあるからメドックとしては珍しく地下熟成庫をもっているし、醸造所内に六百人の接待客の宴会が出来る部屋もある。同じクリューズ家の傘下に入るオー・バージュ・リベラルではウルトラ・モダンな醸造施設でワイン造りをやっているが、こちらは伝統的な酒造りを頑なに守り、いまだに木の発酵槽を使っている。ポンテのワインは、名前が軽くみられる発音だし、ラベルのデザインも何となく安っぽいので損をしている。しかしなんといっても畑はムートンの隣りというポーイヤックでも絶好の位置にあるのだからその底力を発揮させさえすればめざましく変貌するはずである。なおここでは、レ・オー・ド・ポンテ Les Hauts de Pontet というすぐれたセカンド・ワインも出している。

いくつかのグループ

ポンテ・カネと並んで、ポーイヤックの中堅どころを守っている二つの似たような名前のシャトーがある。**バタイエ**（格付け第五級、栽培面積五五ha、生産量二二〇〇〇ケース）とオー・バタイエである。いずれも格付け五級だが、昔からバタイエの方が高く評価されていた。「ジネステ・ブック」も四グラスをつけている。バタイエの方は金色地のラベルだから簡単に区別がつく。いずれも街道から左に入った内陸部側で、バタイエの方はポーイヤックの町からサン・ローランへ抜ける県道二〇六号線沿いで目立つシャトーになっている。オー・バタイエの方は少し奥に引きこんで鉄道の線路を越したところにあるが、ピション・ロングヴィルの西隣りになる。もともとバタイエの二つのシャトーの畑はひとつのものだった。百年戦争の末期、一四五三年にカスティヨンの戦いで敗れてポーイヤックへ逃げてきた英国兵の掃討にあたったデュ・ゲスクラン将軍が、このあたりで血腥い殺戮戦をやったらしい。そのあとでシャトー・ラトゥールの砦もぶち壊した。ちなみにフランス語のバタイエは戦闘の意味である。当初十八世紀にサン・マルタンという兄弟姉妹がこの畑をもっていたが、ペコリエール家のベドー提督の持ち物だった時代を経て、一八一九年頃には有力なネゴシャンのダニエル・ゲスティエ家のものになった。この時代に畑が改良され、バルトン・アンド・ゲスティエ社の名とともに市場に広まった。その後、ハルフェンという銀行家の手に渡り、一九二九年にボリー家のものになった。マルセル・ボリーの死後、これを継いだ娘がエミール・カステジャに嫁いだ。エミール・カステジャは前述のランシュ・ムーサを継いでいたから二つのシャトーはカステジャが株主である著名なボリー・マヌー社によって専売特許的に売られることになった。

一方、**オー・バタイエ**（格付け第五級、栽培面積二二ha、生産量一〇〇〇〇ケース）の方は、一九四二年にバタイエの畑の一部が区分されて独立のシャトーとなり（隣りのブルジョワ級の**ラ・クーロンヌ La Couronne** と共に）、マルセルの兄のフランソワ・ボリーのものになった。このフランソワはデュクリュ・ボーカイユの持ち主である。一九五三年死亡した時、デュクリュ・ボーカイユの方は息子のジャン・ウジェーヌに、オー・バタイエの方は娘のブレスト・ボリー夫人に遺した。ウジェーヌは妹のためにオー・バタイエを管理していたが、次第に息子のフランソワ・クサヴィエ（グラン・ピュイ・ラコストの持ち主）が経営の実権をもつようになった。一九四二年の分離の際、バタイエのシャトーの邸宅はマルセルの方に残ったからいわゆるシャトーの邸宅がない。

一九七四年まで、ここのワイン造りは、デュクリュ・ボーカイユでやっていた。しかし、収穫期にそこまでぶどうを運ぶのはやっかいだったから、七四年以降はお隣りのシャトー・クーロンヌの醸造所を現代的設備に改良して、ここで仕込みを行なうようになった。ここはボルドー醸造大学の指定に基づいて設計され、温度調節から完璧な清潔さにいたるまで見事なものになっている。一九八五年にボリーは熟成庫と瓶詰め工場を増設し、ワイン造りに力を注いでいるから、オー・バタイエの評価も変わってくるに違いない。

ウジェーヌ・ボリーとエミール・カステジャは、いずれも酒造りの名手で、もともとひとつの畑だったのだから二つのバタイエは兄弟か親戚同士のようによく似ていそうなものだが、そうでないところが面白い。バタイエの方はポーイヤックのスタイルだが、オー・バタイエはサン・ジュリアン・タイプである。後者の方が柔らかく熟成も早く、長持ちはしない。

持ち主が入り組んでいるので、ここで整理しておく。ボリー家の直系であるジャン・ウジェーヌ・ボリーとその後を継いだマルセル・ボリーは、現在デュクリュ・ボーカイユを中心にオー・バタイエとラランド・ボリー、そして後述のグラン・ピュイ・ラコストを所有している。分家筋になるマルセル・ボリーの資産を婚姻で継いだエミール・カステジャとその息子のフィリップ・カステジャは、バタイエとランシュ・ムーサの所有者であり、その後サン・テステーフのボー・シットとポーイヤックのオー・バージュ・モンプローも買い取っただけでなく、サン・テミリオンの第一級シャトー・トロットヴィエーユとポムロールのドメーヌ・レグリーズの所有者になっている。両家のワインの販売・輸出を扱っているのがネゴシャンのボリー・マヌー社なのである。そのため両家とネゴシャンのボリー・マヌー社のグループは現在ボルドーではちょっとした勢力になっている。そうした関係でフィリップ・カステジャはグラン・クリュ・シャトーの組織の委員長をつとめているしFEVS（フランス・ワイン・アンド・スピリッツ輸出組合）の会長職もつとめている。

さて、ポーイヤックには、まだ、よく似た名前の二つのシャトーがある。**グラン・ピュイ・ラコスト**（格付け第五級、栽培面積五〇ha、生産量一八〇〇〇ケース）と、**グラン・ピュイ・デュカス**（格付け第五級、栽培面積四〇ha、生産量一四七〇〇ケース）である。これも、もともとはひとつだったからで、グラン・ピュイは直訳すれば、〝大山〟だが、小高い丘の頂上にあったからである。由緒はかなり古く十五世紀にギュイロー家の領地だった。十七世紀にはこの家に二人の娘がいて、それぞれ家産を継いだので、二つのグラン・ピュイが生まれた。そのひとつのいわば本家にあたるほうは女系の家族の中で持ち続けられ（その中の一人の夫がサン・ギロンだったから、今でもラコストの方のラベルに名前が残っている）、ギロンの娘がラコスト家に嫁いだため今日の名前が生まれた。もうひとつの分家の方は、娘がコルミエール家に嫁ぎ同家がデュカス家に売ったのでこの名前になったが、デュカスを公称するようになったのは一八五五年の格付け後で、その前はその畑がアルティギュ集落にあった関係でアルティギュ・アルノーと呼ばれていた（現在、この名前はセカンド・ワインに使っている）。

ラコストは、銘酒街道から左折してサン・ローランへ行く道の途中の小高い丘の上に立派な邸宅がぽつんと建っている。畑もシャトーの周辺にかたまっている。ちょうど、ランシュ・バージュと、ランシュ・ムーサの中間あたりにある。デュカスの方は畑がポーイヤック村の中の三カ所に分散していて、北の部分はポンテ・カネの近く、真ん中の部分はラコストの隣り、南の部分はかなり離れてバタイエに近い。

ラコストは一九三二年からレイモン・デュパン氏の所有になったが、この人物はメドックの名物男だった。もともとランド地方の大地主で大金持ちだったし、ならてのグルメで客のもてなしが良かった。自分で羊の群れを飼っている唯一のワイン・オーナーだったし、その古酒のコレクションは有名だった。自分はボルドー市内に住み、ワインの品質が落ちるのは決して許さなかったが、ただポーイヤックのシャトーの邸宅に金をかけるのは気がすすまずほったらかしだった。一九七八年から、デュクリュ・ボーカイユのジャン・ウジェーヌ・ボリーに権利の半分を売って経営をまかせたが、一九八〇年デュパンが死ぬ少し前にボリー家が残りを買い取った。そのため現在はボリー家のものだが、管理は息子のフランソワ・クサヴィエ夫妻があたり、シャトーに住んで邸宅（一部は一七三七年に建築）もきれいに修復したので規模こそ小さいがシックなたたずまいを取り戻している。クサヴィエは畑の植えつけの拡大と醸造所の近代化などワイン造りに情熱を燃やしているので、近時名声はとみに上がり、二級なみの価格で取引きされることがある。「ジネステ・ブック」で四グラス。ラベルは地味でぱっとしないが、ワインのタイプは典型的なポーイヤック調でいわゆる通人がねらうワインになっている。

デュカスの方は、一時ソーテルヌきっての名門シャトー・シュデュイローの持ち主、デュロワ家の持ち物であった時期もあったが（デュロワ家はラコストを持っていて、二つが合体していた時期もあった）、一九七一年からメストレザ社のものになった（同社はメドックに三つのシャトー、グラーヴのトゥールトー・ショレ、ソーテルヌでは名ぶどう畑レイヌ・ヴィニョーを擁するボルドーでの大手酒商）。一八一四年スイス系のメストレザが興した会社で、代表者はジャン・ピエール・アングリヴィール・ド・ラ・ボーメルという長い名前の人である。その財力をバックに、醸造所の近代化に力を入れ、エノロジストのベルナール・モントーが醸造の責任者になった。ラコストと違ってデュカスのシャトーの邸宅は畑から離れたジロンド河岸にあった。前にふれたようにこれは「メゾン・ド・ヴァン」になっていて、「コマンダリー・デュ・ボンタン」の事務所になっていた

（八九年の春に改装した）。しかし、十八世紀に小さな醸造所が現所有者の手に戻り、現在では大規模な再建工事が完了している。

さて、ポーイヤックの最後に、**ペデスクロー**（格付け第五級、栽培面積二〇ha、生産量九〇〇〇ケース）を忘れるわけにはいかないだろう。ポーイヤックの河岸からT字路を左折し、カーヴを描く道を北上すると、左手のポンテ・カネへと分かれる三叉路の少し先の右手に、こぢんまりしたシャトーが見える。少し高い位置からみると、建物の背後にシェルの精油所の塔がのぞいている。ペデスクローは、以前は二つのデザインのラベルがあったが、一九七〇年代に入ってからまた少しデザインを変えた。いずれもシャトーがエッチングで刷りこんであるが、以前のものは現在の建物と違っている。ここは格付けものの中では新しいシャトーで、一八二五年の創設。ボルドーの仲買人だったウルバン・ペデスクロー氏が、グラン・ピュイ・ラコストの畑の一部と現在のムートン・バロンヌの畑の一部を買い取って独立させた。そのほか、ランシュ・バージュの近くにも畑があるから、このシャトーは畑が分散している例のひとつになる。ペデスクロー未亡人からガステボワ伯爵の手を経た後、一九五〇年に現在の当主ベルナールの父リュシアン・ジュグラが買い取った。もっともリュシアンは、一九三〇年以後このシャトーの管理にあたっていた。ジュグラ家は、メドックでもちょっとした名家で、現在の主人の祖父は、カステジャ家時代のデュアール・ミロンの支配人だった。同家は一九七〇年にポーイヤックのコロンビエ・モンプルーを買ったが、それ以外にもグラン・デュロック・ミロンを持っている。現在ペデスクローの管理運営はベルナールの二人の兄弟

（ピエールとジャン）とピエールの妻のブリジットが行なっている。ここのセカンド・ワインの**ベル・ローズ**は、可愛らしい名前のせいもあって、よく知られている。ペデスクローのワインは英国で人気があるし、最近ではアメリカでの販路も広い。このワインについて、しばしば評価が分かれるのは、年代による出来不出来の差が激しいからだろう（一九八〇年に醸造設備が改良された）。それでも、カベルネ・ソーヴィニヨンの比率は多く（現在は六五％まで下げた）、典型的なポーイヤック・スタイルのワインだし、五級としての実力をもつ点では定評がある。

(5)　サン・テステーフ

さて、オー・メドックの代表四地区の、最後はサン・テステーフである。ここでは、格付けシャトーが五つしかない。しかも、その北隣りには格付けされていない安ワインの量産地、北部メドックが広がっているから、他の三地区に比べて軽く見られがちである。しかし決して馬鹿にしたものでない。五つの格付けシャトーもさることながら、格付けにもれたシャトーでも、今日では意気軒昂、赤い気炎をはいているところがいくつもある。地区全体としても、他の三地区と堂々とわたり合うだけの実力をもっている。

ポーイヤックの銘酒街道を、左手にシャトー・ラフィットを見ながら車を走らせると、道が少し下りぎみになって、またすぐ急な登り坂になる（この低いところに、よくよく注意していないと気

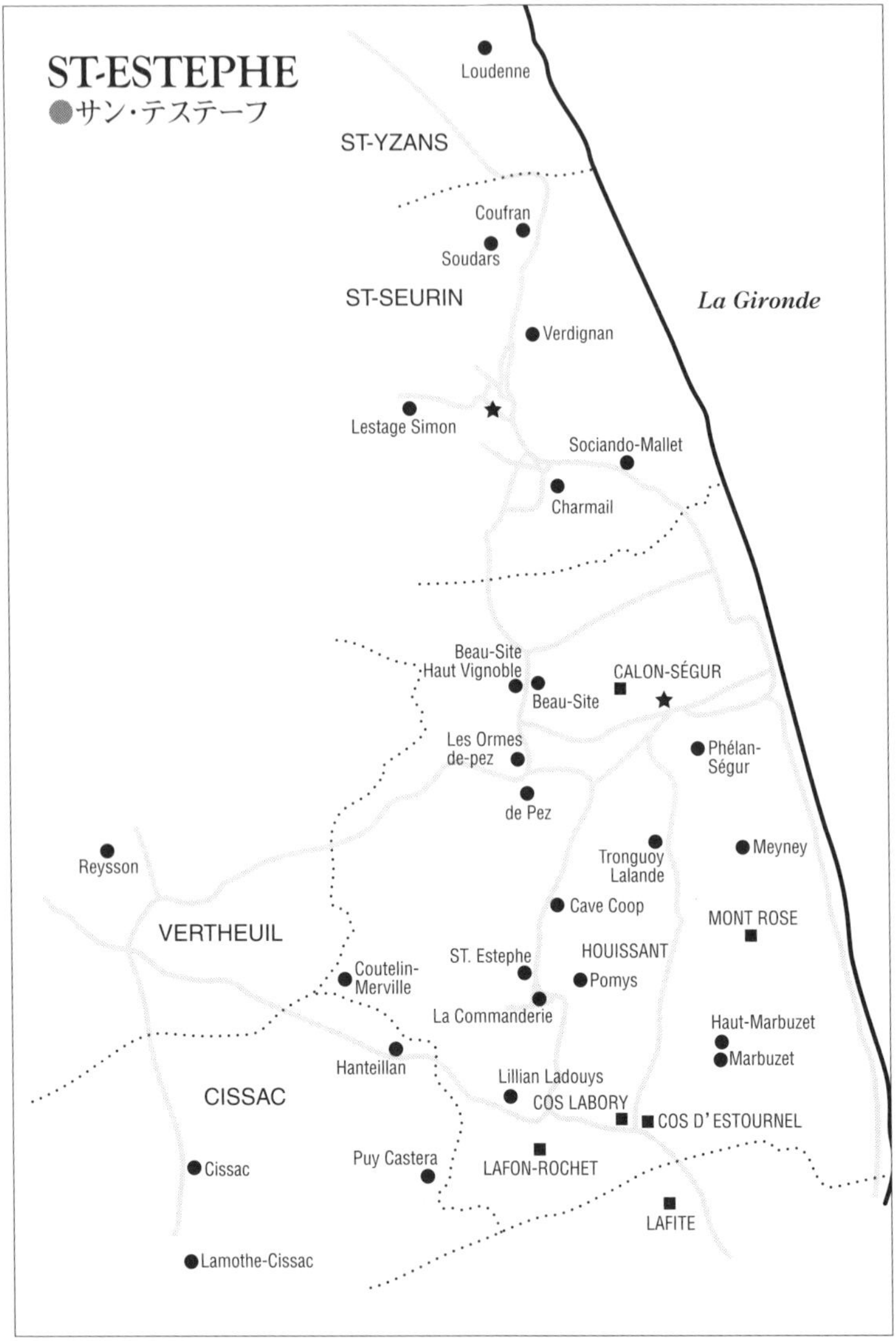
ST-ESTEPHE
●サン・テステーフ
Loudenne
ST-YZANS
Coufran
Soudars
ST-SEURIN
La Gironde
Verdignan
Lestage Simon
Sociando-Mallet
Charmail
Beau-Site
Haut Vignoble
CALON-SÉGUR
Beau-Site
Les Ormes
de-pez
Phélan-
Ségur
de Pez
Reysson
Tronguoy
Lalande
Meyney
Cave Coop
VERTHEUIL
MONT ROSE
ST. Estephe
HOUISSANT
Coutelin-
Merville
Pomys
La Commanderie
Haut-Marbuzet
Marbuzet
Hanteillan
Lillian Ladouys
CISSAC
COS LABORY
COS D' ESTOURNEL
Puy Castera
LAFON-ROCHET
Cissac
LAFITE
Lamothe-Cissac

がつかないで通り過ぎてしまう小川があり、これがポーイヤックとサン・テステーフとの村境である）。坂を登りつめると、前もって知っていないかぎりびっくりするような異様な建物が目に飛び込んでくる。これこそクラレット通が涎《よだれ》を流すコス・デストゥルネルである。ラベルのデザインにもなっている東洋風のパコダ塔がついたシャトーの建物は、第二次大戦中ここがドイツ軍の高射砲陣地にされたためぼろぼろになっていたが、今では美しく改修され圧観である。誰でもちょっと車を停めたくなるが、ことのついでに足もとをみれば、畑の土に大きな礫石がまじっているのも気がつくだろう。

コス・デストゥルネルの建物があまりにも立派なので、すぐ隣りにもうひとつのシャトーがひかえているのを見逃しがちである。コスのところの角に由緒ありげな石柱と白塗りで小粋な飾りのついた鉄柵の門がある。奥に醸造所らしきものがみえるが、これが格付け五級のコス・ラボリィである。また、その少し先に行くと、左手の畑の中に小さいながらもがっちりとした品のいい建物が見えてくる。これが格付け四級のラフォン・ロッシェ。ここへ来るまでは銘酒街道が一本だけだったから迷うことはないが、サン・テステーフではこの地区を南北に貫く街道が二本ある。一本はコス・デストゥルネルの建物の角を右折して北に向かいサン・テステーフの町にたどりつくジロンド河沿いの県道二号線（E3号線）である。もう一本はそれと並行して内陸部を走る県道二号線で、この方へ行くには、コスの前を内陸の方へ延びる道を少し行き、ラフォン・ロッシェの正門が見える十字路を右折しなければならない。なおこの道（県道二〇四号線）をまっすぐ内陸に向かって先に行くと、ヴェルテイユの集落を右に見ながらラスパール・メドックの町にたどりつく。その街道沿いには、最近めきめき名をあげているブルジョワ級のシャトーのリリアン・ラドゥイやアンティヤンがあるし、途中を左折して少し行くとシサックの集落もある。

二つの街道のうち河沿いの道が、道路標示としては県道二号線の支路（E3号線）になるが、ワインを探訪する上ではこの方がいわば銘酒街道の本道である。北へまっすぐ延び、メドック半島の突端へ向かっている。この道を行くと、ぶどうがびっしり茂った広々とした風景が広がり、はるか彼方にはジロンド河が臨める。少し車を走らせると、右手に建物がかたまった村落風の場所が見えてくるが、ここがマルビュゼの集落である。単調なぶどう畑の街道をさらに進むと、遠景の畑の中にジロンド河を背にしてぽつんとシャトーらしきものが見えるが、これが格付け二級のモンローズである。シャトーを見るには車一台がやっと入れる畑の中の小道をたどって寄り道をしなければならない。なお、この少し北にはメイネイのシャトーもある。

街道をそのまま突っ走ると、左右にいくつかのシャトーらしきもの（トロンクワ・ラランドなどのブルジョワ級）を見ながら、サン・テステーフの町につく。町といってもおよそ市街らしい賑やかさはなく、村に毛のはえたような田舎町である。この町で街道がT字路につき当たり、いったん左折し、少し先でまたT字路があって、これを右折して、もとどおり北上する。サン・テステーフの町に入る手前に三叉路があるが、左の方を選ぶと町に入らないで迂回する道になっている。この方を行くと、なだらかに丘を湾曲する道沿いにペズの集落があり、ド・ペズとレ・ゾルム・ド・ペズのシャトーがある。ちなみにこのペズのスペルはPezだが、これはPèseと同じで、お金の卑語、「おあし」というような意味だから、おかしな名前である。サン・テステーフの町に入って左折する方の道を行くと、右手に格付け最後のシャトー、カロン・セギュールがある。白塗りの地味な建物だが、あたりを圧する風格がある。

再び北上する街道をたどると、サン・コルビアンの集落があり（ここにも**ボー・シット**と二つのブルジョワ級シャトーがある）、更に北上するとやや大きな集落がだらだら続くサン・スーラン・ド・カドールヌに着く。ここには街角に農協の醸造所があるほか、ブルジョワのトップ級のソシアンド・マレとかミアイユ家がもっているヴェルディニャンとクーフランなど、十近くのブルジョワ級シャトーがかたまっている。

街道はさらに北上するが、オー・メドックとしてはここでお終いで、その先はかつてのバー・メドック、現在はただの「メドック」と呼ばれる北部メドック地域になってしまう。ここらあたりからひき返す時に、もし時間が惜しければ、サン・スーラン・ド・カドールヌの町から左折して県道二〇三号線を西に行くと、ラスパーの町のところで広い県道一号線＝国道二一五号線につき当たる。この国道は松林の中を一直線に走る広い道で、この道をすっとばせば、約六〇キロ、一時間たらずでボルドー市内へ戻れる。

サン・テステーフには五つの格付けシャトーがあるが、そのうち二つがなんと二級なのだ。このサン・テステーフを飾る二つのシャトー、コス・デストゥルネルとモンローズとは派手と地味、かなり対照的である。モンローズは古くから英国に根強いファンがいるが、最近とみに華やかな名声をあげているのは、**コス・デストゥルネル**（格付け第二級、栽培面積六四ha、生産量三六〇〇〇ケース）であろう。こちらの方はアメリカに熱狂的ファンが多い。

コス（Cosのsを発音する）という奇妙な名は、小玉石（Cailloux、ボーカイユもこれに美しいという意味のBeauがついたもの）のある丘の意味をもつCauxが語源だそうである。だからこのシャトーの隣りのコス・ラボリィもコスをつけている。このシャトーはサン・テステーフ南部の大地主エストゥルネル家のものだったので、コスとつなげて今日のシャトー名になった。十九世紀初頭の同家の当主ルイ・ガスパールは出色の人物だった。ワイン造りのみならず、同家のもう一つの主要な家業にも熱心だった。家業とはアラブの馬をフランスに輸入することだったので、東洋へこのシャトーのワインを持ちこんでみたことがあった。ところが、売りそこなったワインをボルドーまで持ち帰ったところ、これが熟成しておそろしくうまく、当然のことながら評判をよび高値で売れた。以後、彼はわざわざ中近東まで航海させて高値で売るということをやったり、シャトーの建物も異国情緒を出すように飾って（二十年かかった）、ワインの神秘性の雰囲気づくりにはげんだそうである。街道に面した豪華な凱旋門の上に石の紋章が周囲を睥睨しているが、よくみるとライオンと馬の組合わせである。ガスパールは一八一一年に一度シャトーを手放したが、一八二一年に買い戻し、お隣りのコス・ラボリィも買って、畑の拡大と改良につとめた。ふたたび一八五二年にここを手放し、マーティンという英国人（ミッション・オー・ブリオンの所有者だったジェローム・シアペラが管理）、デラズー、ホスティン兄弟と持ち主を変え（この娘がモンローズの所有者シャルモリュー家に嫁いだ関係で同家が二つのシャトーを持った時代があった）、一九一七年にフェルナンが買い取ってジネステ家のものになった。フェルナンの死後、息子のピエールと娘のマダム・

オリエンタル風の建物が異彩をはなつシャトー・コス・デストゥルネル

ジャン・プラットが継いだが、マダムの子供ブリューノ・プラットが、共同所有者（イヴとジャン・マリーの兄弟がパートナー）と管理にあたるようになった。このブリューノ・プラットが傑出した人物でワイン造りと事業の両面においてコスの新時代を創った。戦時中ドイツ占領軍のために荒れたシャトーの建物を美しく改修しなおしただけでなく、内部も改装して、ガラスごしに樽貯蔵が見えるようにしたり、レセプション・センターも設けたりしてワイン愛好者が訪れて楽しい銘酒街道の終点的名所にしたてた（自分達夫妻は、裏手奥にある壮麗なシャトー・マルビュゼに住んでいる）。ただ、一九九八年に家族内の事情からプラット家はこのシャトーを手放すことになり買ったのはタイヤン・グループだった。ただシャトーの経営はブリューノの息子のジャン・ギョームが引き続き行なうことが条件になっているから、ワインがそう変わるわけではない。

　ここの畑はラフィットと地続きだが、その境界がブリュイユの小川で凹地になっているため排水がよく、またサン・テステーフとしては砂利の含有率が高い。丘陵状になった畑の上部はカベルネ系、下部にはメルローが植えられているが、その比率は六対四と他に比べてメルローの比率が多い。そうした関係で、コス・デストゥルネルのワインはエレガンスとフィネスをそなえ、サン・テステーフの堅さを芯に持ちつつも、柔らかなところもあり、熟成が早いワインは現在最も人気のあるスーパー・セカンドになっている（パーカーの評価は「傑出」）。一九七五年からはボルドー大学のパスカル・ガイヨン教授が醸造の指導にあたっている。コス・デストゥルネルのワインは違う年のワインをブレンドしたノン・ヴィンテージものがジネステ社から出されたことがあったが、これは成功しなかった（飲み手としては飲み頃がわからなくなった）。現在は、若いぶどうの木からとれたワインは、**シャトー・マルビュゼ**のラベルを使ったセカンド・ワインとして出されている。

コス・デストゥルネルの栄光の蔭になって損をしているのは**コス・ラボリィ**（格付け第五級、栽培面積一八ha、生産量八五〇〇ケース）である。クロ・ガストンと呼ばれていたが十九世紀の初期にフランソワ・ラボリィが買ってこの名前をつけた。フランソワが死んだ一八四五年にデストゥルネルのルイ・ガスパールが買った。だから一八五五年の格付けが行なわれた時期は同じ所有者だった。ただ、こちらは五級に格付けされたためか、かなりの実力をもっていながら割をくっていた。現在でも、「ジネステ・ブック」は四グラスをつけている（パーカーは「良好」）。一九二二年にウェバーというアルゼンチンの家族のものになり、その後一九五九年に遠い親戚になるオードワ夫人が買い取った。夫人と夫のフランソワは、七〇年代にシャトーを完全に改装し、八四年にフランソワが死んでから息子のベルナールが母を助けてワイン造りにあたっている。ここも、メルローの比率が多い（かつてはCS四〇％だったが現在は五〇％、M三〇％）関係で、サン・テステーフとしてはソフトで、早く飲めるワインになっている。長い間ワインはぱっとしなかったが、一九八〇年の末から明らかに品質が向上した。

コス・デストゥルネルと並ぶサン・テステーフの代表**モンローズ**（格付け第二級、栽培面積六八ha、生産量二七〇〇〇ケース）は、一八五五年に格付けされたシャトーの中では一番新しい。その昔、ここは広大だったカロン・セギュールの領地の一部だったが、この丘一帯はランド・ド・レスカルジョン（かたつむりの土地）とよばれる灌木とヒースの茂る荒地だった。ただ春になると丘一面はヒースの花のピンク色に染まったので、薔薇色の山《モン・ローズ》というかわいい名前がついたわけである。革命直前の一七七八年頃、「ぶどうの王子」とよばれたセギュール伯の息子が、ちょっとした訴訟沙汰にまきこまれ、その結果テオドール・デュムーランなる人物が、このあたりの土地のほんの一区画を手に入れ、ここに田舎家に毛の生えたくらいのシャトーを建てた（地図上に公的に名前がのるのは、一八二五年。格付けのわずか三〇年前）。デュムーランがここにぶどうを植えだした当初は、わずか六ヘクタールばかりの畑だったが、彼は熱心に買ったり交換したりして、畑をひろげワイン造りにもはげんだ。もともとカロンのセギュールの領地だったくらいだから畑の土質と立地条件は良かったし、一八三二年には七年足らずで畑は三一ヘクタールにもなっていた。五五年には格付け二級の栄冠をかちとった。一八六六年頃には（わずか三四年！）で畑は一〇〇ヘクタールにもなっていた。

デュムーランの死後、遺産は養子達が継いだが――薄情にも彼等は養父の死ぬのを待っていたように――すぐ後の一八六六年これをアルザス出のマチュー・ドルフュスに売り払ってしまった。幸いにもドルフュスは理想的とも言える酒造り屋で、畑と醸造所に金を惜しまずに注ぎこんで改良し、従業員の給与改善、福利厚生につとめ医療施設までつくった。フィロキセラ禍のときはその害虫との戦いに湯水の如く金を使った。当時掘った七三五フィートの深さの井戸は今でも残っている。この揚水に使った鉄塔が今ではシャトーのシンボルになっているがシャトーの人達はふざけて「メドックのエッフェル塔」と呼んでいる。彼は死亡直前にシャトーを法人化し、これを一八八九年にオステイン兄弟（ジャン・ジスステインとジャン・ジュール）に譲ったが、それが一八九六年にルイ・ヴィクトール・シャルモリューに売られた。当時のシャルモリュー家はコス・デストゥルネルの持ち主だった。

フィロキセラ禍と第一次大戦にもめげず、シャルモリュー家はワイン造りにはげみ、一九二〇年後半には世紀的傑作をつくり上げている。ルイの子供アベルも、三〇年代の大不況とワイン・スランプ、水と火事のトラブルを切りぬけて名声を守り続けた。第二次大戦になると初めはフランスの高射砲陣地、後にドイツ軍の占領、空襲の被爆（シャトーには当たらず畑だけ被害を受けた）という災難に耐えぬいたが、一九四四年に彼は突然死亡した。しかし健気な未亡人マダム・イヴォンヌが二人の幼児をかかえ、戦後の困難な混乱期も名声を維持するという重責を見事に果たしぬいた。一九六〇年代からは息子のジャン・ルイが、この伝統的酒造りを守り続けているだけでなく、絶えざる投資と改良を忘れていない。なお、ここの畑はカベルネ・ソーヴィニヨン六五％、メルロー二五％の比率である。かつてはここのワインには、輸入業者が瓶詰めするものがあったが、一九六九年からすべてシャトーで瓶詰めするようになった。そうしたわけでもないだろうが、日本ではモンローズは比較的安い値段で売られていた。しかし「ジネステ・ブック」も五グラスをつけていたし、一九九〇年にロバート・パーカーが一〇〇点満点（現在は「傑出」）をつけてから、急に脚光をあびるようになった。なにしろサン・テステーフのもつ堅実でしっかりした性格をそなえているのだから、メドック通たらんとする者には無視できないワインである。モンローズの特色はなんと言っても成熟したタンニンの豊かさで、それが初心者にとっつきにくい印象を与えることである。また瓶熟も遅く、少なくとも十年たたないと飲めるようにならないが、そのかわりきわめて長寿である。なお七八年から八〇年前半にかけて一時、少し飲みやすいタイプに変えたが、長い顧客達はこの変化を歓迎しなかったから、またもとのスタイルに戻った。

サン・テステーフを語る上で、どうしても欠かすことが出来ないシャトーが、もうひとつある。格付けシャトーとしては最北になる**カロン・セギュール**（格付け第三級、栽培面積七四ha、生産量三〇〇〇〇ケース）である。クリーム地のラベルにハート形とシャトーのエッチングがデザインされていて、赤文字が入っているのと、名前も重々しくないので、何となく安っぽく映るかもしれない。格付けも三級ということから、日本ではあまり評価されていないところがある。しかし、メドックの歴史からいえば重鎮だし、広い緑のぶどう畑に見えるシャトーは、ラベルの原型をとどめ、白塗り黒屋根の建物は大きくはないが堂々とした風格がある。

カロンは、ローマ時代にすでに存在した村で、古語で「木」を意味していたし、ローマ兵達が材木を運ぶ小舟もカロンと呼ばれていた。メドックのぶどう栽培はこのあたりから始まったらしく、十三世紀まで遡れる史料があるし、十八世紀にはサン・テステーフといえばカロンをくっつけて呼ばれていた。このシャトーが今日の名前になったのはボルドー議会議長、ニコラ・アレクサンドル・ド・セギュール侯爵が持っていたからである。なにしろこの侯爵は前にもふれたようにラフィット、ラトゥール、ムートンも持っていたので、いわばメドックのワインの王様、かつ大恩人である。ところが侯爵はこんな句を残している。

「われ、ラフィットとラトゥールをつくりしが、わが心、カロンにあり」

現在のラベルのハートのマークはこれにちなんだものである。ニコラの没後、ここは従兄弟のアレクサンドル・ド・セギュール・カロンに継がれたが、今日のシャトーの建物をつくったのはこの人である。その息子のニコラ・マリー・アレクサンドルが金に困り、一七七八年エティエンヌ・テオドール・デュムーランに売った。その息子は畑の改良を精力的に行なったが（その一部が今日のモンローズになった）、結局一八二四年に今日のカロン・セギュールに当たる部分をパリ出身のレタピ家に売り渡した。レタピ家も当初はワイン造りに関心を持ち、五五年の格付けで三級をかちとったが、晩年興味を失い、落ち目になったシャトーを一八九四年にお隣りのシャトー・キャプベルンの持ち主、ジョルジュ・ガスケトンに売った。この人の叔父はボルドーの古いネゴシャン、シャルル・アナピエで、持ち分の一部を持っていたがそれは女系のベルトラン・ペレロンギュに継がれた（現在はキャプベルン＝ガスケトンはジョルジュの孫のフィリップが代表者になっている）。この人もセギュール侯爵と同じようにこのシャトーに心を奪われ、クラシックなワイン造りに生涯をかけているため、ワインは一九二〇年代と四〇年代は格付け一級に匹敵するワインを出していた。ただどうしたことか六〇年代から七〇年代にひどく落ち込んだ時期があった。しかし幸い八〇年代後半に入ってからかつての栄光を取り戻しつつある（パーカーの評価は「傑出」）。セギュールのワインは、典型的なサン・テステーフといえるもので、しっかりした骨組みを持ち、熟成に伴ってまろやかさや洗練さを身にそなえてくる。面白いのは、セギュールのワインは、使われるメルローの関係からか（CS六五％、M二〇％、CF一五％）メドック南部のような柔らかさをもつことがある。また、気候に恵まれなかった年には深みに欠け、酒軀《ボディ》も豊かでなく熟成能力も劣るが、良い年に凝縮度をもつ典型的なサン・テステーフになる。

カロン・セギュールと時々間違えられるのが**フェラン・セギュール Phélan Ségur**（ブルジョワ級、栽培面積六六ha、生産量三三〇〇〇ケース）である。カロンはサン・テステーフの町の北だが、フェランは町の南で、両者に直接の関係はない。このシャトーは十九世紀の初頭にフランク・フェランという人が、クロ・ド・ガラメイとシャトー・セギュールという二つの畑を合体してつくり上げたもの（もともとは、ここもセギュール侯爵家のものだった。前世紀までは、セギュール・ガラメイとして知られていた）。ジロンド河を見下ろせる小高い丘の上に壮麗な邸館が威風を払っている。このシャトーは、一九二四年以降はデロン家のものになっているが、一九八五年にひどい衰退状態に陥っていたこのシャトーを買ったのがグザヴィエ・カルディニアだった。この人物はフランス第二の化学肥料会社の社長で、フロリダに広大なオレンジ園を持っていただけでなく、シャンパンのポメリー社とランソン社の大株主だった。その持ち株を売り払ってこの買収資金とし、十年がかりのシャトーの徹底的な改革（現代的醸造設備の導入と邸館の改修）に着手した。ところが出だしにひどい災難に直面した。一九八三、八四、八五年のワインに奇妙な化学物質臭が出たのだ。ふつうなら倒産を招きかねないダメージだったが強い意思と巨財を持っていた新オーナーは、クレームのついたワインをすべて買い戻して蒸溜にまわし樽をすべて焼き払って新生のスタートにした（原因は前所有者が畑にまいた除草剤だったが、グザヴィエはそのメーカーであるアメリカの会社を相手に訴訟をして勝った）。息子のテリーも父の意思を継いで改革を実行、畑とぶどうの運搬手段の大がかりな改良、厳しい選果（不適当なものはセカンド・ワインのフランク・フェランに使用）などによって一九八〇年代の後半には見事に名声の復活に成功した。現在ここのワインはブルジョワのトップ級にランクされているが、実に安定して期待を裏切ることのないものになっている。サン・テステーフの現代版といえるワインで、後述のオー・マルビュゼと並んで、サン・テステーフでは一番飲みよく楽しめるものになっている。「ジネステ・ブック」も四グラスをつけている（パーカーの採点は「良好」である）。

さて最後になったが、格付けシャトーの説明としては四級の**ラフォン・ロッシェ**（格付け第四級、栽培面積四〇ha、生産量二二五〇〇ケース）が残っている。ここはコス・ラボリィの奥、つまり西隣り、広い畑の中にぽつんと邸館が建っている。ここは、小川と窪地で離れているものの、ムートンの隣り、正確にはデュアール・ミロンの北隣りの畑である。昔はラフォンという名前で、一八五五年の格付けの時もそうだった。初代がボルドー議会の顧問だったラフォン家が十七世紀から一八八八年まで持っていた関係で、今日の名前になった。

コニャックの業者として成功をおさめていたギュイ・テッセロンは、メドックにシャトーをもつのが夢だったが、一九五九年にこのラフォン・ロッシュを買った。夫人がニコル・クリューズ家の娘（父がエマニュエル・クリューズ、母はディッサンの持ち主）だった関係もあって、一九七四年にはポンテ・カネも買って念願をはたすことができた（なお、同家はオー・メドックのラマルク村にマレスカスももっていたので、三シャトーのオーナーだったが、こちらは後に手放した）。シャトーを手に入れるとギュイは巨額の投資を覚悟でシャトーの改良に取り組んだ。最初に始めたことは、荒れはてていた畑のぶどうの徹底した植え替えで、ことにカベルネ・ソーヴィニヨンを増やすことだった（当初は七〇％にまで増やしたが、あまりにも酒質が堅くなるので次第に減らし、現在はCS五六％、M四〇％、CF四％）。一九六〇年代の中頃から新しい樹の収穫ができるようになってから、ワインのタイプが従来とちがってポーイヤックのスタイルに近づきだしている。カベルネが多すぎた当初はいろいろ批判が多かったが一九八〇年代の末から評価は急上昇している。一九八五年版の「ジネステ・ブック」は三グラスだったが、パーカーでは『ボルドー』第三版（一九九八年）以降「優良」に上がっている。夫人は夫人で、邸館を美しいクリーム色に塗りなおし、給水塔に使われていた古い建物を改修したし、息子のアルフレッドがシャトーの経営に精力をそそいでいるので、将来が楽しみである。

ところで、サン・テステーフのワインはポーイヤックやサン・ジュリアンに比べると日本ではいまひとつ人気がない。あまり華やかなところがなく、酒質が堅いせいもあって、とっつきにくいし、かなりボルドー・ワインを飲みこんでいないと、この一見地味なワインの本当の良さがわかりにくい。しかし、ワインのスタイルの違いと個性のあり方、そして値段という点にウエイトを置いて発想の転換をしてみると、サン・テステーフにも、われわれの知らないワインがお花畑のように百花繚乱咲き乱れていて、まだまだ探り求めるべきワインがいくらでもあるということを知らされる。ここでも一応の目安として、「ジネステ・ブック」のお世話になろう。この本の評価が絶対というわけではないが、少なくとも地元での定評ということを探る手がかりにはなる。この本がサン・テステーフ地区で取り上げているシャトーは全部でなんと九四もあるが、そのうち五グラスは二つだけである（コス・デストゥルネルとモンローズ）。そして格付けシャトーのカロン・セギュール、コス・ラボリィに加えて、次に掲げた一三のシャトーだけが、四グラスになっている。かなり著名なシャトー（例えば、格付けのラフォン・ロッシェをはじめとして、ボー・セジュール、ボー・シット、ド・ペズなど）も三グラスだし、二グラスにされてしまっているものもあるくらいだから（例えばベレール、シャンベール・マルビュゼ、ル・ボスク、リュサック、マルビュゼ、マヤレなど）、この本の評価がかなりきびしいことがわかる。このうち半分も、従来日本に輸入されてもいなかったし、いわゆるワイン通もよく知らないワインなのだから、メドックがいかに奥が深いかがわかるはずである。なおパーカーの評価もつけておく。

Beau-Site（栽培面積三四ha、生産量一七五〇〇ケース）バタイエのエミル・カステジャ所有、昔からブルジョワ・エクセプショネルとして有名（RPその他）。
Faget サン・テステーフ共同組合が、受託醸造をしている銘柄のひとつ。
Haut-Marbuzet（栽培面積五〇ha、生産量二五〇〇〇ケース）シャムベール・マルビュゼも所有するデュボスク家の御自慢。これもエクセプショネルだった（RP優良）。
Ladouys（栽培面積四八ha、生産量二八〇〇〇ケース）マルキ・ド・サン・テステーフが販売。現在名は **Lilian-Ladouys**。
Lavillotte（栽培面積一二ha、生産量四五〇〇ケース）ベルティユの村長、ジャック・ペドロの所有。同家の **Le Merynieu** より良質（RP良好）。
Marquis de Saint-Estèphe サン・テステーフのカーヴ・コオペラティヴ（協同組合）の目玉ワイン（RPその他）。
Meyney（栽培面積四九ha、生産量三〇〇〇〇ケース）コルディエ社の御自慢ワイン、知名度は高い（RP良好）。
Palmier サン・テステーフ協同組合が、受託醸造している銘柄。
Petit Bocq（栽培面積一四・七ha、生産量一〇〇〇〇ケース）ラニョー・ブラトン家の知られざる優品。
Phélan Ségur（既述）。
Pomys（栽培面積一〇ha、生産量七五〇〇ケース）サン・テステーフの名家アルノー家。シャトーも立派（RPその他）。

Ormes de Pez (les)（栽培面積三二ha、生産量一五〇〇〇ケース）ランシュ・バージュのカズ家所有。ブルジョワ級のトップ扱い（RP優良）。

Tour de Pez（栽培面積二三ha、生産量一二三〇〇ケース）マルキ・ド・サン・テステーフが販売（RPその他）。

これらのシャトーのうち、だんとつに人気があるのが、**オー・マルビュゼ**である。このシャトーは第二次大戦後、デュボスク家が手に入れ、ことに口も八丁手も八丁というエネルギッシュで愉快なアンリの代になって急速に頭角を現わした。現在サン・テステーフで（格付けこそされていないが）三位か四位にランクされるくらい人気がある（「ル・クラッスマン」では、なみ居る格付けシャトーを抜いて二つ星グループに入った。パーカーは「優良」）。というのも、サン・テステーフとしては異色の飲み易さで、実に楽しいワインだからである。なお、同じアンリの経営にかかる**シャンベール・マルビュゼ**は、パーカーは「良好」の採点。

もうひとつのニュースターはラドゥイで、これはコス・デストゥルネルの少し先（西より）に見えるシャルトリューズ風の建物である。一九八九年、コンピューター技師のクリスチャン・ティエブロが買い取って醸造所を現代化し、分散畑（樹齢の古いものが多い）を買い集めて見事に復活させた。クリスチャンは最愛かつ有能な妻のリリアンの名をシャトー名につけ加えて、**リリアン・ラドゥイ**にした。立地条件の良さもあり、わずかの期間で現在サン・テステーフで無視できない地位まで登りつめている。

メイネイはジロンド河沿いにひときわ目立つ建物（モンローズとフェラン・セギュールの中間）で、それもそのはずフランス革命前はシトー派修道院の建物だった（一六六二年に建築）。コルディエ社が手に入れ、同社の社風を反映した手堅く、ばらつきのないワインを出し、安定した地位を保ち続けている。

レ・ゾルム・ド・ペズは、ランシュ・バージュのカズ家がランシュ・バージュを買う前から持っていたもの。昔は濃密なワインを出すとして知られていたが、ジャン・ミシェル・カズの時代になってからランシュ・バージュの技術陣がこのワインも造っているので実に飲みよいものになっている（「ル・クラッスマン」一つ星）。

ポミイは十九世紀にはサン・テステーフ最大の領地だったが数回にわたる所有者の交替の結果、一九五一年にアルノー家が買った時、ほんのわずかの土地しか残っていなかった。同家が徐々に畑を広げ、一九九一年に民宿のようなシャトー・ホテルを開いた。ワインは根強い人気がある。

サン・テステーフのひとつの特徴は、ここの農業協同組合がしっかりした酒造りをしている点である。**マルキ・ド・サン・テステーフ**はとても協同組合が造ったと思えないほどだが。この他にも栽培農家の持ちこんだぶどうを別仕込みにして、固有の名前で出しているものがいくつかあるが、その品質は決して低くない。

ついでながら、「ジネステ・ブック」が三グラスをつけているシャトーの名前だけを列挙しておこう。

その多くが、小さなワイン・ブックなどには載ってないものだから、初めて聞く人も多いだろう。

しかも、サン・テステーフ周辺には、この三グラスを上回るが日本ではほとんど知られていないシャトーはかなりあるのだ。

最近のボルドー・ワインの全貌を要領よくコンパクトにまとめた、正確な地図と美しい写真入りの本が出ている。ウブレヒト・ドゥイジュケールとマイケル・ブロードベント著の ***The BORDEAUX ATLAS and ENCYCLOPEDIA OF CHATEAUX***（本書では「ボルドー・アトラス」とする）は未訳だが、最近の各シャトーの動向がよくわかる。この本に収録されているシャトーには星印をつけておく。この星印をつけたもののうち、パーカーはクトゥラン・メルヴィル、ラフィット・カルカセとトロンクワ・ラランドに「良好」、アンドロン・ブランケ、ボー・シット、ベレール、ルボスク、カベルン・ガクストン、ル・クロック、オー・コトー、ラ・エ、ウィサンに「その他」の評価をしている。

☆Andron Blanquet, Balangé, Beauséjour, ☆Beau-site, ☆Beau-Site-Haut-Vignoble, ☆Bel Air, ☆Le Bosq, Brame-les-Tours, ☆Capbern-Gasqueton, ☆Chambert Marbuzet, ☆Clauzet, ☆Coutelin-Merville, ☆Le Crock, ☆Domeyne, Gireaud, Graves de Blanquet, Gros Caillou, ☆Haut Coteau, ☆Haut-Coutelin, ☆Houissant, La Croix de Pez, La Croix-des Trois Soeurs, ☆Laffitte-Carcasset, ☆La Haye, La Rose Brana, Les Combes, Les Pradines, L'Hôpital, Lille-Coutelin, ☆Mac Carthy, Mignot, Moutinot, ☆Pez（Château de）, ☆Saint-Estèphe（Château de）, Saint-Louis, Ségur de Cabanac, ☆Tour de Marbuzet, ☆Tour des Termes, ☆Tronquoy Lalande, Vignolle Marbuzet, Violet（Château de).

(6)　オー・メドック北部

サン・テステーフの北にサン・スーラン・ド・カドールヌ村があり、内陸部にヴェルティユ、シサックの村がある。この三つの村はオー・メドックに入るので、その格付け外シャトーの中の出色ものを簡単につけ加えておこう（数字は「ジネステ・ブック」の評価。特に4に注目してほしい）。

サン・スーラン・ド・カドールヌ村

Bel Orme Tronquoy de Lalande（4）、Charmail（3）、Coufran（3）、Doyac（3）、Grandis（3）、La Paroisse（3）、Lestage Simon（3）、Pabeau（3）、Pontoise Cabarrus（3）、Senilhac（3）、Sociand-Mallet（4）、Tour des Graves（3）、Verdignan（3）、Verdus（3）

ヴェルティユ村

Chatellenie（3）、Constand Lesquireau（3）、Le Bourdieu（3）、Le Meynieu（3）、Le Souley-Sainte-Croix（3）、Picourneau（3）、Reysson（3）、Victoria（3）

シサック村

Breuil（3）、Cissac（4）、Hanteillan（4）、Haut Logat（3）、Lamothe-cissac（3）、Landat（3）、

Larrivaux（3）、Puy Castéra（3）、Tour du Mirail（3）、Domaine du Vatican（3）、Vieux Braneyre（3）、Vieu Landat（3）

サン・スーラン・ド・カドールヌ村でなんといっても特筆ものは、**ソシアンド・マレ**であろう。ジロンド河を見下ろす小高い丘の上にあって、砂利の多い斜面畑はモンローズに似たところがあるが、その潜在能力に気がつく人がいなかった。一九六九年、ジャン・ゴートロウがここに目をつけ、わずか六ヘクタールの畑しかなかったのを買い取り、以後畑を増して四五ヘクタールまで増やした。ゴートロウの努力によってワインは深みがあり優れたクラシック・ワインの素性をそなえるようになった。ところが一九九五年パリで開かれたワインテイスティング「ラ・グラン・ジュリィ・ヨーロピアン」で、ここの一九九〇年がボルドー一流のグラン・シャトーをおさえて一位になったので大騒ぎになった。以来、このシャトーは常に注目をあびている（パーカーは第三版では「秀逸」、第四版でオー・メドック中で唯一の「傑出」に評価した）。どうしたことか、年によって評価にばらつきがあるが現在ブルジョワ級のトップ・グループに入ることは間違いない。**シャルマイユ**は従来あまり知られていなかったがロジャー・セズが研究熱心で発酵前冷却浸漬の技術を使って素晴らしいワインを造り出した。「ル・クラッスマン」が一つ星をつけたのだから尋常でない。この他**ベル・オルム・トロンクワ・ラランド**、**クーフラン**、**ヴェルディニヤン**などは定評のあるシャトーである。

シサックにある**シャトー・シサック**はやや内陸部にある古いシャトーで、一七六九年まで歴史を遡れる由緒あるものだが、これをヴィアラール家が買ったのが一八八五年である。以来同家はこの地区の中核的存在になってワインの品質向上につとめて来た（**ブルイユ**と**トゥール・デュ・ミライユ**も所有）。ワインは色は濃厚で、フルボディ、タンニンもしっかりしていて、ブルジョワの中でも頼りがいのあるワインになっている。もうひとつの出色は**アンティヤン**である。ここはヴェルティユ大修道院の領地として一一七九年まで歴史を遡れるものだったが、二十世紀になって建物は崩壊し一〇ヘクタールほどの畑もなげやりになっていた。それを一九七二年に大建築業者の娘カトリーヌ・ブラスコが買い取り、畑を拡げ（八二ヘクタール）父に現代建築の醸造所を建ててもらった。以来女主人のシャトーとして話題の種になった。ワインはどこか女性的なところもあって飲みよいが、当初期待されたほど評価は上がらず延びなやんでいる観がある。ヴェルティユ村の**レイソン**は内陸部になるこの村の奥まったところにあり、中世の城の跡で長く放置されていたが、一九七二年にボルドーの大酒商メストラザ社が買い取り、それを一九八八年に日本のメルシャン社が買収して建物を美しく新装した。ここは、メルシャン社の若い技術陣がクラシック・ワイン造りを学ぶ絶好の修業場になっている。手堅い造りのワインで、いまひとつ地味だったが、醸造設備が完備するにつれて品質は向上されつつある。国産ワインのトップメーカーで技術陣の腕は決してボルドーの醸造家に負けないのだから、ぶどうの樹齢があがり、特醸物の生産抑制をすれば素晴らしいワインが生まれるようになるだろう。将来を期待していい。

(7) メドック中央部(ムーリとリストラックなど)

メドックの代表的な地区は、南からマルゴー、サン・ジュリアン、ポーイヤック、サン・テステーフの四つの地区になる。このうち北の三地区はそれぞれ近接しているから、車で走って次々に街道の左右に現われる名シャトーを眺めていると気がつかないうちにいつしか次の地区に入っている。地図目で見てわかるようなはっきりとした地形上の境がないから、道標だけではよくわからない。地図と首っぴきでやっと気がつくくらいである。ところが、南のマルゴーと次のサン・ジュリアンの間にはかなり広いなだらかな地帯がはさまれている。街道を走っても、ところどころに建物がかたまっているアルサンとかキュサックの小さな町があるだけで、雑林と畑とぶどう畑が現われては消え、街道から目をみはるようなシャトーは見えない。そのため、誰もがマルゴーとサン・ジュリアンの間は車を飛ばして通りぬける。

しかし、実はここらあたりこそオー・メドックにおけるプティ・シャトーの巣ともいえるところである。十年位前まではこの手のワインは日本の市場にめったに姿を現わさなかった。しかし、ボルドー・ワインに入門してみようと志すなら、まずはこの手のワインを良く飲みこんでこそ、格付け上級ものの真価もわかるというものである。ひとつには値段を気にしなくてすむし、もっと都合のよいのは、この手のものは比較的若いうちに飲めるように造られているということである。ワインは本来、そのぶどうの果実に由来するフレッシュさに取り柄があるのだから、古い年代ものばか

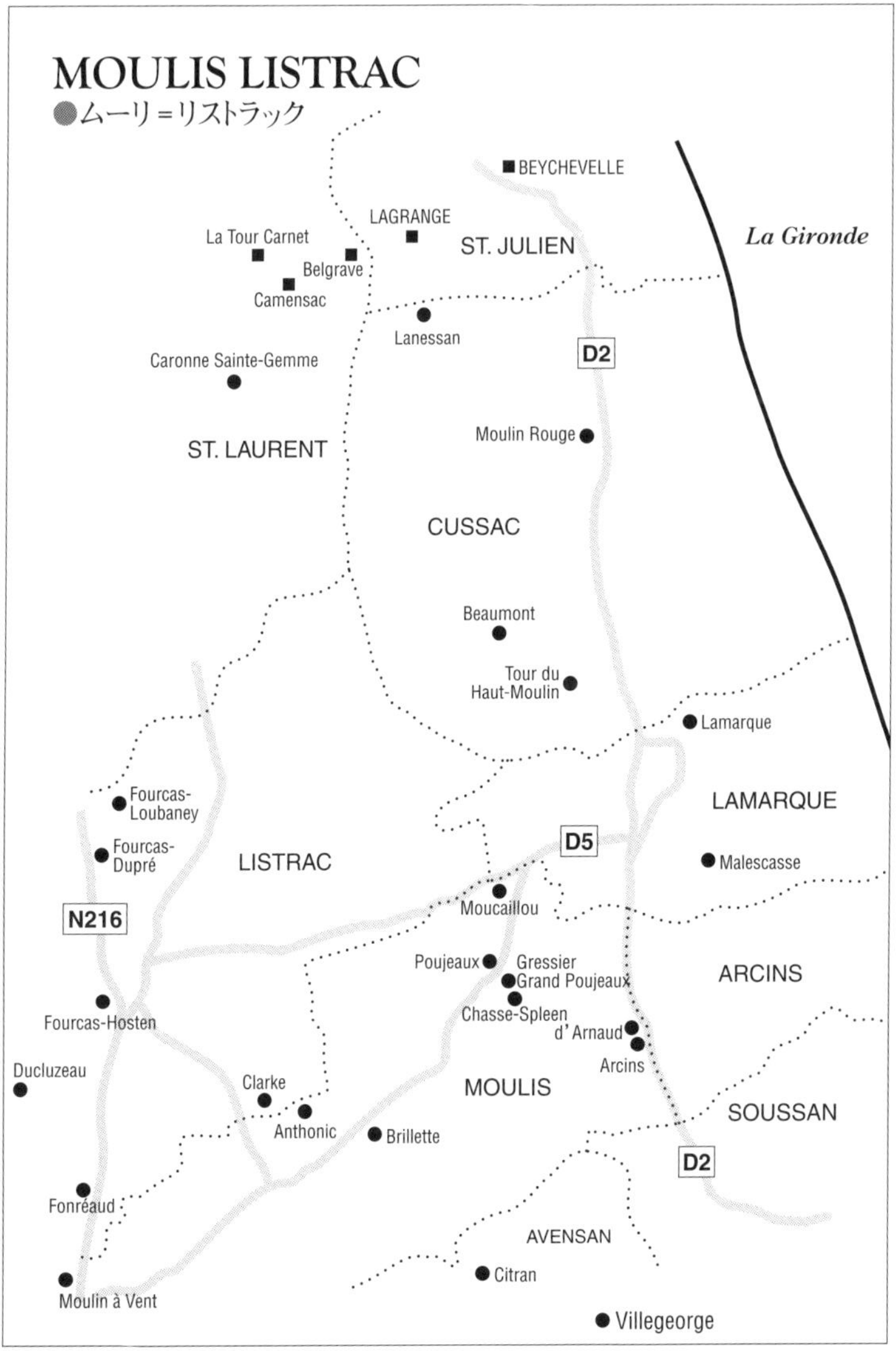
MOULIS LISTRAC
●ムーリ＝リストラック
BEYCHEVELLE
La Gironde
LAGRANGE
La Tour Carnet
ST. JULIEN
Belgrave
Camensac
Lanessan
D2
Caronne Sainte-Gemme
ST. LAURENT
Moulin Rouge
CUSSAC
Beaumont
Tour du
Haut-Moulin
Lamarque
Fourcas-
Loubaney
LAMARQUE
D5
Fourcas-
Dupré
LISTRAC
Malescasse
N216
Moucaillou
Poujeaux
Gressier
Grand Poujeaux
ARCINS
Chasse-Spleen
Fourcas-Hosten
d'Arnaud
Arcins
Ducluzeau
Clarke
MOULIS
SOUSSAN
Anthonic
Brillette
D2
Fonréaud
AVENSAN
Citran
Moulin à Vent
Villegeorge

り追うのはワインの飲み方としては、例外かつ邪道なのである。ボルドー・ワインは、本質的に渋味が強い。ことに長い熟成に耐えるようにつくられる上級シャトーものは、若いうちは渋味が強いから、飲んで楽しいとはかぎらない。極上物は十年から二十年瓶熟させないとその真価を発揮してくれない。誰もが日常気軽に極上ワインの年代物を飲めるものではない。そうした意味でも、これから日本でもプティ・シャトーものが広く普及してよいはずである。

このメドック中央部は、南から街道を中心にスーサン、アルサン、ラマルク、キュサックの村が続いているが、その西手、つまり内陸よりにもいくつかの村がひかえている。内陸部の村を南から北へと見てみると、ル・タイヤン、ル・パン、アルサック、アヴァンサン、ムーリ、リストラック、サン・ローラン、サン・ソーヴール、シサック、ヴェルティユになる。このうち南部のル・タイヤン、ル・パン、アルサックなどは、マルゴー系として扱われ、北部のサン・ローラン、サン・ソーヴール、シサック、ヴェルティユなどはそれぞれサン・ジュリアン、ポーイヤック、サン・テステーフの内陸部ものとして把えられている。そして、**ムーリとリストラック**だけが独立したものと考えられ、別格のACになっている（だからオー・メドックをACの面だけで考えると、南のマルゴー、中央のサン・ジュリアン、北のポーイヤックとサン・テステーフの代表的四地区のほかに、内陸部としてムーリとリストラックのACがあるわけで、合計六つのAC地区があることになる）。

この中央部と後背部の各村を鳥瞰的に見ると、ムーリとリストラックにはシャトーが密集し、他の地区はシャトーがぱらぱらと散在している。だからこの二つの村が独立したACになったのであろうが、現在では他の村のワインの品質が一般に向上したから、この二つの村のワインの品質のレベルがとりわけ優れているわけでない。本によってはACとの関係からムーリとリストラックを別扱いして記述するものが多いが、本書では特にそういうことはしない。

面白いのは、ムーリの方は土質が粘土と石灰質が強くメルロー種のぶどうに合うのに対し、リストラックの方は砂質が多くカベルネ・ソーヴィニヨン種にむくらしい。そして、ムーリの方が繊細さの点で優れ、一般にリストラックより高く評価されているようである。そしてムーリでは、シャス・スプリーン、モーカイユ、プジョーの三シャトーが出色ものとされている（「ジネステ・ブック」ではいずれも五グラス）。リストラックではフールカス・デュプレとフールカス・オスタンの二つが昔から特に別格扱いされている（「ジネステ・ブック」ではともに四グラス）。

これらの村に散在するプティ・シャトーを詳説することは本書のできることでない。また各シャトーの評価も現在変動が激しい。したがってここでは何冊か出されている本を手がかりにして一応の紹介をしておこう。私がプティ・シャトーと表現するのはワインが粗末だからではなく、グラン・シャトーに対してという意味である。それとこの手のシャトーの中には、誇りが高く、ブルジョワの組合に入っていなくて「ブルジョワ・グループ」とまとめて表現できないところもあるからである。「クリュ・ブルジョワ」については本章の末尾一七七頁にまとめておくが、同じブルジョワものでも、オー・メドック地区のものと、単なるメドックのものとがあるわけである。いうまでもなくオー・メドックの方がどうしても位も上で品質もレベルが高い。エクセプショネルになったのはほとんどオー・メドックのものである。なお、ここでのブルジョワとは一九七七年リストをベースにしてその後の修正（ことに二〇〇三年）を加味してある。以下デイヴィッド・ペッパーコーンの『ボルドー・ワイン』、フェルナン・ナサンの ***Bons Vins de Bordeaux*** に取り上げられているものにはそれぞれ〇印をつけておく。なおロバート・パーカーの評価は、このグループの中でのもの。また「ジネステ・ブック」は「オー・メドック篇」と「ムーリ・リストラック篇」のグラス数を表しているが、この数もこの地区のレベルのものとしての評価である（他の地区とグラス数の基準が違う）。その他、「ボルドー・アトラス」に載っているものも〇印で加えておく。また「ル・クラッスマン」の星数も数字でつけ加えておく。

〈スーサン村　Soussans〉

	（ペッパーコーン）	（ナサン）	（パーカー）	（ジネステ）	（アトラス）	（ル・クラッスマン）
Bel Air-Marquis d'Aigre		〇	その他	4		
Haut Tayac				3		
Labégorce Zédé	〇	〇	その他	3		
Labégorce	〇	〇	その他	3		1
Tour-de-Mons（la）		〇	〇	4		
Charmant				4		
Galiane（la）				3		
Haut Breton Larigaudière				3		

Paveil de Luz		○	その他	3		
Tayac				3		
〈アルサン村　Arcins〉						
Arcins（d’）	○			3	○	
Arnauld			良好	4		
Barreyres	○			3	○	
Tour Bellegrave				3	○	
Tour-du-Roc				3	○	
Tramont				3		
〈ラマルク村　Lamarque〉						
Cartillon				3		
Hennebelle				3		
Lamarque	○	○	良好	3		
Malescasse			良好	4	○	○
Micalet				3		
Vieux Gabarey				2		

Vimières				3	

〈キュサック村　Cussac〉

Aney	○			3	○
Beaumont	○	○	平均	3	○
Bel-Air				3	
Chevaliers du Roi Soleil				3	
Coudot				3	
Fort de Vauban	○			3	○
Lachesnay			その他	3	○
Lamothe-Bergeron	○		その他	3	○
Lanessan	○	○	秀逸	4	○
Lauga				3	○
Moneins-Mars				3	
Moulin Rouge	○		優良	3	○
Raux				3	○
Romefort					
Tour du Haut-Moulin	○	○	秀逸	4	○

〈アヴァンサン村　Avensan〉

Citran	○	○	秀逸	3	○	
Meyre				3	○	
Semonlon				3	○	
Soudars	○			3		
Tour Carelot				4	○	
Villegeorge			その他	4	○	

〈ムーリ村　Moulis〉

Anthonic				4	○	
Bel-Air Lagrave				4	○	
Bergeron				4		
Biston-Brillette			良好	3	○	○
Branas Grand Poujeaux				3	○	
Brillette		○	良好	4	○	
Chasse-Spleen	○	○	秀逸	5	○	1
Chemin Royal				3	○	

Duplessis-Hauchecorne		○		3	○	
Duplessis-Fabre			その他	4		
Dutruch-Grand Poujeaux	○	○	良好	3	○	1
Franquet Grand Poujeaux				3		
Grave Richebon				4		
Gressier Grand Poujeaux	○		良好	2	○	
Maucaillou	○	○	秀逸	5		
Mauvesin				3	○	
Moulis			その他	3		
Moulin à Vent		○	良好	4	○	
Poujeaux	○	○	秀逸	5	○	1
Ruat Petit Poujeaux				3	○	
Tressan				3		

〈リストラック村　Listrac〉

Bellegrave			良好	3	○	○
Cap Léon Veyrin				4	○	
Clarke			良好	4	○	○

Clos des Demoiselles				4	○	
Clos du Fourcas				3	○	
Ducluzeau			優良	4	○	
Fonréaud			良好	4	○	
Fourcas-Dupré	○	○	良好	4	○	○
Fourcas-Hosten	○	○	良好	4	○	
Fourcas-Loubaney			良好	3	○	
Gobinaud				3	○	
Grand Listrac				3		
Lafon	○	○		2	○	
Lalande				3	○	
Lestage	○		良好	3	○	
Liouner				3	○	
Mayne Laland			良好	4	○	○
Moulin de Laborde			その他	3		
Moulin du Bourg				3		
Peyredon Lagravette			優良	4	○	
Peyre-Lebade				3	○	

Pierre Bibian				3	
Reverdi				3	○
Rose Sainte-Croix			その他	3	○
Saransot-Dupré			良好	4	○
Sémeillan-Mazeau			良好	3	○
Tourille				3	
Vieux Moulin				3	○

〈サン・ローラン村　Saint-Laurent〉

Cach				3	
Camensac			良好	4	○
La Tour Carnet	○		秀逸	4	○
Belgrave	○		良好	4	○
Caronne-Sainte-Gemme	○	○	良好	4	○
Larose-Trintaudon	○	○	優良	3	○
Balac	○			3	○
de Labat	○				
Le Bouscat				3	

Tour Marcillanet		3	○	
〈サン・ソーヴール村　Saint-Sauveur〉				
Bernadotte（le）	秀逸	3		○
Fontesteau		3	○	
Haut Laborde		3		
Haut Madrac		3		
Junca		3	○	
Liversan	良好	3	○	
Peyrabon		4	○	
Ramage La Batisse	その他	3	○	

（8）　北部メドック（旧バー・メドック）

北部メドック（旧バー・メドック）の村とシャトー

サン・テステーフ地区から北は、広い意味でのメドック地区の北半分、つまり旧称バー・メドックになる。格付けシャトーもないことから、従来はあまり重視されなかったし、メドックのシャトーを見学に来た者も、サン・テステーフの町あたりで引き返したものだった。この北部メドック地帯は、半島のワイン生産地帯の北半分に当たり、かなりの量も出しているのだが、その多くは無名のワインとして樽で買いとられ、ほとんどネゴシャンのブレンド用にされる宿命をかこっていた。しかし、一九六〇年後半から七〇年にかけて、いわゆるプティ・シャトーがめきめき腕をあげ、かなりの品質のものを出すところが現われるようになったし、いわゆる「ブルジョワ級」のグループを結成し、その品質と地位の向上にはげんできたおかげで、昨今ではあなどり難い存在になっている。ことにこのメドック地区は、他の地区と違って地理的・経済的・社会的事情がいろいろからみ、個々のシャトーが独自に自己の名前を認められる機会が多かったので、いわゆる格付けワインの二番手ないしはこれに追いつくものとして専門家の注意を集めるようになった。また、ネゴシャンのブレンドものの単調さに飽きがきた飲み手の方も、常日頃飲むワインとして、クリュ・クラッセほど高くはないが、値段なりの個性をもつワインとしてこの手のものを歓迎するようになった。十年位前までは日本に入ってくるブルジョワものはごくわずかだったが、現在ではかなりのものが入ってくるようになったし、これから市場に現われる機会が多くなるだろう。

サン・テステーフ地区は、正確にはサン・テステーフの町の北のサン・スーラン・ド・カドールヌ村が北限になる。サン・テステーフから北上する場合、今まで通った銘酒街道、県道二号線は、コス・デストゥルネルのところとその先と二つの右折辻があり、そのどちらを右折しても北部メドックへ行ける。

サン・テステーフの町を過ぎると街道は心もち狭くなり、田舎道の雰囲気が濃くなってくる。サン・スーラン・ド・カドールヌを過ぎると、ジロンド河岸沿いのサン・イザンにつく。この村には**シゴニャック**を含めいくつかのブルジョワ級シャトーがあり、その中に、全北部メドックを通して最も有名な、**ルーデンヌ Loudenne** のシャトーがある。ギルビィ社（現在はＩＤＶ）の所有だけあって管理が行きとどき、英国の有名なワイン研究家アレック・ウォーがその名著『わいん』（英宝社）で「このシャトー以上にパーティのお膳立てが整った場所は、まずみつけられないと思う」と述べているように、田舎の地主の邸が持つ魅力と威厳と親切感とがそなわっている。この広い庭のテラスから見渡すジロンド河の眺望は素晴らしい。ここは、シャトー・ジスクールと販売提携をしていた関係で、ワインの名前も広く知れ渡っている。さらに、新しいタイプの辛口白ワイン造りにも挑戦している。なお、ここを訪れると、ボルドーの代表品種であるカベルネ・ソーヴィニヨンとメルロー、白のソーヴィニヨン・ブランとセミヨンのそれぞれ単品種ワインをテイスティングさせてくれる。どこのシャトーへ行っても、樽からできるテイスティングはすでに数種の混合ワインだから、ボルドー・ワインの品種を学びたい者はここまで足をのばす価値がある。現在でも受入れ体制は親切で、日本のある航空会社の客室乗務員がここで集団研修をしたりしている。

サン・イザンを越すと、街道は右に湾曲して河べりの村のサン・クリストリーへ向かい、川沿いに北上してヴァレイラックを抜け、ジョー＝ディニヤック＝ロワラック村を通って、サン・ヴィヴィアンへ着く。このルートの途中でも、**ラ・トゥール・ブランシュ La Tour Blanche**、**ムーラン・ド・カスティオン Moulin-de-Castillon**、**ラ・トゥール・サン・ボネ La Tour St. Bonnet**、**ル・ボスク Le**

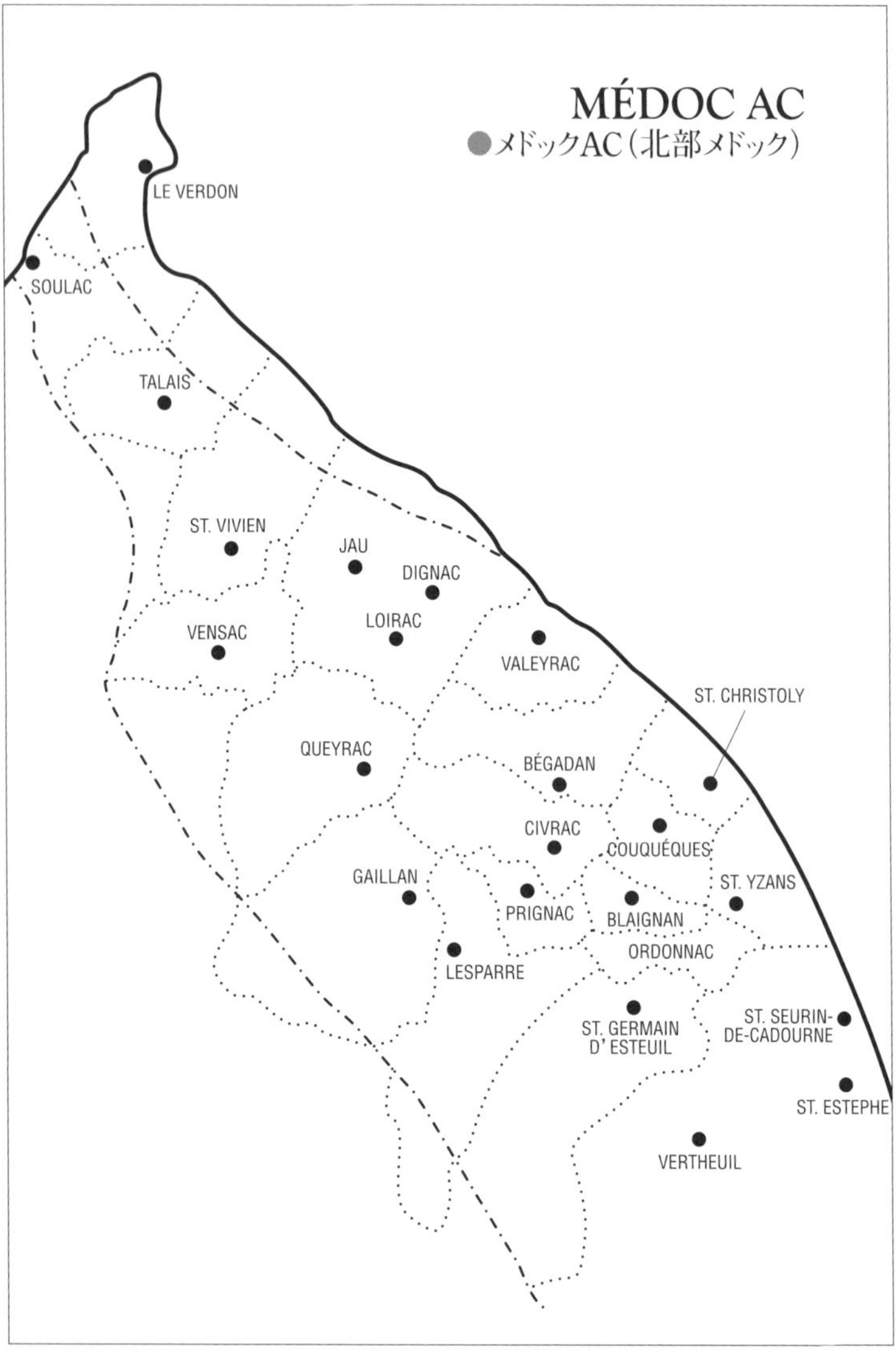
MÉDOC AC
メドックAC（北部メドック）
LE VERDON
SOULAC
TALAIS
ST. VIVIEN
JAU
DIGNAC
LOIRAC
VENSAC
VALEYRAC
ST. CHRISTOLY
QUEYRAC
BÉGADAN
CIVRAC
COUQUÉQUES
GAILLAN
PRIGNAC
BLAIGNAN
ST. YZANS
ORDONNAC
LESPARRE
ST. GERMAIN
D' ESTEUIL
ST. SEURIN-
DE-CADOURNE
ST. ESTEPHE
VERTHEUIL

Boscq などのシャトーが見られる。しかし、サン・イザンの少し先で三叉路を左にわかれ県道一〇三号線を使ってやや内陸部まわりで北へ向かうと、クーケックとベガダンの集落へ行くことになる。ここらあたりから路がやっかいになる。というのは県道一〇三号線はクーケックのところで二つに分かれ、ひとつはまっすぐ北上してベガダンへ行くが（県道一〇三号）、ひとつは左折して内陸部をレスパーの方へ抜けている（県道二〇三号E5線）。それだけでなくて、この銘酒街道の延長といえる県道二号線をたどるルートはジロンド河に近いシャトーめぐりをすることになるが、それとは別に内陸部にサン・ジェルマン・デストイユ、オルドナック、プレニヤック、シヴラックなどの有力な村もひかえているからだ。その中でも、ことにブレニヤンの村は中心といえる存在である。ここへ行くには県道二号線とは別のルート、ずっと手前のサン・スーラン・ド・カドールヌからスタートして県道二〇三号線を使うが、クーケックから左折して県道一〇三号E5線から入らなければならない。

それにしてもこのあたりはかなり広大な地方だし、銘酒街道と違ってシャトーが街道沿いに並んでいるわけではなく、あちこちに散在していて、目じるしになるものもなく、道標も親切とはいえない。尋ねるにも人がなかなか見当たらない。めざすシャトーに行こうとしてもひとつ道を間違えると、それこそうろうろしなければならなくなる。

北部メドックとひと口にいっても、ブルジョワ級シャトーの巣といえるのは、その南半分で、ベガダンとヴァレイラック村あたりまでである。それを過ぎると、目ぼしいシャトーというよりシャトーそのものの数がぐっと減ってくる。河沿いの県道二号線をさらに北に行くとサン・ヴィヴィアンの集落にたどりつく。ここに北部メドック最北のシャトー、**セスティニャン Sestignan** があり、その南隣りのヴェンサック村に日本人の武藤富士子さんが英国人の御主人と経営している**ル・ベルナルド Le bernardot** がある。

ここから先はもうぶどう畑はなくなる。北部メドックは、オー・メドックより雑木林が多く、その間にとうもろこし、じゃがいも、蕪、野菜などの畑も散在して、かなりひなびた感じがある。さらにこのあたりまで来ると、植生も変わってきて松や低灌木などが多い海岸地帯の雰囲気が強くなり、潮風まで吹いてくる感じである。半島の突端グラーヴ岬（名前だけを聞くと、ボルドー市の南のグラーヴ地区にありそうだが、実はこのメドック半島の突端にこんな名前がついている）まで行くと砂州の突端の右が広大なジロンド河の河口、左は大西洋で実に壮大な眺めである（ここから対岸のロイヤンへフェリーが出ている）。この岬の少し手前が、ヴェルドン・シュール・メールである。ここには巨大な石油基地とタンカーやコンテナー船がむらがる近代的な港湾施設があって、活気があり、急に現代の都市生活にひきもどされ、シャトーとワインの夢がさめる。もっとも、最近ではメドック・ワインの船積みの多くが、古くなったボルドー市の港よりこちらへ集まる傾向が出ているというから、ワインと縁が切れたわけではない。

北部メドックにも、かなりのワイン生産農家がある。正確な数はわかりかねるが、前述した「ボルドー・アトラス」だと、一二三のシャトーを掲載しているから、これらをマークすればよいだろう。同じくおなじみの「ジネステ・ブック」には一四四シャトーが紹介されている（ただ、一九八九年版だから、情報が古くなってしまって、新しい動向がわからない）。この本のグラス数（メドック内のレベルでの評価である）を見ると、五グラスが三シャトー、四グラスが二一、三グラスが七二ある。パーカーの『ボルドー』（第四版）は急に新しいシャトーを一三も増やして取り上げている（その中に「ジネステ・ブック」の三グラスのものが二つ、あとは従来名前も耳にしなかったものや、『ボルドー・アトラス』にも載っていないものがある）。こうしたワインは日本にそうそう入ってくるものでないだろうし、一応の力量のあるところはクリュ・ブルジョワに入っているはずだから、特に調べる必要のある人を除けばクリュ・ブルジョワのリストをあたればいいだろう。ただ、特筆する必要がいくつかあるから、それだけ紹介しておこう。

まず一番重要なのが**ラ・カルドンヌ La Cardonne** である（「ル・クラッスマン」収録、パーカーは「良好」）。ここはブレニャン村の最南西端（といっても広い平地の中にあって、村境がわかるわけではない）、畑は七〇ヘクタールという壮大なものである。ここはなにしろ、ロートシルト家（ラフィット）が一九七三年に買収して北部メドック最大の近代的ワイナリーにしたところだ。ただ、どうしたことか、ワインは無難といえる程度の個性を欠くものだった。ところが一九九〇年にガストン・シャーロが買収、巨費を投じて醸造所を改修した。ラフィット家時代に投じられた畑への投資を生かし、新しい醸造技師陣が畑の選別、収量制限を始めとしてワインの酒質を全く改良した。その結果ワインはめざましい変化をとげ、ブルジョワ・クラスとしては素晴らしいレベルの個性を持つワインに生まれ変わっている。

もうひとつは**トゥール・オー・コサン Tour-Haut-Caussan** である（栽培面積一一ha、「ル・クラッスマン」収録、パーカー「秀逸」）。ここもブレニヤン村だが、カルドンヌと違ってブレニヤン集落の中で近所の民家とあまり変わらない建物の中に小さな醸造所がある。クリヤン家は一六三四年からこの村に住みついている生粋の酒造りの一家だが、フィリップ・クリヤンが酒造りをまかされるようになって、この村の畑の潜在能力を引き出すことに全力をあげた。その努力はフィリップが書いた『メドック至高のワインづくり』（草思社刊）を読むとよくわかる。この本はぶどう栽培家兼ワイン造り家の小農夫が書いたものとして実にユニークで、ことに大手のシャトーのワイン造りを批判したものとして例がない、ボルドー・ワイン研究家必読の本だ。ラベルに風車（ここの自慢の畑にある）がついたこのワインは、現在北部メドックのトップ・クラスのワインに数えられている。

レ・ゾルム・ソルベ Les Ormes Sorbet（栽培面積二二ha、「ル・クラッスマン」収録、パーカーは「優秀」）は、クーケックの集落にある。ここは一七六四年からのいわば老舗で、北部メドックの中では昔から一目置かれる名の通った存在だった。一九七〇年に八代目のジャン・ボワヴェルがここを引き継いで以来、畑と醸造設備が改良され、あまり重視されていないクーケック村のスターに甦り、トップ級に数えられるようになった。

ポタンサック Potansac（栽培面積五一ha、「ル・クラッスマン」一つ星、パーカーは「秀逸」）。ここはメドック中央南部で重要なオルドナック村（醸造所は集落内にある）にあり、生産量も多く（年間三〇万本）昔から名の通ったシャトーだった。一九七〇年代になってミシェル・ドロン、二〇〇〇年からは息子のジャン・ユベール、そして醸造長のジャック・ド・ポワジェ（ドロン家はレオヴィル・ラス・カスの共有者、ド・ポワジェは醸造長）のチームの活躍でワインの酒質は飛躍的に向上した。ここも現在メドックのトップ・クラスに入っている（「ル・クラッスマン」が一つ星をつけたのは、メドックではここと次のローラン・ド・ビだけ）。**ローラン・ド・ビ Rollan de By**（栽培面積一四ha、「ル・クラッスマン」一つ星、パーカーは「優良」）はジロンド河沿いのベガダン村にある（後述のラ・トゥール・ド・ビの近く）。父がブルゴーニュ、母がシャンパーニュ人であるジャン・ギオンがボルドーでワインを造りたいという夢をかなえるため、このシャトーを買ったのが一九八九年である。当初僅か二ヘクタールだった畑を一四ヘクタールまで増やし現代的醸造所と地下蔵を新設、野心的な酒造りを始めた（別にオー・コンディサ名のワインも出している）。僅か十年足らずで古典的メドックのスタイルは崩さず、しかし優美さを備えたワインを出しだして注目を引くようになった。

レ・グラン・シェーヌ Le Grands Chenes（栽培面積七ha、「ル・クラッスマン」所収、パーカーは「優良」）。ここはジロンド河沿い北部のサン・クリストリー村にある。一九八一年にジャクリーン・ゴージィ・ダリカード夫人の所有になってから頭角を現わしだし一九九八年にベルナール・マグレが買って大幅な投資をして以後さらに酒質が向上し、将来北部メドックのトップ級入りをする可能性がある。

北部メドックにはトゥールのついたシャトーがいくつかある。その中で昔から有名だったのは、**ラ・トゥール・ド・ビイ La Tour de By**（栽培面積七三ha、「ジネステ・ブック」五グラス、パーカー「良好」）である。河べりにその昔灯台だった石造りの塔があり、このシャトーの御自慢だった。

昔からワインは質量ともに北部メドックの代表のひとつとされるワインだったが、このところどうしたことか元気がなく、「ル・クラッスマン」からも落ちてしまった。もうひとつの**ラ・トゥール・サン・ボネ La Tour St.Bonnet**（栽培面積四〇ha、「ジネステ・ブック」五グラス、パーカー「優良」）はサン・クリストリー村にあるが、集落からかなり離れた北に孤立している。ここも「ジネステ・ブック」では最高の五グラスだったが、パーカーでは「優良」にランクされているものの、二〇〇四年版の「ル・クラッスマン」では落ちてしまった。ワインは堅実で定評があったのだが……。なおこの村のもっと北より河岸近くに**ラ・トゥール・スラン La Tour Seran** があるが「ボルドー・アトラス」には載っていない（位置は地図に記載されている）。パーカーは第四版では載せている。もうひとつが**ラ・トゥール・ブランシュ La Tour Blanche**（栽培面積三六ha、パーカーは第四版で掲載）。これはサン・クリストリー村にあり、集落の西はずれにある。中世の英国城跡だったが一九七〇年から八〇年にかけてバルトン・アンド・ゲスティ社のものだった。その後現在のドミニク・ヘッセルの所有になった。ワインはなかなか個性的である。

北部メドックのワインを紹介しだすときりがないので、比較的名の通ったところで品質に定評のあるものを名前だけあげておこう（「ジネステ・ブック」で四グラスのもの、三と二グラスのものは3と2を付記）。

By、David、d'Escot、Haut Maurac、Hourbanan、La Clare、La Gorce、La Mothe、La Piroutte、La Rose St.Germain、Laujac、La Moine、Les Tuilerie、La Tertre de Caussan、La Comb Noaillac（3）、

Loudenne（既述）、Moulin de Castillon、Moulin Gauchamp、Noaillac（3）、Patache d'Aux（昔から有名）、Plagnac、Saint Aubin、Saint Bonnet、Sestignan（3）、Taste、Bournac（3）、Greysac（3）、Lafon（2）、Vieux Robin（3）

（9）クリュ・ブルジョワ

（8）でも説明した「ブルジョワ級」ワインは、北部メドックがその巣のように思われているが、実はオー・メドックにもかなりある（最後にブルジョワ・シャトーの数をまとめておくが、実際オー・メドックの方が多い）。「ブルジョワ」というと、日本では新興成金をさすようにあまり良い意味で使われていない。しかし、こと中世のボルドーに限ってはこの言葉は特別の意味をもっていた。つまり貴族の身分こそ持たないが、帯剣と土地所有ないし賃借が認められた商人の特権階級の栄称だったのだ。そうしたことから、一八五五年のグラン・クリュの格付けにこそもれたが、ワイン造りに自信をもつシャトーが、グラン・クリュに次ぐ格付けとして自らを名乗るのに考えだしたものである。そして「ブルジョワ」と自称する組合「サンジカ」を結成した。一九三二年に、ボルドー商工会議所とジロンド農業会議の共催で、ボルドー・ワイン振興を目的に専門委員会が最初の調査と格付けを行なった。この時に認められたシャトー数は、四四四軒（格付けも「ブルジョワ・シュペリュール・エクセプショネル」、「ブルジョワ・シュペリュール」、「ブルジョワ」の三等級）だった。ところが世界大恐慌と相次ぐ二度の世界大戦でワイン造り家は苦境にあえぎ、一九四三年になると二九〇位しか残らなかった。戦後の混乱もおさまり、ヨーロッパ経済の復興に伴ってワインの生産と需要の拡大をはかることになった。一九六二年有志が集ってサンジカの再結成によってこの制度の復活を企てた。一九六六年になってサンジカは自らの手で格付けを作り「パルマレ」Palmarés（受賞者名簿というような意味）として次のようなリストを公表した。

クリュ・グラン・ブルジョワ・エクセプショネル　一八シャトー
クリュ・グラン・ブルジョワ　四四シャトー
クリュ・ブルジョワ　三八シャトー

フランス政府は、当初私的団体の格付けは認められないという冷たい態度をとったが、一九七二年になって、しぶしぶこれを農業省の省令で認めようとした。ところが今度はＥＣから横槍が入った。一九七六年のＥＣのワイン法による表示としては唯一「クリュ・ブルジョワ」の表記しか認められないし、それも強制力を持たない任意のものでなければならないというわけである。サンジカは窮余の策として、一九八九年に産業所有権国立研究所に「クリュ・ブルジョワ」を共同商標として登録し、一九九〇年に使用規則をまとめた。

このようにスタートから生みの苦しみがあったものの、関係者の努力によって、この制度は次第に軌道に乗りだした。当初はクリュ・ブルジョワ・グループに入るのを潔しとしなかった誇り高い著名シャトー（グラン・クリュ格付け入りをねらっていた）も二〇軒くらいあった。また、サンジカが認める条件をクリアできないため組合入りをしないが、一九三二年当時ブルジョワとして認められていたことを口実に、勝手にクリュ・ブルジョワを表記するところもあった。そこで一九七八年に正式に新格付け表をパルマレとして公表し、二〇〇一年には農務省の認可を得て新格付けを発表した。この現在の格付けは三つのカテゴリーに分かれていて「クリュ・ブルジョワ・エクセプショネル」「クリュ・ブルジョワ・シュペリユール」「クリュ・ブルジョワ」の三等級である。そして組合加盟の促進と品質向上をはかるため一九八五年から「クリュ・ブルジョワ・カップ」を始めた。いわばブルジョワ・グループ内のコンクールだが、試飲の公正を期すため各界から多くの審査員を集めトーナメント方式（三つのヴィンテージで、対抗するクリュを二つずつ審査する）で行ない、非常に活気のあるイベントになっている。そうした努力の結果、組織も確立し「クリュ・ブルジョワ」に対する信頼度も高まった（また一定期間後に格付けの見直しをはかっている。二〇〇一年にも一度行なわれたし、二〇〇三年にはエクセプショネル入りをとげたシャトーが九軒ある）。現在シャトー数は四一九、その内訳は次頁の表の通りである。全体で七五〇〇ヘクタールの畑を擁し、年間約五五〇〇万本を越えるワインを出しているのだからたいしたものである（メドック八地区生産量の大体三分の一に当たる）。

ブルジョワ・シャトーの数		
AOC	数	生産の割合（%）
全メドック	419	50
北部メドック（バー）	127	53
オー・メドック	140	70
サン・テステーフ	43	54
ポーイヤック	16	8
サン・ジュリアン	8	16
ムーリ	31	92
リストラック	29	70
マルゴー	25	25

3　グラーヴ

(1)　グラーヴの赤と白

グラーヴは、ボルドー市の南、ガロンヌ河沿いに延びている地域である。もう少し正確にいえば、まずボルドー市の北部でメドック地区の南端ブランクフォールのところから始まって、ボルドー市の西を囲んでいる。東側はガロンヌ河、西側はかなり内陸部まで広がっている。南は、ボルドー市の南東にずっと延びて、甘口ワインの産地ソーテルヌを包んで、南端のランゴンの先までいっている。昔はもっと広かったそうで、現在では中央部は森林に侵食されているし、広さも幅約八キロ、長さは五五キロ程度である。それでも広さは全体としては、オー・メドックを上まわるし（もっとも北部メドックとオー・メドックと一緒にすれば、グラーヴの方が狭い）、ワイン生産量もかなりのもので、一九七六年でみると一二〇万ケースにものぼる。

これだけの広さと生産量があるのだから、もっと重視されていいはずなのだが、メドックに比べ

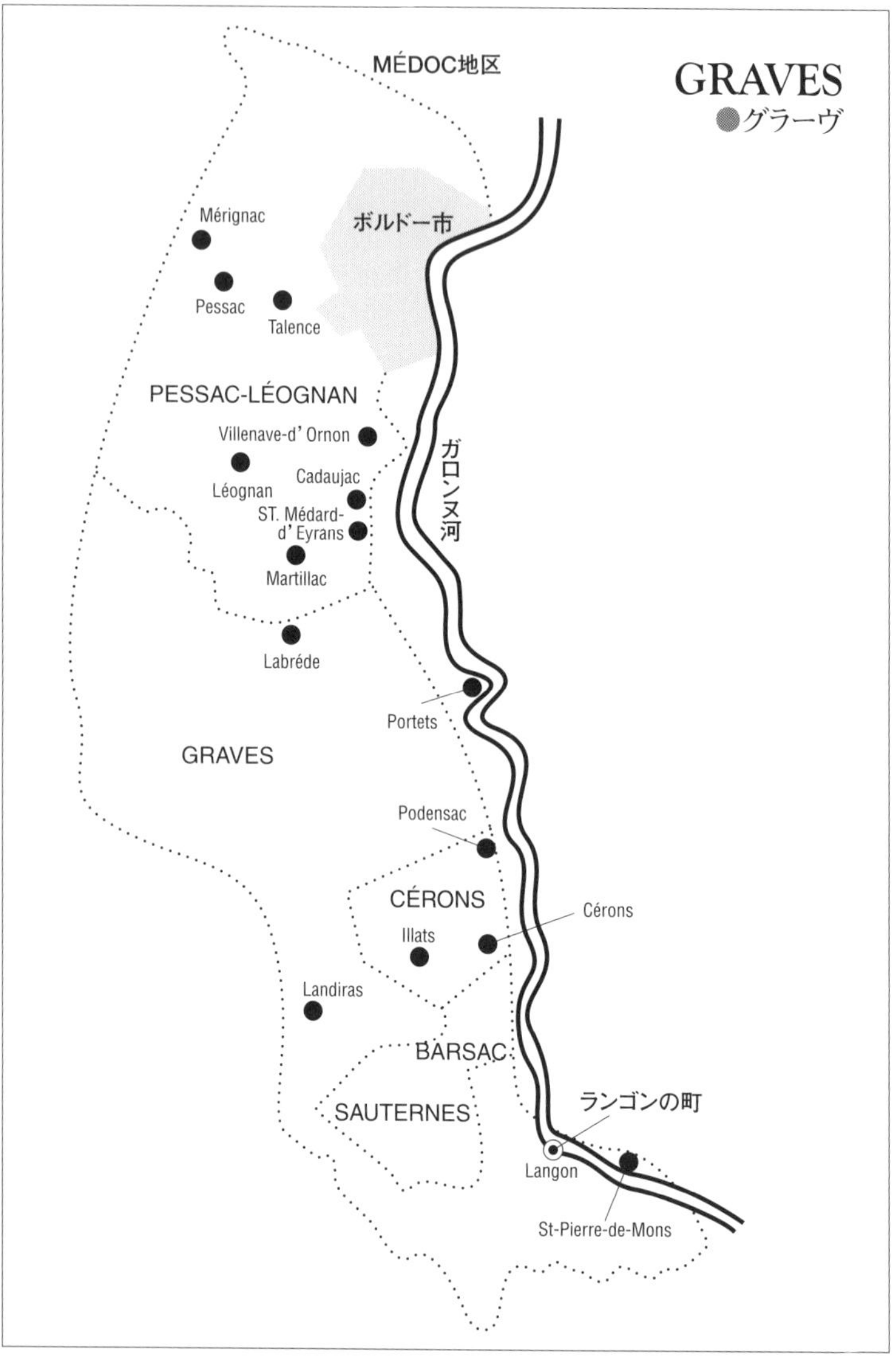
GRAVES
●グラーヴ
MÉDOC地区
ボルドー市
Mérignac
Pessac
Talence
PESSAC-LÉOGNAN
Villenave-d' Ornon
Léognan
Cadaujac
ST. Médard-
d' Eyrans
Martillac
Labréde
ガロンヌ河
Portets
GRAVES
Podensac
CÉRONS
Illats
Cérons
Landiras
BARSAC
SAUTERNES
ランゴンの町
Langon
St-Pierre-de-Mons

ると影が薄い。それというのもいくつかの理由がある。まず、第一に、一般にグラーヴといえば白ワインの産地と思いこんでいる人が多かったことである。英国では「グラーヴ」というと、スーパーで売られるような安手の辛口白ワインの代名詞のようになっているくらいである。事実かなりの量の白ワイン――それも辛口と薄甘口の――を出しているから、そう思われるわけである。それもほとんどがネゴシャンのブレンドもので、それが「グラーヴ」の表示で出されているから、よけいに市場で目につくわけである。

第二に、実はグラーヴもかなりの赤ワインを造っているものの、赤白ほぼ等量のワインを出す点が、赤ひとすじのメドックやサン・テミリオンと違うところなのだ。しかし、実際は一二〇万ケースの生産量のうち、白ワインは赤をわずか四万ケース上回るだけなのである。ところが、いろいろないきさつから、この赤ワインのほとんどが、ネゴシャン製の「ボルドー」表示のワインにされてしまう運命になっていて、「グラーヴ」だけの表示をもつ赤ワインはまず市場に現われない。そのため、グラーヴの赤ワインの知名度がなくなっている。

第三は、メドックのマルゴー、サン・ジュリアン、ポーイヤックのように、グラーヴの中で独自の個性をもつ傑出した村がなかったこと。もちろん、広いグラーヴにはいくつかの村があり、北のメリニャック、ボルドー市の周りのタランス、ペサック、中部のレオニヤン、カドージャック、南のマルティヤックなど、専門家の仲間ではグループ別にわけるための地区名はある。しかしこれらは、せいぜいシャトーの位置を示すために使われるくらいで、メドックのように独自のAC表示名としてラベルに現われることがない。つまり、グラーヴのワインは、ほとんどがジェネリック・ワインかセミ・ジェネリック・ワインになってしまっていて、数少ないシャトー・ワインとジェネリック・ワインとの間を埋める中間的存在の層になるワインがない（もっとも一九八九年に「ペサック＝レオニヤン」が独立のＡＣに昇格した）。

最後にシャトー・ワインの比重が軽いという点がある。シャトーの数が少ないだけでなく、量も少ない。サン・テミリオンのように群小シャトーがひしめきすぎているのも問題だが、グラーヴでは二四〇〇ヘクタールもある畑の中で、格付けされたシャトーは一〇パーセントそこそこしかない（オー・メドックだと、全域の三〇パーセント近くを上位に格付けされたシャトーが占めている）。このような現状から、グラーヴがワイン通から冷たい目でみられるのも無理はないが、しかしなんといっても名酒の伝統をもつボルドー・ワインのひとつだ。グラーヴといっても馬鹿にしたものでない。グラーヴという地名は、フランス語の「砂利」を意味していて、その昔ガロンヌ河が運んできた小石がこのあたりに沈積したからである。事実、畑に小石が多く、それがワインの性格に影響を与えている。

グラーヴの辛口白ワインは、量も多いし、ヨーロッパ諸国では安定した消費市場がある。しかし、使われているぶどうが、ソーヴィニヨンとセミヨン種で、一種独特のくせともいえる香りをもち、これがどうも日本人になじみにくい（といっても、以前はかなり日本にも輸入されていた）。それに少し重いところがあり、ブルゴーニュの辛口白ワインのようにすっきりした酸味に欠けているので、どうしてもブルゴーニュに太刀打ちできない。

もっとも、どこにも例外があるもので、いくつかの優れたシャトーものの辛口白がある。オー・

ブリオン・ブランを始めとして、これに続くラヴィル・オー・ブリオン、ドメーヌ・シュヴァリエ、日本でもなじみのあるカルボニューなどはなかなかの白ワインだった。二十世紀末になって、グラーヴの白にも激変が起きた。一般に白ワインの醸造技術が発達してきたことを背景にボルドー大学の白の妙手といわれるデュボルデュー教授（バルサックのドワディ・デーヌの息子）、アンドレ・リュルトン（マルゴーのリュルトン家とは親戚だが別系統で、本拠はアントル・ドゥー・メール）、シャトー・ラオールのペーター・ヴィンディング・ディエール（現在はドメーヌ・ラ・グラーヴを興して独立した）などが中心かつ牽引車になってグラーヴの白の革命的といえる改良に着手した。この人達が考えたのは、従来軽視されていたソーヴィニヨン・ブランを見なおして、その特徴を生かしたフレッシュ・アンド・フルーティな白ワインを造ることだった。一時期はソーヴィニヨン・ブラン一〇〇％やセミヨン一〇〇％のワインも流行になりかけたが、その後反省もあってセミヨンも一定比率でブレンドするようになった。こうした実験的こころみがグラーヴの白に活気を入れ、現在リフレッシュされたグラーヴの白はなかなかあなどり難い存在になりつつある。グラーヴは、ブルゴーニュの辛口白ワインがもつ、すっきりした軽やかさと爽やかな酸味をもち合わせていないとしても、特有の味わいとしっかりしたボディをもつワインで、世界における辛口白ワインのひとつのタイプとして経験してみても決して無駄ではない。

赤ワインの方も、指折りのシャトーものになるとなかなかのもので、メドックに比べて遜色のないものも少なくない。一般にグラーヴの赤ワインは、メドックに比べて「スパイシー」なところが特色だといわれる。この言葉に見合う適当な日本語がないため、うまく訳せないが、別に香辛料のような香りがするわけでない。確かに芳香が多彩という点で華やかで、酒軀《ボディ》もしなやかである。だが、マルゴーのような優美な華やかさとか、ポーイヤックのような威風堂々としたところはない。花でいうと菫のような美しさと可憐さがある。なお、グラーヴについては一九八八年になってパメラ・ヴァンダイク・プライスの *Wines of the Graves* という大作がサザビーズから出版されている（未訳）。

(2) グラーヴの格付け

沿革的にいうと、ボルドーのワインはグラーヴから発達し、ボルドーの名を高くしていたのは実はグラーヴのワインだった。交通事情の悪い時代にボルドー市街に近かったし、マルセイユへ抜ける往時のフランスの主要街道もグラーヴを通っていたから、ぶどう畑はボルドー市の西南に延びていった。メドック中心部はボルドーから離れていたし、船で運ぶとしても川を遡らなければならなかったし、途中の陸路は沼地が多くぶっそうだった。メドックのワインがボルドー市に出されるようになるのは、沼地がオランダ人によって干拓された十六世紀以後であり、有名になるのは十八世紀以後である。

ところが、当初はボルドーで主人顔だったグラーヴは、次第にメドックの興隆におされ、量でこそウェイトは変わらなかったが、秀逸なシャトー・ワインの名声はメドックにお株を奪われてしま

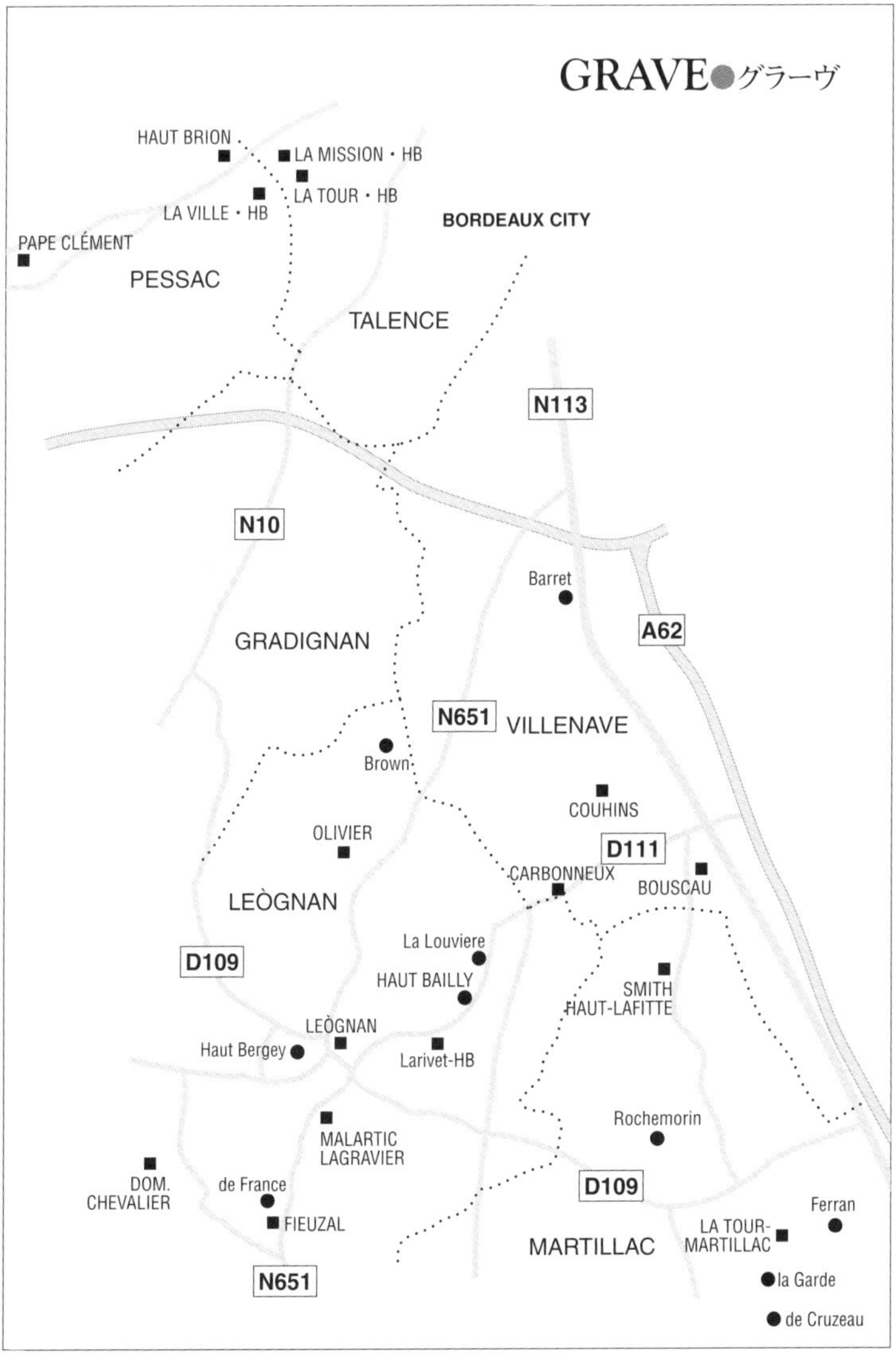
GRAVE●グラーヴ
HAUT BRION
LA MISSION・HB
LA TOUR・HB
LA VILLE・HB
PAPE CLÉMENT
BORDEAUX CITY
PESSAC
TALENCE
N113
N10
Barret
A62
GRADIGNAN
N651
VILLENAVE
Brown
COUHINS
OLIVIER
D111
CARBONNEUX
BOUSCAU
LEÒGNAN
La Louviere
D109
HAUT BAILLY
SMITH
HAUT-LAFITTE
LEÒGNAN
Haut Bergey
Larivet-HB
MALARTIC
LAGRAVIER
Rochemorin
DOM.
CHEVALIER
de France
D109
FIEUZAL
Ferran
LA TOUR-
MARTILLAC
MARTILLAC
la Garde
N651
de Cruzeau

うことになる。一八五五年の格付けの時、ボルドーの酒商達はグラーヴのシャトーを格付けしようという気にならなかった。唯一の例外はオー・ブリオンだけで、こればかりは誰もが無視できなかったので、ひとつだけメドックの格付けに割り込む結果になった。

グラーヴではメドックの格付けの栄光を長い間よそ目に眺めていたが、やはりこれではまずいと気がつき、第二次大戦後の一九五三年になってグラーヴ独自の格付けをしようということになった。この年に次のような一三の赤ワインのシャトーと、八つの白ワインを造るシャトーがクリュ・クラッセとして格付けされた（オー・ブリオンの白は一九六〇年に追加。このうち、七シャトーは赤・白で重複する）。数多くのシャトーの中から厳選したものの、メドックの格付けと違って、その中での等級は決めていない。そのため、この中でどれが傑出しているか素人にはわかりにくい。参考のために「ジネステ・ブック」とパーカーの評価と「ル・クラッスマン」の評価を書いておく。こうやってみると、パーカーと「ル・クラッスマン」とでかなり評価が違うのが面白い。

			（ジネステ）	（パーカー）	（ル・クラッスマン）
Ch.Haut-Brion	赤 白	（ペサック村）	5	傑出・傑出	3
Ch.Pape Clément	赤	（ペサック村）	4	傑出・傑出	2
Ch.La Mission Haut-Brion	赤	（タランス村）	4	傑出	3
Ch.La Tour Haut-Brion	赤	（タランス村）	3	優良	1
Ch.Laville Haut-Brion	白	（タランス村）	1	傑出	2

Ch.Couhins		白	（ヴィルナーヴ村）	1	秀逸（リュルトンのみ）	1（リュルトンのみ）
Ch.Haut-Bailly	赤		（レオニヤン村）	4	秀逸	2
Ch.Carbonnieux	赤	白	（レオニヤン村）	4・1	優良	1
Domaine de Chevalier	赤	白	（レオニヤン村）	5・1	優良・傑出	2
Ch.de Fieuzal	赤		（レオニヤン村）	4	秀逸・秀逸	1
Ch.Malartic-Lagravière	赤	白	（レオニヤン村）	4・1	秀逸	2
Ch.Olivier	赤	白	（レオニヤン村）	3・1	優良	○
Ch.Smith Haut Lafitte	赤		（マルティヤック村）	4	秀逸・秀逸（一九九一年以降）	2
Ch.La Tour-Martillac	赤	白	（マルティヤック村）	4・1	良好	1
Ch.Bouscaut	赤	白	（カドージャック村）	4・1	その他	○

以上がグラーヴの格付けシャトーだが、この数年のぶどう栽培・ワイン醸造の技術革新に伴ってめきめき腕をあげてきたものや、格付けにこそもれたが、メドックのブルジョワ級に匹敵するシャトーもかなりある。「ボルドー・アトラス」ではペサック＝レオニヤンで格付け外シャトーを三二、単なるＡＣグラーヴ（セロンを含む）で九三ものシャトーを掲載している。これを全部紹介するわけにいかないが、「ジネステ・ブック」をみると、格付け以外に、四グラスが一〇シャトー、三グラスが五五、二グラスが四一シャトーもある（白はいずれも一グラス）。「ジネステ・ブック」が四グラスをつけている以上（その採点の当否は別として、一応の目安として）これを紹介しておか

ないのは不公平というものだろう。三グラスでも、有名なところもつけ加えておく。それだけでなく、「ジネステ・ブック」が出版された以後、めきめき頭角を現わしてきたニューフェイス的ヤングスターといえるシャトーは「ル・クラッスマン」とパーカーの『ボルドー』（第四版）の二冊の本での評価をつけ加えておこう（なお、掲載されているが採点のないものは○をつけておく）。

				（ジネステ）	（パーカー）	（ル・クラッスマン）
Ch. Ferrande	赤	白	（カストレ村）	4	良好	
Ch. Haut-Bergey	赤		（レオニヤン村）	4	秀逸（一九九八年以降）	1
Ch. La Louvière	赤	白	（レオニヤン村）	4	秀逸	1
Ch. Larrivet-Haut-Brion	赤	白	（レオニヤン村）	4	秀逸	○
Ch. Les Carmes Haut Brion	赤		（ペサック村）	4	秀逸	
Ch. Malleprat	赤	白	（レオニヤン村）	4		
Ch. Petit Bourdieu (Domaine de)	赤		（レオニヤン村）	4		
Ch. Picque Caillou	赤		（ペサック村）	4	良好	
Ch. Pontac Monplaisir	赤		（ヴィルナーヴ・ドルノン村）	3	良好	
Ch. Portets	赤		（ポルテ村）	2		
Ch. Poumey	赤		（レオニヤン村）	4		○
Ch. Rahoul	赤		（ポルテ村）	3	良好	

Ch. Rouchemorin	赤	白	(レオニヤン村)	4	良好	
Ch. Branon	赤		(レオニヤン村)		秀逸	
Clos Floridène		白	(プジョル・シュル・シロン村)		優良	1
Ch. La Garde	赤		(マルティヤック村)	3	優良	○
Ch. D'Archambeau	赤	白	(イラ村)		良好	
Ch. Baret	赤	白	(ヴィルナーヴ・ドルノン村)	3	良好	
Ch. Chantegrive (de)	赤	白	(ポデンサック村)		良好	○
Ch. Cheret-Pitres	赤		(ポルテ村)	3	良好	
Ch. Cruzeau (de)	赤	白	(グレジャック村)	3	良好	
Ch. Graville-Lacoste		白	(プジョル・シュル・シロン村)		良好	
Ch. Haut-Gardère	赤	白	(レオニヤン村)	3	良好	
Ch. La Vieille France	赤	白	(ポルテ村)	3	良好	
Ch. France (de)	赤	白	(レオニヤン村)	3	その他	○
Ch. Crabity	赤	白	(ポルテ村)	2		○
Ch. Vieux Chateau Gaubert	赤	白	(ポルテ村)			1
Ch. Cantelys	赤	白	(レオニヤン村)			○
Ch. Ferran	赤	白	(レオニヤン村)	3		○
Ch. La Garde	赤	白	(レオニヤン村)	3	優良	○

Ch. Respide	赤 白	（ランゴン村）		○
Ch. Respide Médeville	赤 白	（トゥレンヌ村）		○
Ch. Rouillac (de)	赤	（レオニャン村）	3	○
Ch. Saint Robert	赤 白	（プジョル・シュル・シロン村）	その他	○
Ch. Le Thil Comte Clary	赤 白	（レオニャン村）	その他	○
Ch. Villa Bel-Air	赤 白	（サンモリオン村）	その他	○

(3)　ペサック

右のように格付けされたものを含め、グラーヴの優れたシャトーの一覧表を見ると、すぐ気がつくことは、ペサックとレオニャンの二つの村（地区）にかたまっている点であろう。そのため一九八九年から、この二つの優れた地区が独自のＡＣ資格「ペサック＝レオニャン」**Pessac-Léognan**をもつことになった。

まず、このペサックの方は、ボルドー市の西南の郊外、というよりボルドー市にくっついていて市街化に浸蝕されているような地域である。市の中心地から、西南にまっすぐに延びるアルカションン街道がある。アルカションは大西洋岸にある有名な避暑地で、夏ともなるとボルドー市が引越しでもしたように、ボルドーっ子達は家族ぐるみでこの海岸の砂浜で甲羅干しをしている。ごみごみした市内を抜けてこのアルカション街道を行くと（昔は市電が走っていた）、街並みが消えるか消えないかという感じのところで、突然、あまり広くないぶどう畑が右手に姿を現わす。これがかの**オー・ブリオン**（メドック格付け第一級、栽培面積四九・五ha、生産量一六〇〇〇ケース）で、この著名なシャトーがこんな街中にあるとは信じられないくらいである。

十一世紀の半ば、ルイ七世の王妃アリエノールが王と離婚して、次に結婚したヘンリー二世が英国王になった関係で、アリエノールの領地だったフランスの西南部が英国領になった。そのため、以後ボルドーのワインは英国が得意先になる。その当時はまだ治安が悪かったため、ボルドー市に近いグラーヴ地区のワインがまず貿易用として発達した（メドックは、ボルドー市から遠かった）。当時のワインはすべて樽詰めで、どれも名無しの権兵衛で十把ひとからげで売られていた。ポンタック家のジャンは市議会の書記だったが、ボルドー市長ペロンの娘と結婚できたおかげでその嫁資としてペサックの土地を手に入れ、そこに一五四九年邸館を建てたのが、現在のオー・ブリオンの始まりだった。ジャンの孫アルノーはぶどう栽培とワイン造りに熱心で、澱引きと樽熟成の重要性に気がつき、今日的意味での高級ワイン造りを最初に始めた。彼のワインは「ポンタック」の愛称で英国で人気を呼んだが、それをさらに進めて「シャトー・オー・ブリオン」の名前をつけて売ることを考えついた。いわば今日のシャトー・ワインの創始者である、その息子のフランソワ・オーギュスも進取の気性に富んでいたから、ロンドンに居酒屋兼旅籠を開いた。これが大当たりで、ロンドン中の名士、学者、文筆家をひきつけ、英国のみならずヨーロッパにオー・ブリオンの名を広める結果になった。

現在も残るシャトー・オー・ブリオンの樽工場

その後、シャトーと畑は多くの所有者の手を経るが、その中には有名な政治家であり、邸館と畑を今日のものにしたジョセフ・フュメル（フランス革命史上有名なマダム・デュバリも姻族にいた）や、かの〝会議は踊る〟の立役者タレイラン、醸造設備を現代化したヴジェーヌ・アメディなどがいた。フィロキセラと経済恐慌の中で、ケネディ米大統領の財務長官ダグラス・デイロンの父のクラレンスがここを買い取った（第二次大戦中、野戦病院や航空隊員の宿舎になり、ドイツのゲーリングもねらった）。デイロンの娘のジョアンがルクセンブルグのシャルル皇太子と結婚し、夫婦でこのシャトーを所有管理するようになった（ジョアンは皇太子の死後、ムシイ公爵と再婚）。ジョアンはシャトーを再修復したが、その当時の支配人ジャン・ベルナール・デルマスが醸造法の近代化を導入した（その中には背の低い特殊なステンレス発酵槽もある）。

グラーヴの数多いシャトーの中で、ここだけがだんとつに秀逸なワインを生む謎はいろいろ論じられているが、調査によるとこの畑の基層地は不思議なことにポーイヤックのラトゥールとよく似ているそうである。ここでも、優れたワインを生み出すのは、やはり神の配剤としかいいようがない畑の土質構成だということがわかる。もちろん優れた醸造技師のデルマスの決断とその技術が今日の栄光維持の基礎になっている。クローンの研究やぶどうの樹齢の高さもその秀逸さを支えている。オー・ブリオンのワインは豊かな酒軀《ボディ》、完璧といえる優雅なバランス、きわだった長寿など、グラン・ヴァンの特質をすべて備えているが、やはりメドックと違う優美さと特殊な燻香ともいえるような芳香で個性を発揮している。

オー・ブリオンで面白いのは、シャトー・ディケムのワインをうらやましがった主人がイケムからぶどうの苗をもらって来て植えたところ、甘口ではなく優れた辛口白ワインになってしまったという逸話であろう。現在ボルドーの辛口白ワインで最高価がつくここの辛口白ワインは、グラーヴの白ワインの牽引車的存在になっている。

オー・ブリオンと街道をはさんで向かい合っているのが旧ヴォルトナー家の三つのオー・ブリオン、ラ・ミッション、ラ・トゥール、ラヴィルである。

オー・ブリオンというのはもともとは十四世紀頃の地名で、ヴォルトナー家の三つのオー・ブリオンも、本来のシャトー・オー・ブリオンの一部だった。いつ頃どのような理由でそうなったかはよくわからないらしいが、本来のオー・ブリオンから独立した。文献上わかっているのは十六世紀の末頃、マルゴーの創始者であるレストナック家の親戚にあたるオリーヴ夫人が持ち主になっていたことである。このヴォルトナー家の三つのオー・ブリオンは、一九八三年に本来のシャトー・オー・ブリオンのオーナーであるディロン家に買収されたから、以来四つのオー・ブリオンがまとまって元の姿になった。

四つのシャトーの畑はそれぞれ隣り合って、全体としてひとつにまとまっているが、近接畑でしかも酒の造り手がひとつになったというのに生まれるワインが違ってくるというのは、やはり畑の土質構成の違いであろう（畑の位置については一八七頁の地図参照）。

本家でないオー・ブリオンの中でトップを行くのが**ラ・ミッション・オー・ブリオン**（グラーヴ格付け、栽培面積二〇・九ha、生産量七五〇〇ケース）である。ここは一時期プレシュール・デラ・ミッションという宗教団体のものになっていた時代があったので、この名前がついた。この団体が畑を拡大・改良し、現在も残っている教会風の建物を建てた。ここで出しているのは赤だけで、ワインは本家のオー・ブリオンに似ているが総体に酒軀《ボディ》がしなやかでソフト、香りもオー・ブリオンのように燻香的なところが強くなく、森の花とかトリュフに例えられる特有のものになっている。現在、全グラーヴの赤の中でオー・ブリオンに次ぐトップ級のものになっているし、瓶熟成も比較的早い。オー・ブリオンの高価に辟易する愛飲家に是非その秀逸さをためしてみるようおすすめする。

ラヴィル・オー・ブリオン（グラーヴ格付け、栽培面積三・七ha、生産量一一〇〇ケース）は白だけである。ディロン家のものになって醸造施設を全面的に現代的なものにしたし、醸造法も変えた。そのため酒質はめざましく向上し、グラーヴの白のトップ級的存在になりつつある。この白はセミヨン（S）七〇％、CB三〇％で、若いうちはソーヴィニヨンの性格が強く出て、その後一時期休眠状態に入り、その後セミヨンの特色が出てくるというグラーヴの秀逸な白の特徴がよく出ている。といっても同じグラーヴの白のドメーヌ・シュヴァリエとはっきり違った個性を持っている。本家のオー・ブリオン・ブランの高価を敬遠したい人は、これを飲んでみたらいい。年間僅か二〇〇〇ケースという稀品だが、そう高くない逸品である。**ラ・トゥール・オー・ブリオン**（グラーヴ格付け、栽培面積四・九ha、生産量二五〇〇ケース）は、かつてラ・ミッションのセカンド・ワイン扱いされていた。現在は独立した銘柄になっているが、仕込みはやはりラ・ミッションで行なわれていた。土質のせいかワインはミッションに比べてどうしても見劣りがしていた。いろいろ考えられている。いろいろ考えた結果なのだろうが、現在はぶどう比率をCS四二％、CF三五％、M二三％にしている（オー・ブリオンはCS四五％、M三七％、CF一八％、ミッションはCS四八％、M四五％、CF七％）。そのため、オー・ブリオンとは違った独自の味わいを持っている。

グラーヴには、この四つのオー・ブリオンの外に、もう二つオー・ブリオンを名乗るシャトーがある。いずれも本家のオー・ブリオンとは全く関係がない。ひとつは格付けの中に入っているラリヴェ・オー・ブリオンで、これらははるか離れたペサックにある（後述）。もうひとつが同じペサックにある**レ・カルム・オー・ブリオン** Les Carme Haut-Brion（栽培面積四・五ha、生産量一八〇〇ケース）である。この格付けされていないレ・カルムは、四つのオー・ブリオンとパープ・クレマンとの間にある。石垣で囲われた畑と瀟洒な建物をもって、市街化された地帯の中にひっそりとたたずんでいる。排水がおそろしく良い畑で、ちょっとポムロールのような感じのする特異で非常

新装されたパープ・クレマンの邸館

に長命なワインを出している。ここは三百年にわたってカルメルティ家の持ち物だったが、現在はボルドーのネゴシャン、シャント・カイユ家に属している。

オー・ブリオンを通り過ぎて、ほんの一キロほど街道を行くと、木立ちに囲まれているのが、**パープ・クレマン**（赤はグラーヴ格付け、栽培面積三二ha、生産量一三三〇〇ケース）。ここはボルドーのシャトーとしては、最も古い歴史をもっているもののひとつである。一三〇〇年というから、日本では蒙古襲来のあった直後、ボルドーの大司教ベルトラン・ド・ゴートが、街なかの教会から馬ですぐ行けるような田舎に別荘を建てたがって、この場所を買った。この大司教はなかなかの発展家であると同時に酒好きだったから、自分が飲むワインを造るためにぶどう畑を造った。ところがこのベルトランが、当時のヨーロッパの宗教紛争の中で、一三〇五年フランス人として教皇になり、いわゆる「アヴィニョンの幽囚」の主人公として歴史上の人物になる。教皇となって名前もクレメンス五世となったから、ボルドーの人達はこのシャトーをパープ・クレマンとよぶようになった。この教皇は、アヴィニョンの方でも、南仏ワインの雄シャトー・ヌフ・デュ・パープの名前の生みの親になったとされているから（実際は二代目法王ヨハネス二十二世）ワインにはなかなか縁がある。クレメンスがアヴィニョンに移ってから、このシャトーと畑はフランス革命までボルドーの教会の持ち物として続き、名声を維持した。その後、何人か持ち主を変え（そのうちJ・B・クレルクはワインの品質向上につとめ、サントーは現在の建物を建てた）、英国のマクスウェル家の持ち物だった一九三〇年代に持ち主は破産したし、一九三七年には大雹に襲われ畑は壊滅した。当時、都市計画のニュープロジェクトがあって、危うく道路と建築用地になるところだった。救いの主は農工学者で詩人のポール・モンターニュでシャトーを買い取り、全面的なぶどうの植え替えをやった。シャトー・ワインの再興には十年近くかかったし、戦争が間にはさまったりしたので、ワインの名声が復活したのは一九五三年以降である。

パープのラベルは銀で縁を取り、朱がきいた紋章を中央にすえるというすっきりしたものでボルドーでも目をひくもののひとつである。畑が鉄分を多く含んだ粘土質で、メルロー四〇%、カベルネ・ソーヴィニヨン六〇%というぶどうの比率だから、ワインは酒軀がゆったりと肥えていて、おだやかでありながらしっかりしている。一九七九年から一時期酒質にかげりの出た時代があった。しかし一九八五年モンターニュ家の婿になったベルナール・プジョルが管理をまかされるようになってから醸造所を一新、以来息子のマグレが中心になって酒質向上にはげんだので、現在はオー・

ブリオンに次ぐという高評を受けている。なお、ここはほんのわずかの白も造っている。

(4) グラーヴ中央――レオニヤン

さて、ペサックをすますと、グラーヴで重要なのはレオニヤン地区である。ここは、現在では、質量ともにグラーヴの中心になっているし、格付けシャトーは、全てこの中におさまっている。ペサックがボルドー市とくっついたような位置にあるのに対し、レオニヤンのほうはそこからかなり南に離れていて、グラーヴの中央部寄りになる。ペサックをグラーヴの頭とすれば、こちらは心臓である。レオニヤンの町をとりまいて衛星のようにシャトーが散らばっているから、どこから訪れたらいいか、ちょっと迷うところである。北端にはオリヴィエ、南端がフューザル、西の南端にドメーヌ・ド・シュヴァリエ、東は近くにオー・バイィ(そのちょっと南にラリヴェ・オー・ブリオン、北に格付けにこそもれたがシャトーもワインもなかなかのラ・ルーヴィエールがある)、東北にカルボニューがあるといった具合である。

この衛星状のグループと離れた感じで、ガロンヌ河と平行して走る国道一一三号線沿いに、クーアン、ブスコー、スミス・オー・ラフィット、ラ・トゥール・マルティヤックが、北から南へと並んでいる。

さてこれらの群雄割拠の一流シャトーを、どうしたらわかりやすく頭の中に入れられるだろう

GRAVE (LEOGNAN)

●グラーヴ(レオニヤン)

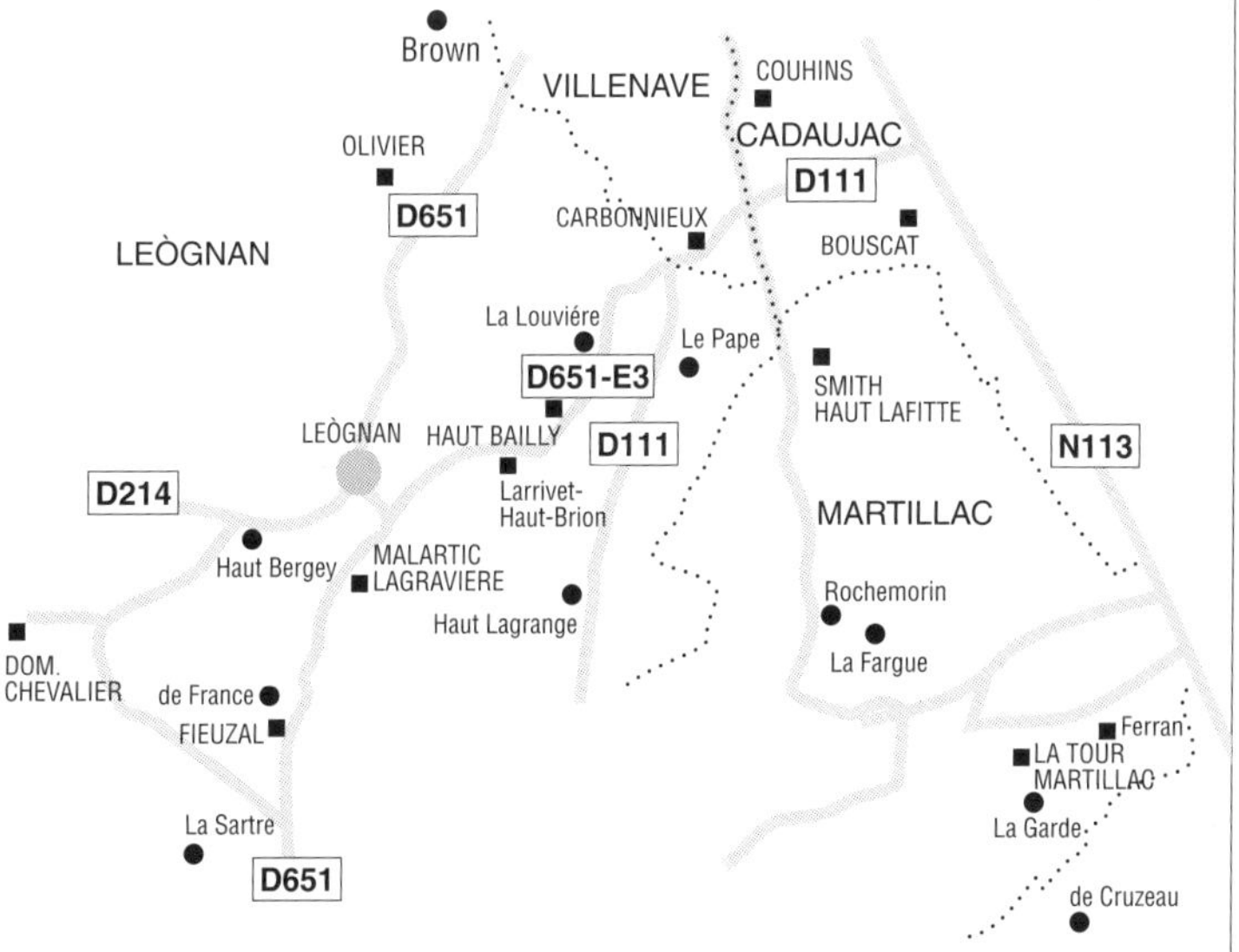
Brown
VILLENAVE
COUHINS
CADAUJAC
OLIVIER
D111
D651
CARBONNIEUX
BOUSCAT
LEÒGNAN
La Louviére
Le Pape
D651-E3
SMITH
HAUT LAFITTE
LEÒGNAN
HAUT BAILLY
D111
N113
D214
Larrivet-
Haut-Brion
MARTILLAC
Haut Bergey
MALARTIC
LAGRAVIERE
Rochemorin
Haut Lagrange
La Fargue
DOM.
CHEVALIER
de France
FIEUZAL
Ferran
LA TOUR
MARTILLAC
La Garde
La Sartre
D651
de Cruzeau

か？　ひとつのやり方は、評価順にまとめてみることだろう。一八八頁の格付けシャトーと一九〇頁の表を参照にしてほしい。三者の評価はかなり違うが、大筋でみると大体こういえるだろう。

まず、赤でいうと、オー・ブリオンと、ラ・ミッションが別格になる。それに次ぐのが、パープ・クレマンとドメーヌ・ド・シュヴァリエ、オー・バイィとフューザル。そしてマラルティック・ラグラヴィエール。

最近とみに頭角を現わしてきたのがオー・ベルジェ、ラリヴェ・オー・ブリオン、そしてスミス・オー・ラフィット。カルボニュー、フェラン、オリヴィエ、ブスコー、ラ・トゥール・オー・ブリオンはどうやら旧来の地位を守っているというところ。

白でみると、ラヴィル・オー・ブリオンとドメーヌ・シュヴァリエが王座を守り、アンドレ・リュルトンのクーアンがそれに次ぐ。そしてラリヴェ・オー・ブリオンと新顔（格付け外）のラ・ルーヴィエールが割りこんできたというところ。パープ・クレマンは従来白は量も少なく、市場に出していなかったが最近は好評。伝統を誇るカルボニューとラ・トゥール・マルティヤックは長く低迷していたが最近持ちなおしてきた。ブスコーも低迷し、オリヴィエにいたってはひどい白を出していたが、最近どうやら立ちなおったらしい。フェランは優れた白を出していたが、最近はどうもそうでないらしい。格付けシャトーの白は現在難しい立場にある。それというのもグラーヴの白に現在激変が起きているからで、伝統的なスタイルを堅持するか、又は現代的なスタイルに切り換えるか（または、ある程度同調するか）、その決断がしきれないでいるからだろう。

全体的にみていろいろ評価に違いがあるが、オー・ブリオン・グループとパープ・クレマンはペサックだから別格にすれば、レオニヤンでは従来赤白両刀使いのドメーヌ・ド・シュヴァリエがトップの座を占めていたが、最近オー・バイィ、マラルティック・ラグラヴィエール、スミス・オー・ラフィット、ラリヴェ・オー・ブリオン、フューザルがそれに迫っているというところ。それにしても新参のラ・ルーヴィエールとオー・ベルジェの台頭ぶりはめざましい。紙数の制約を考えながら、注目すべきシャトーを簡単に紹介しておこう。

ドメーヌ・ド・シュヴァリエ（グラーヴ格付け、栽培面積三五ha、白がそのうち五ha、生産量赤一〇〇〇〇ケース、白一五〇〇ケース）は、メドックとグラーヴの中でも「シャトー」の令名をつけない数少ないシャトーである。レオニヤンの南西端でぽつんと松林の中に囲まれ、シャトーらしい邸宅をもたない機能一点張りの建物におさまっている（最近きれいに塗りなおした）。畑のバラが美しい。歴史は古く、まだメドックがぶどうを植えていなかった十七世紀にすでに秀逸なボルドーの白ワインのひとつとしてフランス以外にも知られていた（当時はChibaley）。十九世紀の初頭、畑がつぶれて松林になった時代もあったが、一八六五年にジャン・リカールが買い取って復興させた。リカール家は当時オー・バイィ、フューザル、ラグラヴィエール（現在のマラルティック・ラグラヴィエール）なども所有し、グラーヴきっての名門酒造家だった。今世紀に入って一時親族の材木屋ガブリエル・ボーマルタンのものになったことがあったが、一九四二年に再びリカール家のジャンが買い戻した。この息子のクロードが傑出した能力をもつ完璧主義者で、ワインを洗練したものに磨きあげた。一九八三年にこのシャトーは大手蒸溜業者のベルナール家に売られたが、クロードは腕を買われてシャトーに残り、一九八八年まで酒造りにあたっていた。クロードの下で酒造りの技術を身につけたオリヴィエ・ベルナールが現在醸造を仕切っているが、醸造設備は全面的に刷新し、現代的なものになった。ここの酒造りは厳しい剪定と選果をするので知られているが、ヘクタール当たりの生産量をグラーヴでも一番おさえているところである（ぶどうはCS七〇％、S三〇％）。そのため赤も秀逸だが、ここの白の名声は高い（年間わずか一〇〇〇ケース）。

オー・バイイ（グラーヴの格付け、栽培面積二八ha、生産量一五〇〇〇ケース）は、グラーヴとしては歴史が新しいもののひとつで、一八四〇年に前述のリカール家によって創られた。フィロキセラが荒れまわった一八七三年に、ここを買い取ったのがベロ・ド・ミニエールなる人物である（時が時で、畑も小さく、建物もなかったので安価だった）。この人は変人あつかいされるほど頑固な考えの持ち主で、当時フィロキセラ対策として一般に導入されだしていたアメリカ株への接木は、ボルドー・ワインの名を辱めるとして断固として認めなかった。そのため自分の考えたおそろしく経費のかかる独特のやり方で古木を守ってワインを造り続けた。また、ワインを貯蔵する樽を古いコニャックで洗うというやり方なども有名だった。こうしたおかげかどうかは別として、彼のワインはレオニヤンでトップとされ、メドックの二級ものと同じ値で取引きされるようにまでなった。一九〇六年にこの人が死に、第一次大戦後にここを買ったフランツ・マルヴサンもまた変わり者だった。こちらは科学に凝った人で、畑のぶどうを守り続ける点は変わりがなかったが、ワインに徹底したパスタリザション（低温殺菌法）を実施した。この人の時代は短く一九二三年に死亡した。この後を買ったのがドメーヌ・ド・シュヴァリエの親戚にあたるポール・ボーマルタン。当初はシャトー・ド・マル（ソーテルヌの名シャトー）の持ち主でパリの金融業者ラーエン伯爵との共同経営だった。後に全部を自分のものにしたが、第二次大戦の初めには手放さなければならない窮状に陥った。その後、大戦をはさんで十年間、このシャトーは暗黒時代に入る。そこに現われたのがダニエル・サンドレである。もともとベルギーのリネン商だったが、ボルドーの酒商の娘に惚れこんだばかりに、ボルドーに住みついて酒屋に転身したという変わり種である。たまたま買いこんだここの一九四五年ものの良さに目をつけ、その潜在能力を見込んで誰もが振り向きもしなかったこのシャトーを安価で買い取った。ダニエルが死んで息子のジャンが継いだが（一九五五年から、サンドレ家が法人化）、この畑の絶好の土質をフルに生かす酒造りに取り組んだ。その結果、一九七〇年代に低迷していた時期があったが一九八二年頃には赤のトップに迫るようになった。一九八〇年代後半に家族内のトラブルからサンドレ家はシャトーをアメリカの銀行に売らなければならなくなったが、幸いに多くの熱愛的支持者のおかげで、ジャンはコンサルタントとして残ることになった。ぶどうはＣＳ六五％、Ｍ二五％、ＣＦ一〇％という構成だが、ここの特色は徹底した選《アッサンブラ》酒《ージュ》をすることである。何しろ生産量の三〇％はシャトー名のワインには使わないで、セカンド・ワインにしてしまう。だからここのセカンド・ワインのラ・パルド・オー・バイィ **La Parde de Haut-Bailly** が悪いはずがないということになる。ここのワインは赤だけだが、柔らかくしなやかでグラーヴの特色が見事に出ているし、実に優美である。面白いのは寝かせて年をとったものも素晴らしいが、若いうちから魅力をもったワインとして楽しめることである。

　オー・バイィのすぐ北隣りが、格付けこそされてないが無視できない存在の**ラ・ルーヴィエール**（未格付け、栽培面積五〇ha、生産量一七五〇〇ケース、白六八〇〇ケース）である。古い歴史をもつこの狩猟区に、一七九一年にボルドー市長マリラックが建てたシャトー（ボルドー市の中心の大劇場の建築家として有名なヴィクトゥール・ルイが設計）はグラーヴで最も美しいもののひとつだろう。一九六五年に精力的な酒造り家アンドレ・リュルトンが買い取った。アンドレの兄弟リュシアン・リュルトンはメドックのマルゴーのブラーヌ・カントナックを中心にリュルトン王国を築きあげているが、アンドレの方はグラーヴの白で自分の王国を創ろうとしたのだろう。アンドレは、アントル・ドゥー・メールのグレジャック村に宏壮なシャトー・ボネ（畑が二二五ha）を持っていた。ところがグラーヴのシャトー・クーアンの半分を手に入れ、そこでソーヴィニヨン・ブラン一〇〇%を使って出色の白ワインを造りあげ人々を驚かした。次に、格付けからはずれたラ・ルーヴィエールを買収し、格付けされないのがおかしいとまで言われるワイン（白が出色だが赤も好評）を造り上げるのに成功した。それでもそのエネルギーは止まることを知らず、隣り村のマルティヤックのシャトー・ド・ロシュモランとシャトー・ド・クルゾーも買収して、めきめきその品質を向上させた。現在グラーヴにおける白ワイン造りのリーダーになっている。

品質の評価では上位の二シャトーにちょっと遅れをとっているが、知名度ではそれを上回るのが**カルボニュー**（赤白ともクラーヴ格付け、栽培面積九〇ha、生産量二二〇〇〇ケース）。ここのシャトーは、グラーヴでも最も古く広い畑のひとつで、歴史は一二三四年に遡る。この時代にラモン・カルボニュー家のものだったので、その名が現代まで残っている。中庭を砂利で敷きつめたシャトーの建物も御自慢のものでラベルにも刷られている。それより有名なのは、このシャトーの伝説だろう。レオン・ダルシュの回想録によれば、オスマン・トルコのサルタンであるシュレイマンと

帆立貝のデザイン　シャトー・カルボニューのラベル

政治同盟を結ぼうとしたフランソワ一世が、カルボニューの領主を使者としてトルコに派遣した。大使はサルタンへの土産物としてカルボニュー二箱を持参したが、回教経典でワインが御法度であることを知っていたから、その贈物を清涼飲料水だとして献上した。するとシュレイマンがこうのたまわったそうな。「貴国にはこのカルボニューのようなけっこうな飲み物があるのに、ワインなどを飲むとは愚かしいことじゃ」。この逸話の真偽は別として、このシャトーは一七四〇年に、当時ボルドーの各所の畑の持ち主だった有力なサント・クロワのベネディクティン教団に買い取られ、同教団がオスマン皇帝のトルコに回教の禁制をくぐってこのワインを「カルボニューのミネラル・ウォーター」として売っていたことは事実のようである。フランス革命当時は、すでにこのシャトーはたいした名声を築いていたが（畑は二〇〇haもあった）、革命で国庫に没収された。当初はフランス南西部の財政長官を担当していたエリ・ブーシュローが買ったが、その後転々と持ち主を変え、アルジェリアで長くぶどう園を経営していたマール家のペランが、アルジェリアから撤退してきて一九六二年にこの誇り高いシャトーを手に入れることになった。カルボニューは、もともと白で有名だったが、最近では、赤に力を入れていて生産量の半分位は赤になってきている。グラーヴとしては熟成に時間がかかるたちである。一時期ワインの品質が低迷したといわれた時代があったが現代的な醸造設備を新設して以来、名声が復活しつつある。ちなみにラベルにデザインされている帆立貝は、中世におけるスペインのサンチャゴ・デ・コンポステラへ向かう巡礼者のシンボルで、聖ヤコブにちなんだもの。ここがベネディクティン修道会のもので、巡礼者に宿舎と食事を与える場所になっていたからである。

レオニヤンの南に位置していてもともとリカール家のものだった二つのシャトー、フューザルとマラルティック・ラグラヴィエールは、現在はそれぞれ変わり種のシャトーになっている。

フューザル（赤はグラーヴ格付け、栽培面積四五ha、生産量一二〇〇〇ケース）はもともとは高貴な家柄であるロシュフォコール家のものだったが、一八九三年にドメーヌ・ド・シュヴァリエの持ち主リカール家が買い取り、同家の下でマラルティック・ラグラヴィエールと並んで名声を博すようになった（二つともシュヴァリエより少し高値がついた）。第一次大戦直後、スイス生まれでアメリカ義勇軍兵としてフランスへ来たエリク・ボックが、リカール家の娘オデットと結婚し、ボルドーのアランブラ劇場の支配人をしていたが、第二次大戦の勃発に際して夫婦共にモロッコへ避難した。四五年に帰ってみるとオデットの父が死亡し、この畑が荒れるにまかせていた。そのためボックはワイン造りのことは何もしらなかったものの劇場の仕事をやめて、ぶどう畑の鋤をにぎることになった。彼の献身的な努力によって畑とワインの名声が復興した。その意味では、フューザルは第二次大戦後、特に頭角を現わしたシャトーのひとつである。一九七四年、ボックが八十歳で死に、現在のジョルン・ネグレヴェヌが買い取り、有能かつ精力的なジェラール・グリベリン（オーナーの義弟）を支配人として畑とネゴシャン・ビジネスをひろげた。現在は旧シャトーと別に廃屋だったシャトー・フェルボスを買い取り、これを美しい同社のレセプション・ハウスに造りかえ、醸造所も一新した。フューザルは格付けシャトーとしてはペサックの一番南になるが、県道六五一号線沿いにあるここの真っ白でモダンな建物は通る人の目を見張らせる美しさである。フューザルは赤中心だが、ぶどうの木が比較的古い関係で、実に優美な肉づきのよいワインになっているし、グラーヴとして将来を期待されるシャトーのひとつ。

マラルティック・ラグラヴィエール（赤白ともにグラーヴの格付け、栽培面積一九ha、生産量赤六〇〇〇ケース、白一五〇〇ケース）は、その歴史の中で四つの家族が顔を出す。まず一八〇三年に、ガスコーニュでは名門のマラルティック伯爵の甥がここを買って、シャトーに名がついた。一八五〇年代にリカール家のアーノルドがここを手に入れた。一八七六年にリカール家の娘アンジェルがリュシアン・リドレに嫁いだが、リドレ家は海運業で有名で、同家の自慢の三本マストの帆船マリー・エリザベス号は今でもシャトーに額が残っている。一九二七年に同家のシモーヌがマルリー家のジャックと結婚したが、マルリー家はフランス最大の鏡製造業者である。こうした事情もあって、このシャトーは数回にわたってラベルのデザインを変えたが、その中には鏡に映した反対文字のものや、帆船マリー・エリザベスをあしらったものがあるわけである。少し前まで、シャトーのエッチングをあしらったものだったが、現在は帆船を薄くデザインした地味なもので人目をひかないからちょっと損をしている。

一九九〇年にシャンパンで有名なローラン・ペリエ社がこのシャトーを買収したが、その際マルリー家の最後の所有者ジャック・マルリーが死亡するまでシャトーに住むことが条件になっていた（現在九〇歳を過ぎてもシャトーの一隅に住んでいるが、息子のブルノーが新オーナーから支配人に雇われたから御満足だろう）。ジャック・マルリーは、衆にくみせず、ゴーイング・マイウェイ型の性格で、ワイン造りの考え方も変わっていた。例えば、赤ワインについての古い伝統である「古木からの小生産」より「若い木からの多産」のほうがいいと考えていたくらいである。そのため赤の評判は芳しくなかった。もっともジャックが変わり者だったおかげで、白ワインはグラーヴの伝統にさからって、セミヨンを使わずソーヴィニヨンだけを使って新鮮で芳香の高いワインになった。ローラン・ペリエ社は一九九七年に手離したが買ったのは産業界の大物、ベルギー人のアルフレッド・ボニーだった。ペリエ社の時代、既にシャトーの改良に基礎的な投資（畑の拡大を含む）が行なわれていたが、ボニーは更に一歩進めて醸造室の新設と酒庫の充実を行なった。以前の古い建物を知っている人は、モダンなデザインの玄関を含むその変貌ぶりに驚かされるだろう。それだけでなく、赤ワインについてはミシェル・ロランとアタナス・ファコレリ、白ワインにはドニ・デュボルデューを技術指導者として雇った。こうした意欲的な姿勢と新技術の導入によって、このシャトーのワインは数年で面目を一新しグラーヴの新しいスターになりつつある。ことに白（ソーヴィニヨン・ブラン八五％）は注目の的だ。

　レオニヤンとしては北になる**オリヴィエ**（赤白ともにグラーヴの格付け、栽培面積四五ha、生産量赤一三〇〇〇、白一〇〇〇〇ケース）は、グラーヴでも珍しく中世風の城郭的な雰囲気を残したシャトーを誇っていて、ラベルにもデザインされている。オリヴィエの荘園領地としての歴史は古く十二世紀にまで遡ることが出来るし、一三五〇年頃にはロスタン・ドルベリが当時グラーヴきっての大領主シャトー・ド・ラ・ブレドの娘のエリザベート・ラランドと結婚している。百年戦争で、クレシー及びポワチエの戦いでフランス軍を大敗させたかの黒王子《ブラック・プリンス》（エドワード三世の王子）は、一三六〇年代にボルドーに十年ほど住んでいたことがあるが、その頃はしばしば部下の騎士達をひきつれて、このシャトーを訪れて狩りを楽しんだらしい。また、この家系でシャトーの持ち主であった娘のひとりがかの有名なモンテスキューに嫁いでいる。それはそれとして、このシャトーは何回となく持ち主を変え、第二次大戦の終わった一九四五年からはフランクフルトの銀行家の家系であるベトマン家のものになっている。今世紀の初めから、このシャトーは、ボルドーの有力ネゴシャン、エシュナエル社が借り受けていたため、オリヴィエといえば同社の専売特許的ワインになっていた。もっともその酒質の方はどうみても誉められたものでなく、格付けにふさわしいものでなかった。一九八二年以降は、ここに住んでいるジャン・ジャック・ド・ベトマンが直接畑とワイン造りの管理を始め、自分で瓶詰めするようになって品質が向上した。オリヴィエの白ワインは知名度が高いが、酒軀《ボディ》が軽く、驚くような品質でなかったが、最近明らかに進歩がみられる。新鮮で飲みよく、快適なワインであることも事実で、ことにセミヨンの風味がよく出ている。赤と白は従来は半々くらいだったが、この頃は赤の生産量が上まわっている。この方も深みと持続力に欠けるが、飲みよいワインになった。

二十世紀末になって劇的な変化をみせたシャトーが二つある。ひとつは**ラリヴェ・オー・ブリオン**（格付けなし、栽培面積四五ha、生産量一七〇〇〇ケース）。ここはオー・ブリオンと名乗っていても、ペサックのオー・ブリオンとは何の関係もない。ブリオンというのはもともと砂利の多い場所の地元呼称で、ラリヴェの方は、領地内を流れている小川の名前だった。昔は、オー・ブリオン・ラリヴェと名乗っていたが、本家のオー・ブリオンから訴訟を起こされて、ラリヴェを前にもってくることになった。ここも歴史が古く英国系のカノル伯爵家のものだった。革命時に国に没収され、建物もみすぼらしく畑も荒れはてていた。ところが一九八七年、有名なジャム・メーカーのアンドロスのオーナー、フィリップとクリスティーヌ・ジェルヴォゾンがここを買い取った。そして地下蔵を新設し美しい邸館を建てなおした。醸造設備が現代的なことはいうまでもない。一九九六年から醸造技師としてミシェル・ロランを雇った。もともとこのシャトーはオー・バイィと目と鼻の先にあり、畑に潜在能力があるのは確かだった。一九九八年以降、赤白ともに業界の注目を引くようになり、ラ・ルーヴィエール、オー・ベルジェと並んで格付け改正が行なわれれば格付け入りをすることは間違いないだろう。

もうひとつが**オー・ベルジェ**（格付けなし、栽培面積一八ha、生産量八五〇〇ケース）である。レオニヤンの町からドメーヌ・シュヴァリエの方へ行く県道に入るとすぐとっつきに塔をそなえた立派な石造りのシャトーが目を引く。ここも歴史を十五世紀まで遡れる古いシャトーで、ボルドー市議会議員クレッセ家が現在のシャトーを建て、領地は一〇〇ヘクタールもある宏壮なものだった。その後複雑な相続争いの中で畑は分散し、シャトーも荒れはてていた。ここに目をつけたのが、アルザスを本拠としてフランス東部でスーパーマーケット業で成功しているカティヤール家のガルサン（スミス・オーラフィットのダニエルの妹）だった。一九九一年にここを買い取り、以来エネルギッシュなガルサンは惜しみなく巨資を投じて邸館の裏に立派な醸造施設を新築、荒れていた邸館も美しく改修した。ワイン造りにはジャン・ピエール・ドムーランを支配人にして赤はミシェル・ロラン、白はドニ・ディボルデューに技術指導を仰いだ。その成果は既に現われ二〇〇〇年以降ワインは注目の的になっている。

ペサックの格付けされていないシャトーでもうひとつ無視できないのが**シャトー・ド・フランス**（栽培面積三二ha、生産量一四〇〇〇ケース）である。この地区の南端、フューザルの隣りにある。このあたりのなだらかな丘にひろがるぶどう畑の眺めは実に素晴らしい。一九七一年以降、もとシャトー・オリヴィエの畑の一部だったが、ほんの数ヘクタールになってしまっていたのを一九七一年に買ったのが、アルコール蒸溜産業家のトマッサン家である。その後、畑の拡大と改良、醸造所の現代化に巨資が投じられ、現在ベルナールが精力的に経営にあたっており、酒質はまだ格付けレベルに達していないが将来は向上する見込みがある。

ペサックを含むグラーヴ北部で、いくつか見落とせないシャトーがある。まずアンドレ・リュルトンがルーヴィエールの近くで弟分のような存在にしているシャトーが二つある。ひとつは、**ド・**

クルゾー de Cruzeau でかなり南のサン・メダール・ディラン村にぽつんと孤立している。もうひとつは**ド・ロッシュモラン** de Rochemorin でもともとモンテスキュー家のものだった。同じようにペサック村の最南端に孤立している**ル・サルトレ** Le Sartre でペラン家が買って大改修をして以来存在を認められるようになった。同じくペラン家が買ったシャトー・カルボニューの南の**ル・パープ** Le Pape もメルロー九五％の赤を出して注目を引いている。ラトゥール・マルティヤックのすぐそばの**ラ・ガルド** La Garde もドート社が管理しているので見逃せない品質。同じようにこの近くの**フェラン** Ferran（dがつかない）もその昔モンテスキュー家の所有だった。

ペサックではないが無視できないシャトーが三つある。ボルドー市の西、空港の近くに唯一残っているのが**ピク・カイユー** Picque-Caillou、古い邸館もあり、ワインも悪くない。ボルドー市の南西カドージャックに唯一のシャトーとしてかつてオスマン男爵の所有だった**ド・ルーイヤック** de Rouillac が残っている。ボルドー市の南隣りのヴィルナーヴ・ドルノン村には**バレ** Baret があるが、これはボリー・マヌー社がワイン造りをしているだけあって信頼できる品質。

(5)　レオニヤンのガロンヌ河沿いグループ

レオニヤン・グループとは別に、国道一一三号線沿いに並ぶシャトーのグループの中で、一番北になるのが、**クーアン**（白はグラーヴ格付け、栽培面積八・五ha、生産量六〇〇〇ケース）である。

ここはかのカロン・セギュールと関係があるガスケトン家系のものだったし、一九五三年には格付けまでされたシャトーだった。しかし現在はその半分がフランス農業省（Institut National de la Recherche Agronomique）の所有となり、赤と白をこのラベルで出している。残りの半分は、一九七九年からルーヴィエールの所有者であるアンドレ・リュルトンが買い取り、ルーヴィエールで仕込んで**クーアン・リュルトン**（白はグラーヴ格付け、栽培面積五・五ha、生産量二〇〇〇ケース）のラベルで出している。この方はソーヴィニヨン一〇〇%の白を出しているが、畑に優れた潜在能力がありリュルトンが腕を振るっているだけあって格付けの名を辱めない出色のものである。

次にくるのが**ブスコー**（赤白ともにグラーヴの格付け、栽培面積四五ha、生産量二三〇〇〇ケース）である。ここは十八世紀と十九世紀に建てられた邸宅をもつ立派なシャトーだったが、一九六二年に大火事にあった。それを一九六九年に買ったのがシャルル・ウォルスタッターを中心とするアメリカ人のグループである。多額の投資を用意して復興にかかったが、賢明だったのはワイン造りにはオー・ブリオンのジャン・ベルナール・デルマスに頼み、邸宅の修復はその妻のアニーにまかせたことだった。前庭に池をもつ美しいシャトーはみごとに復興したが、根気のいるワイン造りはアメリカ人にはむかなかったのか、一九七九年にリュシアン・リュルトンが株の過半数を引き取った。メドックにブラーヌ・カントナック、デュルフォール・ヴィヴァン、デミライユ、バルサックではクリマンを持ったリュルトン家はグラーヴにも新しい拠点をもつことになった。酒造りの名手リュルトンの指揮で子供達がブスコーの名声を向上させるだろうと期待された。リュルトンは畑と醸造貯蔵庫にかなりの改良を加えた上で一九九二年、娘のソフィにすべてを譲った。世間の期待が大きすぎたためにまだその期待をかなえたという域に達していないが、現在着実に品質を向上しつつある。白は華やかで赤はクラシックなグラーヴ、いずれも飲みよいワインになっている。

さらに南で、オー・バイィの東にあたるのが**スミス・オー・ラフィット**（赤はグラーヴ格付け、栽培面積五五ha、生産量赤二三〇〇〇ケース、白二二〇〇ケース）。スミスという英国風の名前にクリーム地にブルーの紋が入ったこのラベルは人目を引く。ラフィットはフランスの古語の小さな丘の意味で、メドックのラフィットとは関係がない。スミスは一七二〇年にここを買った英国人、ジョージ・スミスの名からついた。このシャトーも歴史は古く十二世紀に遡れるが、ワインが有名になったのは一八五六年にボルドーの市長兼商工会議所所長のデュフール・デュベルジェの時代である。その後何回か持ち主を変えたが、ワイン造りというより投機に関心があった連中だったから、シャトーの名声は落ちこんだ。今世紀の初めはドイツ系の会社の所有だったが、その頃からエシュナエル社が販売を受けもち、第一次大戦以降は同社が譲り受け、一九五八年に買い取った。エシュナエルが自社のものにしてから復興に巨大な資本を注ぎこみ、最低の時は八ヘクタールそこそこだった畑も五〇ヘクタールにまで達した。邸宅醸造所の付属建物も刷新されて見栄えのするものになった。それを一九九〇年に二億二千万円で買ったのがダニエルとフローレンス・カティアール夫妻だった。フランス東部のスーパーマーケット・チェーンで財をなした夫妻（ダニエルはオリンピックのスキーの選手だったからスポーツ用運動着製造業としても成功）は、ボルドー・ワインのファンだったから今までの事業を売り払いその資金を使って、ワイン造りで第二の人生を送ろうとしたわけである。直後に襲った三年続きの凶作にめげず、徹底した畑の改良と醸造設備の現代化をはかり、優れた醸造技師を雇った上に、ミシェル・ロランとデュボルデュー教授の指導を仰いだ。ワインは短期間のうちに急速に名声を回復、世間を驚かせた。それだけでなくフローレンスは有名な広報会社のスタッフだったキャリアを持っていたので、その能力をフルに発揮。さらに娘のマティルド夫妻も事業に引きこみ、シャトーの隣りにレ・ソース・オブ・コーディアルと名づけた保健リゾート業を始めた。温泉、テニスコート、プール、レストラン、ホテル、ワイン教室をそなえたその施設は、グラーヴの片田舎に突然新天地を誕生させたようなものだった。現在世界中のワイン愛好家をひきよせている。

国道沿いの最も南、マルティヤック村にあるのが、**ラトゥール・マルティヤック**である。その名の通り中庭にぽつんと立つ小さな塔をもつこのシャトーは由緒あるものである。もともと、シャトー・ド・ラ・ブレドの所有者であったこの地方の大領主、モンテスキュー家のものだったが、この十二世紀の塔のある方が分離されて独立した。ここはかなり最近まで、単にラ・トゥールと呼ばれていたが、メドックの第一級シャトー・ラトゥールと間違いなくするために、村の名前をつけるようになった。畑が本格的に造られるようになったのは一八八〇年頃からで、一九三〇年になって、ボルドーにおける有力ネゴシャン、クレスマン社のアルフレッドが買い取った。クレスマン家は一八五八年にドイツ人のエドワード・クレスマンがボルドーに来て興した企業だが、アルフレッド、ジャン、ロイックと現在では四代目になっている。アルフレッドもジャンもワインのみならず地理・歴史に博学でボルドーでも一目置かれている一家である。ジャンが祖父のことを書いた *Le Défi*

d'Edouardはボルドーでも敬意を払われている名著である。このシャトーは一九二五年頃までは白だけで知られていたが、この頃から赤ワイン用のぶどうを植え始め、今では赤ワインの方が多くなっている。クレスマン家（現在はアルフレッドの孫のトリスタンとロイックが経営担当）が腕を振るい、古い木で有機肥料しか使わないぶどう栽培と伝統的ワイン造りを守っている赤も悪かろうはずがないが、今でも白ワインはグラーヴの中でも高く評価されている。

このシャトーの近くにある**シャトー・ド・ラ・ブレド**は、フランス革命で右派の理論的支柱になった『法の精神』を書いたかのモンテスキューの生誕地である。静寂で印象的な庭と資料館はグラーヴの名所として足を運んでよいところだろう。もっとも、この名前のワインはない。

（6） グラーヴ南部

グラーヴは南北に長く延びた地区だが、以上述べたような優れたシャトーは、ほとんどが北部のペサック、レオニヤンに密集している。残りの三分の二を超える部分は、はるか南のラン・ゴン市（その間、ソーテルヌ地区を囲み）まで延びる広い地域になっているが、めぼしいシャトーはあちこちに散在している。というより内陸部のブレド城の周辺のラ・ブレド村の十数のシャトーと、その西南隣りのサンモリオン村に孤立する**ヴィラ・ベレール Villa Bel Air**（ここはランシュ・バージュのカズ氏のスタッフが経営しているのでワインは好評）を除くと、ほとんどがガロンヌ河岸のポルテ、アルバナ、ポデンサックの三つの村にかたまって河沿いに並んでいる（ソーテルの北隣り地区のセロン村は独立のAC地区になっている）。やはり畑の砂利層の関係だろう。

なかなか良いワインを出すシャトーが実に多いのだが、メドックのブルジョワ級シャトーと違って、皆がまとまって広報活動をするようになっていないので損をしている。メドック南部でも頭角を現わしているのは、一九〇頁の表にもあげておいたが、グラーヴで特に注目するところ、又は訪れて楽しいプティ・シャトーをあげると次のようになるだろう。

まず**クロ・フロリデーヌ** Clos Floriène。ここはバルサックに近いが、バルサックのドワジィ・デーヌの息子でもありボルドー大学の白ワインの研究家、デュボルデュー教授がここを買って以来、その白ワインは世界の注目を集めている。同じように白ワインだが、セミヨン一〇〇%の**ラオール** Rahour も見逃せない。ここで働いていたピーター・ヴィンディング・ディエールが独立して同じくセミヨン一〇〇%のワインを造っているのが**ラ・ガルド** La Garde。ラオールの隣りの**ヴュー・シャトー・ゴベール** Vieux Château Gaubert は歴史的記念物の指定を受けた古い建物があるが、ワインの評判もいい。同じくポルテ村で昔から名が通っているのが**カバニュー** Cabannieux。村の名を名乗る**ド・ポルテ** de Portets は非常に古く立派な庭つきのシャトーでナポレオンがスペインの帰りに泊まったというもの、同じくポルテ村で大きい立派な建物をもつのが**ミレ** millet。また**ド・ロスピタル** de l'Hospital という変わった名前のシャトーは王の顧問だった人の名をつけたものだがルイ十六世風の建物は立派である。カストレ村の**フェランド** Ferrand はカステル社のものでユニオン・デ・グラン・クリュ入りが認められている実力。またこの村にはデザインの素晴らしい建物を持つ**ル・**

テュケ Le Tuquet があるが、ここのワインも好評。

ポルテ村の南隣りのアルバナ村にデュ・カステラ du Castéra があるがここの赤もいいが、白はミュスカデ種を多く使ったユニークなもの。この村にある、メドックのサントリー社所有のシャトーと同じ名前のラグランジュ Lagrange はメルローを七〇%使った赤。さらに河沿い南のポデンサック村のシャントグリヴ Chantegrive は規模も大きいがワインの品質も良いので一目置かれている。同じく更に南だが少し内陸に入った丘の上に立つダルシャンボー d'Archambeau（イラ村）は、昔からワインの品質の良さで知られている。このイラ村の南隣りプジョル・シュル・シロン村はバルサックの北隣りになるが、ここのサン・ロベール Saint Robert は歴史も古いが最近非常に品質が上がり注目されている。

ランゴンの町のところでグラーヴは終わりになるが、ここにもいくつかの頭角を現わしているシャトーがある。ド・レスピド de Respide（ランゴン村）はルイ十四世の大蔵大臣が建てた宏壮な建物を誇る。もうひとつのレスピド・メドヴィル Respide-Medéville（トゥレンヌ）はすぐ隣りのバルサックで出色のワインを出すメドヴィル夫妻のものでここのワインは近年とみに名声が高い。このランゴンの内陸部のマゼル村のロクタイヤード Roquetaillade には十二世紀に起源をもつ堂々とした要塞城が残っているから寄ってみる価値がある。

4　サン・テミリオン

(1)　サン・テミリオンの特色

ボルドー・ワインを少し飲みこんだ人なら、サン・テミリオンと聞けば、なんとなく人なつっこくて、いやみやはったりがなく、いつも安心できる赤ワインを連想するだろう。事実、サン・テミリオンのワインは——ここにもグラン・シャトーはあるがそれはさておき——安心して手を出せる気安い仲間なのだ。メドックのシャトー・ワインが格式高く品のいい山の手の令嬢だとすれば、サン・テミリオンのワインは下町娘の気だての良さが現われたようなワインである。

サン・テミリオンは、「ボルドーのバーガンディだ」といわれることがある（バーガンディとは英語でブルゴーニュの意）。ブルゴーニュびいきの人にいわせれば、わが意を得たりということになるのだろうが、メドックの熱狂的ファンにいわせればサン・テミリオンなどはボルドー・ワインでないということになる。サン・テミリオンのワインは、メドックに比べると一般的に色が濃くな

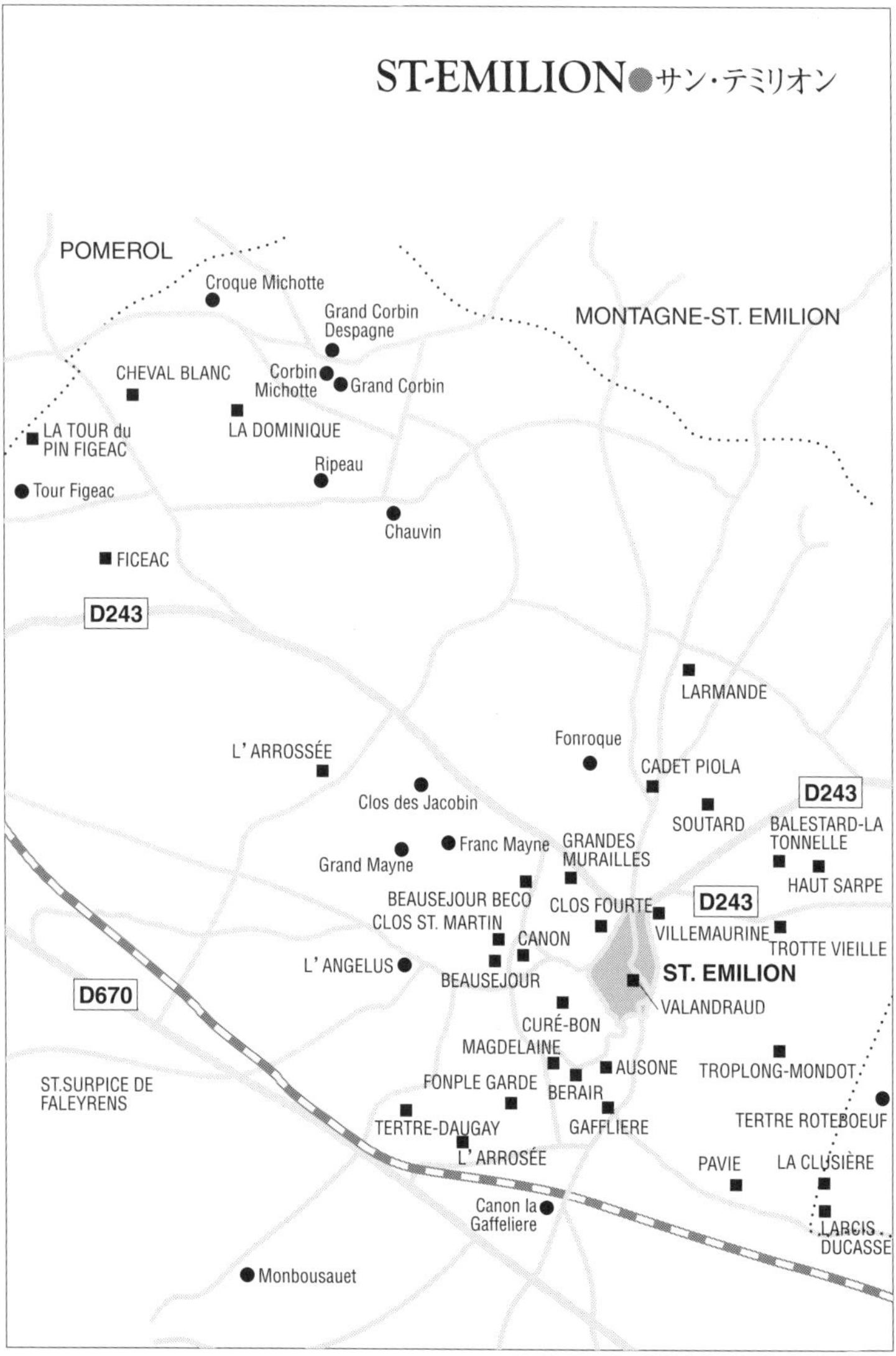
ST-EMILION●サン・テミリオン
POMEROL
Croque Michotte
Grand Corbin
Despagne
MONTAGNE-ST. EMILION
CHEVAL BLANC
Corbin
Michotte
Grand Corbin
LA DOMINIQUE
LA TOUR du
PIN FIGEAC
Ripeau
Tour Figeac
Chauvin
FICEAC
D243
LARMANDE
Fonroque
L' ARROSSÉE
CADET PIOLA
Clos des Jacobin
D243
SOUTARD
BALESTARD-LA
TONNELLE
Franc Mayne
GRANDES
MURAILLES
Grand Mayne
HAUT SARPE
BEAUSEJOUR BECO
CLOS FOURTE
D243
CLOS ST. MARTIN
VILLEMAURINE
CANON
TROTTE VIEILLE
L' ANGELUS
BEAUSEJOUR
ST. EMILION
D670
VALANDRAUD
CURÉ-BON
MAGDELAINE
AUSONE
TROPLONG-MONDOT
ST.SURPICE DE
FALEYRENS
FONPLE GARDE
BERAIR
TERTRE-DAUGAY
GAFFLIERE
TERTRE ROTEBOEUF
L' ARROSÉE
PAVIE
LA CLUSIÈRE
Canon la
Gaffeliere
LARCIS
DUCASSE
Monbousauet

く、酒肉も厚くないが、口当たりが柔らかい上に、渋味も強くなく、酸味がきいてすっきりしている。そうした意味では、ブルゴーニュに似るのだが、ブルゴーニュに比べてみるとやはり、はっきりとボルドーの性格をもっている。

赤ワインのタンニン由来の渋味が苦手の人はサン・テミリオンを飲んだらいい。チリのカベルネがおいしいと思う人も、サン・テミリオンを飲んでみたらこういうワインの世界もあるのだと「ワイン開眼」するだろう。どうしてこのような違いと性格が出てくるかというと、いろいろな原因が考えられるが、大きくみて、サン・テミリオンには、次のような特色がある。

ひとつは、その地勢。メドックもグラーヴもそれぞれ、ジロンド、ガロンヌ河の河べりに長く伸びる平坦地である。野菜や小麦畑が広がってもよさそうな肥沃な沖積地帯の印象で――実際は粘土と砂質に砂利が混ざった貧弱な地質――風をさえぎるものは背後に迫ってくる広大な松林である。これに比べて、サン・テミリオンの方はドルドーニュ河の右岸に迫る小高い丘と、それに続く高台及び後背部のゆるやかな起伏をもった丘陵地帯なのである。畑も傾斜地のものが少なくない。ワインのタイプを無視すれば、こちらこそ山の手である。

ワインの性格をきめる上でもうひとつの大きな原因になっているのは、ぶどうの品種がメルロー中心になっていることである。もちろん、メドックでもメルローを使っているし、サン・テミリオンでもカベルネ・フランの混合比率の多いところがないわけではない。また、少しだがカベルネ・ソーヴィニヨンを使っているところもある。しかし、出来上がったワインを見れば、メドックは、ソーヴィニヨンの優位が目立つし、サン・テミリオンはメルローが顔を出すワインなのである。

さらに、ワインの性格や品質そのものとは直接の関係はないが、サン・テミリオンを特徴づけるワインの生産事情というものがある。サン・テミリオンにもシャトーはあるし、格付けも立派にされているが、メドックのように、数あるシャトーを研究して、総体的にその優劣（ことに階層序列《ヒエラルキ》）を細かく比較検討するということは難しい。この点は誤解を招くといけないので、もう少し正確に言うと、サン・テミリオンにもシャトーはあり、シャトー・ワインが自家栽培自家醸造のいわゆる手造りのワインで、ネゴシャンの手にかかるブレンドのジェネリック・ワインと違う個性をもったものであるという点では変わらない。しかし、何しろ、シャトーの数が多過ぎるのだ。それこそ数百のシャトーがあるといわれ、それに加えてかなり勝手な名前をつけているので、ラベルに表示されている正確な数のわかりようがない。いまから三十年位前、私がアレクシス・リシーヌの『フランスワイン』（旧版）の邦訳にあたって、サン・テミリオンはシャトー名だけで付録に載せようとしたらすごい頁数になってしまった。とてもこんなものを覚えきれないし、私個人の体験をいえばその後三十年の間にその過半数にお目にかかる機会がなかった。これらのサン・テミリオンのシャトー中、格付けされたものが五十余あるが、後述するようにこれにもかなり問題があって、名実ともに「グラン・クリュ」の名にふさわしいワインはその一部にすぎない。つまり、メドックのようにシャトーが、頂点から底辺まできちんと三角状にヒエラルキーを形成していて、その序列の手がかりが素人でもなんとかつかめるという風になっていない。大ざっぱな言い方が許されるとすれば、サン・テミリオンではシャトー名を注意して正確に飲みわけが出来るというようなものは、ほんのひと握りしかない。あとは同じようなもので、せいぜいやや優れたものと普通のものとを大まかに分けられるくらいである。

サン・テミリオン地区自体はかなりの広さと生産量をもっている上に、その背後に衛星的存在ともいえる準サン・テミリオン地区がある（リューサック、モンターニュ、サン・ジョルジュ、ピュイッスガンなどで、これらの村は村名をハイフンでつないでサン・テミリオンを名乗れる。サン・テミリオン本来の村と、その近隣の村でAC上サン・テミリオンの名を名乗れる村との総生産量は約二七七万ケース、準サン・テミリオン地区が約二三〇万ケースの生産量をもっているのだから、ちょっとした量である）。これだけの広さと量を出す地域に、どんぐりの背比べのような中小・零細シャトーが群がっているのだから、ランキングをつけるといってもそう簡単にはいかない。シャトーと自称していても、猫の額のような畑におんぼろな田舎屋敷をかまえ、三ちゃん農業で年に十数樽そこそこのワインしか出さないところもある。公認の七一七四ヘクタールの畑で、ワインを造っている生産者数が千軒近くもある（そのうち二五ha以上のところがわずか二一、一二ha以上が八〇。この合計の一〇〇軒ほど以外はすべて一二ha以下である。しかもそのうち二三五軒は一ha以下！　という状況である）。

戦後フランス各地で普及した協同組合の結成が、サン・テミリオンで結成されたのは、一九三三年で、これはフランスでも有名な組合のひとつである。現在二一〇ほどの生産者が加盟しているが、その中にはグラン・クリュを名乗るところまで含まれている。加盟シャトーのうち、組合の技術者を派遣してもらってシャトーでワインを造り、瓶詰めまでしているところもあれば、組合の醸造所で造ってもらっているものもある。協同組合が造っているワインは、ACサン・テミリオンとAC

ボルドーだけでなく、画家にデザインしてもらったラベルのワインや、ホテルやレストランの特注ラベルのもの、商標名のテーブル・ワインまでさまざまである。なにしろ、一九八〇年でいえば、三百万本を売り、熟成中の三百万本相当のストックを持っている。そしてその生産量のなんと五分の三はボルドーのネゴシャンに売っているのである。

サン・テミリオンについてはごく一部の「プリミエ・クリュ・クラッセ」が特級ものの名に値するもので、「クリュ・クラッセ」のつくものが格付けワインで一級に当たり、そのレベルは高い。単に「グラン・クリュ」とだけラベルに印刷されたようなものでグラン・クリュの名が恥ずかしがりそうなところまである。それと、良心的なネゴシャンのものであれば、わけのわからないシャトーのものより、安心できることになる。零細シャトーが、いいかげんな醸造設備と、昔からのならわしだけで造るワインは時には失敗もあり得るが、名の通ったネゴシャンであれば、設備も完備し、醸造・熟成技術も高いものをもっている。また、おかしなものを出せば社業の命運にかかわりかねない。事実、ポムロールを本拠にするムエックス社（ペトリュスの持ち主）などの造るサン・テミリオンなどは、セミ・ジェネリック・ワインの理想型ともいうべきものを造り出している。それ以外にも良質で安定したサン・テミリオンを出しているネゴシャンもある。

だから、くり返すようだが、サン・テミリオンのワインのうち、一部の極上と上級ものはメドックの上物のようにうやうやしく飲むべきものであろうが、それ以外のものはあまり細かいことを気にしないで飲んだらいい。そう割り切ってしまえば、サン・テミリオンは、値段も安く、それなりの価値を持っていて人を裏切らないし、日常飲むワインとしては実に愛すべきワインなのである。

サン・テミリオンのシンボル、グラン・ミライユ（石壁）の前をねり歩くジュリアードたち

　ワインの格付けや品質はさておいて、サン・テミリオンは楽しい町である。メドックやグラーヴは、一部に壮麗なシャトーが散在していることを除けば、実に無愛想なところだった（もっとも、最近はかなり変わってきた）。ところが、サン・テミリオンを訪れたら、ワインに関心がない人でも心が浮き浮きする楽しいひと時を過ごせる。こぢんまりとしていて、五分も歩くと町はずれに出てしまうようなところだが、日本の津和野や馬籠《まごめ》宿がその古いたたずまいを残すように、ヨーロッパの古い中世の街が、時間の流れを止めたようにたたずんでいる。びっしりと建てこんだ古い家並みの間の狭い石畳の急坂を登ると丘の上の中心に古い寺院がある。寺の裏へ回ると、古くてぽつんと立った鐘楼の塔があり、そのまわりが石畳のテラスになっている。ここからのぞくと目の下に赤瓦の屋根の建物がかたまっているが、瓦は苔むし

ている建物の壁も古くさい。その先にはあちらこちらに段々畑のぶどう畑とはるか先の遠景の山々が望める。晴れれば晴れて陽気だし、雨が降ればしっとりと美しい。突然に頭の上で時を告げる鐘楼の鐘が鳴って驚かされるが、音が周囲に響き渡ってひろがって行くのがわかるような感じがする。こんな風情をもっているのは歴史があるからで、中世にヨーロッパ中で巡礼が流行った時代、ここは大切な宿場町だった。巡礼地はもともとはローマだったのが、スペインの西北端、サンチャゴ・デ・コンポステラにヤコブ御聖人様の遺骨が発見されたといううわさが広まって新しい巡礼地のひとつになると、フランスの王様とお坊様達はローマに対する対抗上、そちらの方を推奨した。となると、サン・テミリオンはその途中になる。その昔ブルターニュ出身だったが、巡礼の途中ここが気に入って居ついてしまい、後に聖人に昇格した聖エミリオンが住んでいたという洞窟がある。洞窟は、テラスの真下で、石の壁に壁龕も切りこんであり、洞穴形式の寺院としてはちょっとした拝観所なのだが、残念ながら現在は岩崩れの危険のために中に入れない。そのかわりに町中に細い路地がめぐらされて街の家並みを一軒一軒のぞくと、古い作業所だとか、骨董屋とか、土産物売店とかで楽しい時を過ごせる。それより何より、ここでは素敵なランチが楽しめる。

鐘楼のテラスのところにレストラン、プレザンスがある。そのほかフランソワ・グーレ、テルトル、シェ・ジュルメーヌを始めとする小さなレストランがいくつかあり、テラスの近くにすてきなワイン・バー、レンバー・デュ・デコールができて、地元のワインをグラス飲みできる。これらのちっぽけな店は見かけこそたいしたものではないが、入ってみると田舎のハムやパテ、テリーヌ、野菜のスープからボルドーの名物八つ目鰻の煮込みまで出てくるし、その味つけも手抜きをしていない。ポーイヤック河岸のいいかげんなスナック料理と違って、フランス田舎料理の楽しさを満喫できる。お寺の前の畑のへりに、高い石の壁だけが残っている中世の寺院の痕跡があるが、これにしてもジュラード・サン・テミリオン（メドックのコマンダリー・デュ・ボンタンに対応するワイン振興団体）のお偉方が華やかな衣装で練り歩くのに絶好の背景になっている。

(2) サン・テミリオン村の二つの地区

サン・テミリオンは、街の雰囲気こそ素敵だが、シャトーとぶどう畑になると、どこがどこやら位置関係をつかみにくい。寺院のところに五辻に分かれる道があるのだが、そこからどのシャトーへ行けるかわかり難く、案内でもないと同じ道をぐるぐるたどるはめになる。サン・テミリオン中心部の地勢とシャトーの状況をみたかったら、いったん南へもどって向かいの丘の麓にあるシャトー・パヴィをたずね、その背後にある丘の上に昇らせてもらうといい。曲がった急坂を昇ると、サン・テミリオンの街とそれをとりまくシャトーが一目で見渡せる。すり鉢状になった丘の頂上と斜面に、雛壇のおもちゃの建物のようにオーゾンヌ、ベレール、ラ・ガフリエール、マグドレーヌなどが行儀よく並んでいる。

サン・テミリオン村のシャトー・ワインは酒質のタイプからみると、二つに分けられる。ひとつはこの村の東側半分、丘の上のサン・テミリオンの街を中心にして、衛星状にとりまいているシャトーのグループである。もうひとつはこの村の北西部の低い方にかたまっているシャトーである。サン・テミリオンの丘の高いところは標高七五メートル位だが、低地の方は三五メートルくらいで、同じ村でいくらも離れていないのにこれだけの差がある。この丘と低地の間には、三キロくらいの幅の砂の帯状地帯があって、はっきりと区切られている。

丘の方は畑の基層が堅い石灰岩の岩盤になっていて、それこそ斜面を段々状にけずってその上に土を盛ったようなところにぶどうを植えたところもある。だからこのあたりはメドックとちがって、ブルゴーニュのような地下蔵をもっている（メドックは水位が高いから地上に醸造所兼貯蔵所があるのが特色で、大金をかけないと地下蔵ができない）。オーゾンヌの岩をえぐった地下蔵は荘厳さに満ちているが、クロ・フールテの穴蔵もその広さに驚かされる。堅い岩のわれ目を通してぶどうが細い根を何メートルも深く伸ばしているのが見つかるかもしれない。

東部の丘ものの方は、畑が斜面とその上の高台のへりにあるのが多い。これに対し西部の方は平坦地である。そのかわりといってはおかしいが、砂利に恵まれている。このような高いところにどうして来たのかと不思議に思うほど砂利層が多く、グラーヴ・サン・テミリオンと呼ばれているくらいである。もっとも粘土もあるし、鉄分も含んでいる。低地の方は晩霜に襲われ易いのが難点で、一九五六年にはぶどうの木が壊滅状態になった。

サン・テミリオンの最高級シャトーで、格付け上も別格あつかいされ、値段もメドックの一級シャトーと肩をならべるのが、オーゾンヌと、シュヴァル・ブランである。オーゾンヌの方は丘もののトップで他をひきはなし、これをベレール、ラ・ガフリエール、マグドレーヌ、カノンなどが追っている。低地の方のトップはシュヴァル・ブランで、それにお隣りのフィジャックがある。

(3)　サン・テミリオンの格付け

さて、サン・テミリオンのシャトーだが、メドックの格付け制度の栄光を指をくわえて見ているだけでは能がないだろうと一八五五年からちょうど百年目の一九五五年にここも格付け制度をつくった（公式発表は五八年）。七四のシャトーが選ばれたが、格付けの仕方がメドックと違う点は、一二のシャトーを特級、六三を第一級としたこと。そしてこの格付けを固定的なものとしないで、定期的（十年毎）に点検して見なおしをすることになっていた。

ところが、ＥＣが制定したワイン法が効力をもつようになると、格付けの手なおしが必要になり、まず従来あったＡＣ上の四等級が修正され、一九八四年にサン・テミリオンのＡＣとしてはただの「サン・テミリオン」と「サン・テミリオン・グラン・クリュ」の二つだけになった（だからたいしたところでないシャトーもＡＣ上はグラン・クリュと名乗れるわけである）。格付けの方も、ひと騒動あった末に、結局一九八六年にＡＣと連動する新格付けが実施された。従来の格付け制度を無視するわけにいかないので、一定のテイスティングを含んだ厳密な審査をパスしたものは、「グラン・クリュ・クラッセ」とし、さらに特に秀逸なものは「プルミエ・グラン・クリュ・クラッセ」と表示することが認められた（ただ、オーゾンヌとシュヴァル・ブランだけは、あまりにも傑出しているので、この二つのシャトーだけを「プルミエ・グラン・クリュ・クラッセ」の中のAとし、その他のものはBとした）。このとき、従来一二あったプルミエのシャトーのうちボーセジュール・ベコが落ちて一一になり、降格されたベコが争って大騒ぎになった。またクリュ・クラッセの方も降格されるところが出て六三に減った。

要するに、一九八五年以降、サン・テミリオンの格付けは「プルミエ・グラン・クリュ・クラッセ」と「グラン・クリュ・クラッセ」の二つだけになったわけである。そして一九九六年に再度の見直しが行なわれた。この「プルミエ・グラン・クリュ・クラッセ」のシャトーになると、Aだけでなく Bの方も特級の名を辱めない。ところがプルミエのつかない五〇を越す「グラン・クリュ・クラッセ」のシャトーになると、かなり優劣があり評価の変動・浮き沈みも激しい。まして「クラッセ」のつかないただのAC「グラン・クリュ」を名乗るシャトーになると、果たしてその肩書にふさわしいかどうか、首をかしげたくなるものが少なくない。ことサン・テミリオンに関しては、クラッセのつかない単なる「グラン・クリュ」の表示のラベルものは、その栄称にだまされてはいけないのだ。その上、後述するように、現在サン・テミリオンには激変が生じていて、従来名前も知られていなかったプティ・シャトーが突然傑出したワインを造り出すという現象が起きているから油断がならないし、評価がやっかいになった。

一九九六年の格付けで「プルミエ」入りが二シャトー増えて一三になった（正確には一シャトーが復活）。そして「グラン・クリュ・クラッセ」では失格したシャトーが八つある。逆に昇格したシャトーが四つある。そうした結果、現在プルミエのつかない「グラン・クリュ・クラッセ」のシャトーは五五になった。わずか十数年でこうしたリストの手なおしが行なわれるというのは、いかに変動が激しいかを示している。

以下格付けシャトーを列記して、その評価をみてみよう。再三引用して来た「ジネステ・ブック」はサン・テミリオンのシャトーを四五五ほど取り上げているが、そのうち、五グラスが八つ、四グラスが二〇、三グラスが一二三で、その他は二グラス以下である。ロバート・パーカーの評価も紹介する。また、「ル・クラッスマン」は星数の評価をしているのでその星数をあげておく（掲載されているがシャトー名だけで星数のないのは〇）。ここでも、この三冊の評価だけでかなりの違いがあることが目につく。とにかく一応の手がかりにはなるだろう。

一九九六年の新格付け

プルミエ・グラン・クリュ・クラッセA

	（ジネステ）	（パーカー）	（ル・クラッスマン）	
Ausone	5	傑出	3	
Cheval-Blanc	5	傑出	3	

プルミエ・グラン・クリュ・クラッセB

Angélus	3	傑出	2	（一九九六年昇格）

Beau-Séjour Bécot	5	秀逸	2	（一九八六年失格、一九九六年復活）
Beauséjour (Hér Duffau-Lagarrosse)	4	秀逸	1	
Belair	4	その他	1	
Canon	5	優良	1	
Figeac	5	秀逸	2	
Gaffelière (la)	5	優良	2	
Magdelaine	5	優良	2	
Pavie	4	傑出	2	
Trottevieille	4	良好	1	
Clos-Fourtet	4	優良	2	

グラン・クリュ・クラッセ

Arrosée (l')	3	秀逸		
Baleau				（一九九六年失格）
Balestard la Tonnelle	4	優良	○	
Bellevue	3	秀逸	○	
Bergat	3			
Berliquet	4	良好	1	

Cadet-Bon	3	その他		（一九九六年昇格）
Cadet-Piola	3	優良		
Canon-la-Gaffellière	3	傑出		
Cap-de-Mourlin	3	良好	○	
Chatelet(le)	3			（一九九六年失格）
Chauvin	3	優良	○	
Clos des Jacobins	3	優良	1	
Clos la Madeleine	4	良好		（一九九六年失格）
Clos de l'Oratoire	3	秀逸	1	
Clos des Jacobins	3	良好		
Clos Saint-Martin	3	傑出	1	
Clotte (la)	4	優良		
Clusière (la)	3			
Corbin	3	良好		
Corbin-Michotte	3	優良	1	
Couspaude (la)	3	秀逸	1	（一九九六年昇格）
Coutet	3			（一九九六年失格）
Couvent (le)	3			（一九九六年失格）

Curé-Bon (la Madeleine)	4	良好		
Dassault	4	良好	1	
Dominique (la)	5	秀逸	1	
Faurie de Souchard	3	良好	○	
Fonplégade	4	良好	1	
Fonroque	3	良好		
Franc Mayne	3	良好	1	
Grand Barrail Lamarzelle-Figeac	3			（一九九六年失格）
Grand Corbin-Despagne	3	優良	○	（一九九六年失格）
Grand Corbin	3	その他		（一九九六年失格）
Grand Mayne	3	秀逸	2	
Grand Pontet	3	良好	○	
Grandes Murailles	4		○	（一九九六年復活）
Guadet Saint-Julien	3	良好		
Haut Corbin		良好		
Haut Sarpe	4	良好		
Jean-Faure	4	良好		（一九九六年失格）
Lamarzelle	3			

Laniote	3			
Larcis-Ducasse	4	良好	1	
Larmande	4	秀逸		
Laroque			○	（一九九六年昇格）
Laroze	3	良好	○	
Matras	3	その他		
Mauvezin	3	良好		（一九九六年失格）
Moulin-du-Cadet	3	その他		
Pavie-Decesse	3	傑出	2	
Pavie-Macquin	3	秀逸	2	
Pavillon Cadet		その他		（一九九六年失格）
Petit-Faurie-de-Souchard				（一九九六年失格）
Petit Faurie de Soutard	2	良好		
Prieuré (le)	2			
Ripeau	3	良好	○	
Saint-Georges-Côte-Pavie	3	良好		
Sansonnet	3		○	（一九九六年失格）
Serre (la)	3			

Soutard	4	秀逸		
Tour du Pin-Figeac (la) (Giraud-Bélivier)	3	その他		
Tour du Pin-Figeac (la) (Moueix)	3	良好		
Tour Figeac (la)	3	良好	1	
Tertre-Daugay	3	良好		
Trimoulet	2	その他		（一九九六年失格）
Troplong Mondot	3	秀逸	2	
Villemaurine	4	その他		
Yon-Figeac	3	優良	1	

（4）格付け第一級（プルミエ・グラン・クリュ・クラッセ）のシャトー

今まで述べてきたような事情と紙数の関係から、すべての格付けシャトーについてくわしく説明出来ないが、格付け第一級《プルミエ・クリュ》銘柄は名実ともに特級といえるものだからまずこれから始めよう。

まず、トップのA級の**オーゾンヌ**と**シュヴァル・ブラン**。いずれも別格に扱われているし、第二次大戦後はことに頭角を現わし、メドックの格付けシャトー第一級なみの高値で取引きされている。二つのうちどちらを選ぶかは、全く飲み手の好みの問題だろう。

オーゾンヌ（格付け第一級A、栽培面積七・三ha、生産量二〇〇〇ケース）。ボルドー貴族出身でローマの元老院議員になり、当時としては重要な辺境軍事基地だったトリールにガリアの長官として赴任したオウソニウスは、モーゼル・ワインの主要都市にいながらボルドーのワイン讃歌を歌っている。その別荘の跡といわれるのがこのシャトーだが、実際にそうだったかは歴史の彼方にかすんでいる。とにかく、このワインが頭角を現わし、世界市場で認められるようになったのは一八六八年に有名な「コック・エ・フェレ」の格付けに載るようになってからである。メドックの格付けの十三年後である。当時の所有者はカンテナ家の甥だったが、その未亡人がシャトーの経営を委ねたのがエドワール・デュボワ・シャロンである。その才能と努力によってオーゾンヌは栄光の座に輝き、一九一六年には隣りのベレールも買収した。この人に二人の子息がいたが息子のジャンはサン・テミリオンの貴族社会で長老だった。娘のセシルがマルセル・ヴォーチェールへ嫁いだ。そうしたいきさつから最近までこのシャトーはジャンの未亡人マダム・デュボワ・シャロンとヴォーチェール家が半分ずつ共有していた（シャトーの建物も同じ庭の中だが、両家の居住部分が分けられている）。ただ一九九七年にマダムが自分の持ち分を売りに出した時、多くの買手希望者があったが、アラン・ヴォーチェールが買い取った。

このシャトーはサン・テミリオンの街のすぐ近く（南西）にあり、斜面の頂上にある立派な庭と特徴のある屋根をもった建物は、サン・テミリオンの地標的存在になっている。ここの畑は八ヘクタールほどで、そう大きくはないが（シュヴァル・ブランは三六ヘクタール）、堅い石灰岩の急斜面を切り取った高い段々状になっている。その一部はローマ時代のものといわれている。畑が急斜面のため風雨による侵蝕が頭痛の種だったが、一九七八年に排水設備を設けることで解決できるようになった。また、ここの地下蔵は岩壁を掘った洞窟状になっているが、巨大な自然石の角柱があり、中に入ると襟を正したくなるような荘厳な雰囲気がただよっている。ぶどうは現在M六〇%、CF四〇%で（以前は五〇%ずつだった）、メルローの比率が多いが、カベルネ・ソーヴィニヨンを使わなくても秀逸で長寿のワインが出来るお手本のようなものである。平均樹齢が高いから生産量は低い。仕込みにはいまだに樫材の発酵槽を使っている（アサンブラージュ用にはステンレスタンク）。ワインはまさに「丘もの」の代表といえるものなのだが、一九五〇年の初期から一九七〇年代の半ばまで、その秀逸さについて愛好家を失望させる時代があった。しかし一九七五年になって若き醸造家の俊才パスカル・デルベックが支配人になって以降、沈滞は回復された。一九九七年にヴォーチェール家がシャロン家の持ち分を買って以降、同家のアランが醸造責任者としてすべて取りしきるようになるとすべてを徹底的に改良し、ミシェル・ロランを技術指導者として迎えるようになった。そのため一九八〇年代に入ってからのワインは酒質の向上には目をみはるようなところがあり、その秀逸性について評価は一致する。いずれにしても全ボルドー・ワインのトップ級のひとつであることに疑いをはさむ者はいない。その複雑繊細な香りは比類がなく、完璧なバランスの優美さと品の良さは極上酒だけが持っているものである。ことにオーゾンヌはきわめて長寿で遅熟型だから、もしオーゾンヌを飲んで感激しなかったら、まだ飲むのが早すぎたか、その瓶の保存に問題があったのであろう。なお、オーゾンヌの崖下に、通りをはさんで小さな建物がある。これは**ムーラン・サン・ジョルジュ Moulin-Saint Gerge** で、ヴォーチェール家所有のオーゾンヌのいわば弟分といえるシャトーだから（畑がオーゾンヌと向かいあった斜面のもの）、もし見つけたら見逃さないことだ。

サン・テミリオンの東の横綱がオーゾンヌとすれば、西の雄、砂利・粘土畑ワインの代表が**シュヴァル・ブラン**（格付け第一級A、栽培面積三五ha、生産量一五〇〇〇ケース）である。こちらは歴史が浅く、名声を確立したのは一八六〇年代以降である。もともとはフィジャック（これはそれ以前から有名）の畑の一部だったのを一八三二年にデュカス家が買って醸造所を建てたのが始まりである。その後ローサック家に所有が移ったが、同家のジャンが畑を増やし品質向上につとめ、一八六二年（ロンドン）と七八年（パリ）で金賞をとった（現在ラベルに刷られている）。また、シュヴァル・ブランの名前をつけたのもこの人である。その昔いつも白馬に乗っていたアンリ四世がパリから故郷に帰る途中、このあたりに宿泊あそばされたという伝説にちなんだもの。その後ジャンの息子アルベールが継ぎ、シャトーを法人化したが、このアルベールの孫娘の婿になったのがジャック・エヴラールである。この人の父はいわば海の男で海軍航空隊に入り大西洋横断飛行までやった快漢で（飛行機の模型がシャトーに飾ってある）後に海軍大臣にまでなった。またフランス民間国内航空会社の創始者になった（その関係で同家は今でもエア・インターの大株主）。その息子だけあってジャックは発展家で、いったん海軍に入ったが戦時中重傷を負った関係でアフリカで長く居住した。その時代に、農業ことにぶどう園経営のキャリアを身につけた。シュヴァル・ブランの経営をまかされると、醸造所を始め大改装に着手（建物を現在のように真っ白に塗りあげた）、ワインの品質維持向上に精力をそそいだ。また単に自分のシャトーだけでなく、サン・テミリオン

サン・テミリオンの雄、シュバル・ブラン

全体の名声向上のためにエネルギッシュに活躍した。その意味でメドックのジャン・ミシェル・カズと同じようなサン・テミリオンにおけるドン的存在になった。彼の業績と人柄があまりにも巨大だったので一九八九年に引退すると、その後任者を誰にするかが大問題になった。結局、一九九一年からピエール・リュルトン（マルゴーのリュシアンと、グラーヴのアンドレが伯父になる）に落ち着いた。ピエールはクロ・フールテのドミニク・リュルトンの息子として父の下で十数年修業した醸造家としてのキャリアを生かし、後任者としての役割を立派につとめている（品質をより向上させたという評価もある）。

シュヴァル・ブランは、サン・テミリオンの西はずれに位置している。というよりその畑はポムロールの極上シャトー、シャトー・レヴァンジルとシャトー・ラ・コンセイヤントと地続きでシャトーの建物も目と鼻の先にある。そのためしばしばそのワインはポムロールに似ているといわれる。畑の土質は粘土を含む砂質層、粘土を含む砂利層、そして深い砂利層になっている。栽培しているぶどうはCF五七%、M三九%、マルベック三%、CS一%（以前は栽培していなかった）で、カベルネ・フランの比率の高いのが目立つ。このワインは芳香が複雑・重厚で特有の香りを持ち、酒軀は濃厚・充実し堂々としている。口当たりは滑らかで芳醇かつ、まろやかだがしっかりしたタンニンのバックボーンも備えている。当然長寿だが、比較的早くから楽しむことが出来る。その点、ロバート・パーカー好みの最近の濃厚で力強いタイプのガレージ・ワインに決して負けない存在感をもっている。

さてこの二つの別格ワインを除いて、B級の中でどこが次のトップをねらっているかとなると、異論百出になる（最近ではプルミエ新入りのアンジェリュスの評判がとみに高い）。丘の方でいうと、斜面の上のオーゾンヌを中心にして、そのすぐ西隣りがベレール、その西隣りがマグドレーヌになる。この三つのシャトーが南面斜面の上のへりにちょこんと並んでいる。その丘の裾で、リブールヌ市から東に真っすぐに走る県道六七〇号線からサン・テミリオンの町に登りかかる道のとっつきにあるのがラ・ガフリエールである。オーゾンヌの畑は、シャトーの建物の目の下の南面斜面だけだが、ベレールの方は目の下の斜面と背後の高台の双方になっている。ラ・ガフリエールの方は丘の裾から南にかけて平らになったところに広がり鉄道の線路まで延びている。

オーゾンヌ、ベレール、マグドレーヌが高台のへりに並んだ背後の高台平坦地、つまりこれらのシャトーからみれば裏の北西側、サン・テミリオンの町からいうと西側に、二つのシャトーが並んでいる。二つのうちの南側（つまりマグドレーヌと地続き）になるのがカノンで、その北側（つまりサン・テミリオンの町の西側）になるのがクロ・フールテである。このカノンとクロ・フールテの奥（さらに西側）に、二つのボーセジュール、正確にはボーセジュール・ベコとボーセジュール・デュフォー・ラガロッスがある。

サン・テミリオンの丘もの、つまり丘の頂上にあるサン・テミリオンの町の南から西にかけて、南面及び南東面の斜面と、斜面の上の高台平坦地にかたまっているプルミエ・グラン・クリュは以上の七つのシャトー（オーゾンヌを除いて）になる。この中でどれがトップにくるかである。

ベレール（格付け第一級B、栽培面積一二・六ha、生産量五〇〇〇ケース）は、オーゾンヌのお隣りで畑の土質もほぼ同じだし、一九一六年以来オーゾンヌの持ち主デュボワ・シャロン家のもの（オーゾンヌの背後にあり、北隣りになるシャペル・マドレーヌは一九七〇年にオーゾンヌに吸収合併された）。ぶどうの比率もほぼ同じなのだから（オーゾンヌはM六〇％、CF四〇％だが、ベレールはM七〇％、CF三〇％）、同じようなワインになってもよさそうなものである。ところが、畑の半分になる斜面畑の斜面の方位や傾斜度が微妙にちがっていることと、畑の半分が高台の方にあること、それに加えぶどうの比率のわずかな違いから、オーゾンヌに比べてやや軽く酒軀《ボディ》も堅くスリムなものになっている。地元の通説や学者の研究によると、オーゾンヌよりベレールの方が古いということになっているから、ここはサン・テミリオン最古、いやボルドーでも歴史をたどれる最も古いぶどう園になるかもしれない。十四世紀、つまりアキテーヌが英国の支配下にあった時代、英国系の家族のカノル家の持ち物になっていた。第一次大戦中の一九一六年、隣りのオーゾンヌ家のものになった。一八五〇年の「コック・エ・フェレ」のリストのトップにのり、第一次大戦前には世界各地の展示会で特賞をさらうという光輝ある歴史に輝いていながら、どうしたことか最近はやや栄光がうすらいでいる。オーゾンヌと同じ酒造りの腕がさえるパスカル・デルベックががんばっているのだから、酒質が向上していることは事実だが、どうしても酒軀に豊潤さが欠けているようである。ただ、これも十数年寝かせると見事なものになる。

七つのシャトー中、一般にトップとみなされたのは、意外にもベレールでなくて西隣りのマグドレーヌ、北隣りのカノン、南の下にあるラ・ガフリエールだった。ことに前二者の評判が高かった。ところが、この十年少し様子が変わってきた。まず、カノンとラ・ガフリエールが一時トップ争いのレースから落ちこんだが、後述するような事情からまた力を取り戻した。またボーセジュール・ベコが急に力をつけだしただけでなく、クロ・フールテも急に変わってきた。それに加えて新参のランジェリス（アンジェリュス）がすごく評判がいい。つまりプルミエ・クリュ・クラッセBランクのシャトーは混戦状態で、マラソンでトップグループが八人もひとかたまりになって走っているような状態で、その中の優劣がつきにくくなった。

カノン（格付け第一級B、栽培面積一八ha、生産量八八〇〇ケース）はサン・テミリオンの町の集落からちょっとはなれたル・マルタンの小寺院のすぐ横にあるから一八五七年以前は、ル・ドメーヌ・ド・サンマルタンと呼ばれていた。白塀に囲まれうっそうと木の茂った庭の中にたたずむこのシャトーは、フランス革命時にギロチンから逃げようとした人達がかくれていたという大きな地下蔵があるくらいだから、シャトーの建物は地味だがなかなか風格がある。十八世紀にこのシャトーをつくったカノン（綴りはKanon）の名をしのんで、後日になって今日のカノンの名がつけられた。革命直前にリブールヌの酒商が買った後、三家族ほどの手を経た後、一九一九年にフルニエ家のものになった。カノンはコストのかさむのを覚悟の上で伝統的なワイン造りを頑固に守っている点でも尊敬されている。ぶどうの比率はM五五％、CF四五％。仕込み期間が長いここのワインは、タンニンが多くて力強くフルボディで、サン・テミリオンでも長命なもののひとつ。四、五十年の長寿をもつものもあるが大体二十五〜三十年が熟成のピークになる。ただどうしたことか一九八〇年代の半ば頃からワインに陰りが出てきた（一説には貯蔵庫の汚染）。しかし一九九七年になって、既にマルゴーのローザン・セグラも買い取っていたシャネル社のヴェルテメール家が、ここも買収した。以来シャトーの管理を委ねられたエネルギッシュな社長ジョン・コラサが畑と醸造所の改革に精力をそそぎ、数年で名声を取り戻しつつある。なお最近キュレ・ボンという素晴らしい畑の区画（カノンとオーゾンヌの間にあり、オーゾンヌのすぐ裏手で、高台でもへりのとっつきになる）を買い取ってカノンの戦列に加えた。

伝統を誇るカノンに対し、**マグドレーヌ**（格付け第一級B、栽培面積一〇・四ha、生産量五〇〇〇ケース）の方は、一九六〇年に入ってスターダムに割りこんできたシャトーで、その意味では新参である。もっともこのシャトーの歴史自体は古く、二百年近くにわたってシャトネ家が持ち続けてきた。その頃のワインはほとんどボルドーのネゴシャン、エシュナエル社と、リブールヌのベイロ社が売っていた。一九五三年にこの畑の立地条件の良さに目をつけたジャン・ピエール・ムエックス（ペトリュスのオーナー）がここを買い取り、文字通り根本的なぶどうの植え替えから始まる徹底的なワイン造りの改良に挑戦し、十年ほどでワインの面目を一新した。ここの畑は、サン・テミリオンの斜面が東南面から西南面に移る曲がり角で、ほぼ真南に面している。ぶどうはメルローの比率が高い（九〇％、CFは一〇％）。サン・テミリオンで一番の遅摘の方で（三日がかりで摘んでしまう）、その上、摘んだぶどうの二〇％くらいは除梗をしないで仕込み、仕込み期間も長くしている（二十日）。また樽の半分は新樽である。そのため、ワインはソフトでフレッシュでありながら、バックボーンの通ったしっかりしたボディをもっている。このワインはサン・テミリオンとしては割高になっているが、スタイルが良く、優美で、まず失望させられることがない。訪れても楽しいところである。

斜面の裾に、切妻屋根付きの古いゴシック風建物でどっしりとひかえたシャトーの**ラ・ガフリエール**（格付け第一級B、栽培面積二二ha、生産量一〇〇〇〇ケース）も、たいした歴史をもつシャトーである。この変わった名前（Gaffelière）は、フランスの古語でハンセン病患者の住んでいたところという意味らしいが、それは別にしてその歴史は十一世紀までたどることができる。英国のノルマン征服王ウィリアムにヘイスティングの戦いの功労で叙勲されたフランスでの名家、マレ伯爵家が四百年にわたって持ち続けていたのだから、由緒の点ではサン・テミリオン随一である（ラベルにもマレ・ロックフォール伯爵の名前が紋章とともに刷られている）。それどころか、一九六九年にここの畑でローマ時代の遺跡が発掘され、これこそオウソニウスの棲んだ跡らしいと地元の連中が色めきたっているのだ。このシャトーはサン・テミリオンの町へ登る細い街道のとっつきにあるが、この街道すらもとをいえば町長をつとめていた同家の私道だったそうだ。ここの庭もみごとなもので、四百年の樹齢をもちジロンド県最老を誇るレバノン杉がそびえている。ぶどう畑の方は十七世紀から十八世紀にかけて再興されたらしい。ここの畑の四分の一くらいがベレールの下の斜面畑、四分の一くらいが街道をはさんだ反対側の斜面で、丁度オーゾンヌの畑の真向かい、半分くらいがシャトー・パヴィの畑の下のなだらかな斜面にある。前二者の方はしっかりしたワイン、後者の方はなめらかなワインを生む。そうしたこともあって、生産されるワインの三分の一くらいはセカンド・ワインのシャトー・ロックフォールにまわし、残りをラ・ガフリエールとして出し、この選別をごく厳格にやっている。M六五%、CF三〇%、CS五%である。どうしたことかここも一九七〇年代後半に入ってから評価が落ちた。その間醸造長が変わったりしたが、所有者マレ・ロックフォール伯爵とそのスタッフが奮起、醸造所を改新し酒質向上につとめた。その結果、一九八〇年代半ば以降から完全に名声を復活させつつある。なお伯爵はここから少し西よりの急崖の裾にあるテルトル・ドーゲ（後述）も持っているが、この方も最近評価が高い。

クロ・フールテ（格付け第一級B、栽培面積一九ha、生産量九〇〇〇ケース）は、寺院の横の駐車場の真ん前だから、サン・テミリオンを訪れたことのある人ならたいていその門柱を目にしたはずである。ここはその昔、要塞になっていたらしく、フールテというのは小さな「とりで」の意味である。シャトーの建物は、緑の蔦にびっしりおおわれたちっぽけな田舎家だが、これを小馬鹿にして見逃してはいけない。ここの地下の洞窟はたいした見もので一三ヘクタールの広さをもち、町の下までのびている。サン・テミリオンまで行ったら、ここの地下蔵をみせてもらうことだ。広さに驚かされるし、メドックでは絶対見れない光景である。ここは一八九〇年以前はレパルシュ家の持ち物だったが、その後長くジネステ社のものになっていて、第二次大戦後リュルトン家の手に渡った。十九世紀時代にはかなりの名声をかちとっていたし、常にサン・テミリオンの上級グループに入っていたが大戦後はやや評判が落ちた。しかし、リュルトン家の持ち物になって一九七〇年に徹底したワイン造りの改良を行ない、ぶどう比率もメルローを五五％から八〇％にまで増やし、名声をやや取り戻した。ただもう一息というところがあった。ところが一九八〇年の後半、文房具業界の大手ギベール社の元株主だったフィリップ・キュヴリエが買収し、大がかりな酒質改良に取り組んだ結果、一九九〇年以降、急に頭角を現わしつつある。ここのワインは、どちらかというと若いうちは堅いたちだが、熟成によって次第に口当たりも滑らかになり（決して柔らかくはない）、素晴らしい芳香と果実味をもったワインに開花する。

サン・テミリオンの丘もの第一特級グループの中で、西側に二つのボーセジュールがある。どちらもカノンの裏手、つまり西側になるが、この高台部分に南北にやや長く延びている畑で、そのうちの北半分が、**ボーセジュール・ベコ**（格付け第一級B、栽培面積一六・五ha、生産量八〇〇〇ケース）。南半分が**ボーセジュール・デュフォー・ラガロッス**（格付け第一級B、栽培面積七ha、生産量三〇〇〇ケース）である。ここも歴史は古く、一七〇〇年頃には寺院の近くだった関係でサン・マルタンと呼ばれ、一八〇〇年の初め頃にはそれにボーセジュールがくっついた。十九世紀に入ってトロカール、それにデュカープ家のものになり、この時代にサン・マルタンがとれて一八六九年に同家の二人の息子にほぼ同じ広さで分けられた。これが二つのボーセジュールの起原である。

現在ではデュカープ家の直系が残っているという点ではデュフォー・ラガロッスの方が本家である（単にボーセジュールというところを指す）。ボーセジュールというのは「美しき棲家」というような意味だから、フランス中にこんな名前をつけた建物やホテルがいくつもあるし、シャトーもある。メドックのサン・テステーフにあるシャトーの方は誰もが間違えないだろうが、ドルドーニュ河右岸では、準サン・テミリオン地区のモンターニュ村とピュイッスガン村にもひとつずつあるから混同しないように。

この二つでいえば、本家のボーセジュールの方は畑も斜面だし良いワインが出来てよいはずなのだが、歴代の当主がおっとりとした酒造りをしていて――ラベルも品のいいエッチング――一家でやれる以外のところは他人に貸したりしたから、現在は面積も七ヘクタール、評判もやや傾いた。現在経営にあたっているのは、ジャン・ミシェル・デュボで、一九八〇年代から劣る仕込槽《キュヴェ》のものはセカンド・ワインにまわすなど、いろいろな方法で酒質を非常に向上させた。ワインはけじめが通った格調の高いものになっているが、どちらかというと生硬なたちで派手なところがないから豊潤華麗なベコに比べて損をしている。どちらかというと、オーゾンヌ的で「丘もの」の性格がよく出ている。

ベコがつく分家の方はといえば、変人と言われたジャン・ファグエ博士が一九二四年に継いでから（この時期はBeauséjour Fagouetと呼ばれていた）一時は畑も人手にまかされ、ワインもみじめなものになり、格付けから滑り落ちそうになった。ところが、一九六九年にサン・テミリオンの旧家育ちのミシェル・ベコがこのシャトーを買い取り、お金とエネルギーのあるかぎりを注ぎこんで、ワイン造りの徹底的改良に取り組んだ。一時は六ヘクタールに落ちこんだ畑もお隣りのラ・カルテとトロワ・ムーランを買いしめて一五・五ヘクタールになった。ところが、この増やした四・五ヘクタールが問題になって、一九八六年にプルミエ・クリュの格付けから失格させられた。ベコ家はこの決定を争っただけでなく、品質向上に心血を注いだ。その成果は誰もが認めるところとなり一九九六年の格付け見直しの際、もとのプルミエに返り咲き、往時の名声、本家の名声をしのぐところまで来た。ワインの良し悪しが、単に土地や気候だけでなく人の力によることを証明してみせた絶好の例である。一九八五年、ミシェル・ベコ畑を息子のドミニクとジェラールに分けた。現在はこの二人がボーセジュールの畑のほかグラン・ポンテ Grand Pontet とラ・ゴムリ La Gomerie の経営にあたっているが、ミシェル・ロランに技術指導を受けている。なお、このラ・ゴムリは特筆を要するので後述する。

さて、オーゾンヌを中心に衛星のようにかたまっている七つのプルミエ・クリュ・クラッセの七つのシャトーに、一九九六年からひとつのシャトーが仲間入りした。

アンジェリュス Angélus（格付け第一級B、栽培面積二六ha、生産量一〇〇〇ケース）である。ここは、オーゾンヌからみて西の奥手に当たり、ボーセジュールの西隣りになる。プルミエ新入りといってもそれ以前からクリュ・クラッセではあったわけで、このシャトーのオーナー、ブーアル・ド・ラフォーレ家は、サン・テミリオンでは非常に古い旧家である。この畑は、一族のものをまとめたものだがシャトー・マゼラを相続した一九〇九年ここに住むようになり、一九七〇年代に三ヘクタールほどの畑と合体させて現在の形になった。この追加した畑は、近所の三つのお寺の鐘が同時に聞こえることからアンジェリュス（鐘）と呼ばれていたが、それをシャトーの名前にした（ちなみに昔はLをヘッドにつけていた）。

一九七九年からボルドー大学のパスカル・ガイヨン教授の下で醸造学を学んだ若きユベールが管理をするようになってからミシェル・ロランをコンサルトに迎え次第にワインを変えていった。ことに従来コンクリート・タンクで長期間熟成させていたのを新樽に切り変えたことと、徹底した収量制限を行なうようにした。彼の造り方は、新星ガレージ・ワイン世代からインスピレーションを受けたといえるかもしれないが、それを自分なりのやり方で実行したのだった。その結果、まさに「現代のボルドー・ワイン」といわれるような色が濃く、濃密で強いアロマを特徴とするものである。こうしたワインに眉をしかめる伝統墨守派も遂にその実力を認めざるを得なくなったのである。ここのシャトーは建物も美しく、醸造所もモダンなものだが、特にほぼ南向きの広い斜面畑を眺め渡せる光景は絶景である。

さて、サン・テミリオンの町の西南端の丘のオーゾンヌを中心としてまとまっているグループのほかに、丘もののグループには入るが少しはなれたところに、プルミエ・クリュのシャトーが二つある。パヴィと、トロットヴィエーユである。**パヴィ**（格付け第一級B、栽培面積三五ha、生産量一五〇〇〇ケース）はサン・テミリオンの町へ登る街道の東側（オーゾンヌは西側）にある丘の南面斜面にある。トロットヴィエーユの方はその北手、サン・テミリオンの町からいうとそのほぼ真東で、少し離れたところにある。広さでいうとパヴィは三五ヘクタールで、トロットヴィエーユの一〇ヘクタールの三倍になる。パヴィは、オーゾンヌ周辺グループのようにかたまっていないで、なだらかな丘の南面にひろがる広い畑（プルミエ・クリュでは最大）の中腹にぽつんとある。以前は建物はシャトーとはとても呼べるようなものでなく、醸造所も外見は古くてどうみてもあまりぱっとしなかった。そのかわりというとおかしいが、このシャトーから南にひろがる眺望は実に見事である。また、背後の丘の頂上まで登って反対側を眺めると真向かいのオーゾンヌを中心にして斜面の畑とそのへり沿いに並ぶシャトーを見渡すことが出来る。丘の中腹に十一世紀に掘られたという洞穴の貯蔵庫（少しはなれたところに入口があり、三〇〇〇樽も入る）もなかなかの見ものだった。この洞穴は、なにしろ古いから大雨のあとで漏水するのが陽気なオーナー、ジャン・ポール・ヴァレットの頭痛の種だった（最近は一九七四年に漏水。現在は使っていない）。ここの畑も古く、オーゾンヌと同じように四世紀にローマ人がワインを造っていたらしい。十九世紀末から一九二〇年頃までボルドーのブーファール家のものだったが、この時代に同家のフェルディナンドの努力でパヴィの名声が確立した。その後、ポルテ氏の手に移り、大戦中の一九四三年にヴァレット家のものになった。シャトーは多くの賞をとっているが、その中にはフィロキセラとの奮闘を誉められたものもある。それもそのはずで、ここの誇りはぶどうの木が古いことで、最近までシャトーのすぐ裏手の斜面には八十年から百年になる節くれだった株の古木が現役で残っていた。酒造りも伝統調で、コンクリート製の仕込み槽が並んだ醸造所に使っている建物は一九二〇年代に建てたものだが、この種のものとしてはサン・テミリオンでも一番古いものだった。ジャン・ポールのワイン造りの方針はワインは楽しいものでなければならないという考えだった。フルボディでタンニンが豊かでも、お高く止まっていて、何年も指をくわえて待っていなければ飲めないようなワインは御免だ。むしろ、口当たりがなめらかで、飲んで心が浮くような快適なワインを造りたいというわけである。たしかに、サン・テミリオンは、一般にメドックのもつような深みとか極度の精緻さというものには欠けるが、比較的早く飲めて、軽やかで爽やかという長所をもっている。今までのパヴィのねらいは、こうしたサン・テミリオンの良さを極めようというところにあったから、極上物としては軽いかもしれないが、それはそれで、このワインのファンは多かった。

しかし、一九九七年になって、ヴァレット家は遂にこのシャトーを手放した。買ったのはスーパーマーケットのオーナーで、既にモンブスケも手に入れていたジェラール・ペルスである。ダイナミックな行動力を持ち、破壊的ともいえる根本的改革をおそれないペルスは、このシャトーの革新に壮大なプログラムを建てそれを実行した。古いコンクリート発酵槽を含む醸造所は取り壊され、モダンで美しい醸造所と貯蔵庫が新設された（裏手の斜面にあった古木も根こそぎ取り払われた）。現代的醸造技術を身につけた技師達が新しいワイン造りに挑戦した。なにしろここの畑の位置はよく、はかりしれない潜在能力を持っていたから、わずか数年でワインは全く新しく生まれ変わったし、その評判が悪かろうはずがない。ただパヴィのワインは、一九九七年以前のものと以後のものでは全く違うものだということを知っておいたらいい。古い伝統をなつかしがるか、それとも現代テクノロジーの成果を歓迎するか、飲み手の思想にかかわることだろう。

なお、シャトー・パヴィの持ち主だったヴァレット家は、斜面の左裾の**ラ・クルジェール La Clusière**（格付け特級、栽培面積三ha、生産量一五〇〇本）と、すぐ裏山の**パヴィ・ドセス Pavie**

Decesse（格付け特級、栽培面積九ha、生産量四〇〇〇ケース）を持っていた。ラ・クルジェールでは、このわずかな畑からジャン・ポールは素晴しいワインを造っていた。やる気になればこうしたワインも造れるということを示したかったのだろう。当たり年の場合は実に芳醇・濃厚でなかなかの魅力をそなえている。パヴィ・ドセスの方はパヴィに先立ってジェラール・ペルスが買っていた。ここも醸造室と貯蔵庫が全面的に建てなおされた。現在、このワインもパヴィと並んで新しくスターダムにのし上っている。ワインは当然パヴィに似ているがこの方は豊潤さや滑らかさがパヴィほどでなく、ややスリムだが凝縮感は素晴らしい。

ちなみにドセスと並んでパヴィの子分的存在と一般に思われてきた**パヴィ・マカン Pavie Macquin**（格付け特級、栽培面積一五ha、生産量六五〇〇ケース）は、実はコレ・マカン家の持ち物である。一九九〇年以降、ここの管理はポムロールのヴィユー・シャトー・セルタン家のニコラ・ティアンポンに委されるようになった。オーガニック農法を採用し、ことにステファン・ドルノンクールが補佐するようになると、ワインの洗練度が高まり、今や後述のニュー・ウェーヴ・ワインのグループの旗印のひとつとして輝かしい存在になるようになった。

トロットヴィエーユ（格付け第一級B、栽培面積一〇ha、生産量四八〇〇ケース）のラベルは黒地に金色の枠と文字が輝くデザインで、一目見たら忘れられない。この威厳のある装いにも似合わず、この奇妙な長い名前は、日本語にすれば「威勢のいいおばあちゃん」である。その昔に、ここにあった旅籠に、元気なお婆さんがいた。くたびれて腹をすかせてたどりついたお客達に、おそろしく早く食事を出してくれたので、この愛称がついたのだそうだ。現在は、人が住んでいないシャトーと醸造所は、昔の逸話も夢のように静かなたたずまいである。トロットヴィエーユはサン・テミリオンのプルミエ・グラン・クリュとしては二つの点で異色である。ひとつは、その位置がサン・テミリオンの町の東手にちょっと離れてぽつんと孤立している点で、畑の表土も赤色の小砂利になっていることである。もうひとつは、リブールヌ地区でなくメドックの大酒造家の持ち物になっている点である。一九五〇年以来、ここはボリー・マヌー家のものになっている。この名家はメドックでバタイエやランシュ・ムーサを持っているだけでなく、現在サン・テミリオンではトロットヴィエーユのほかに、特級のベルガ、ポムロールではドメーヌ・ド・レグリーズをその傘下におさめている。ボリー・マヌー家のものになって以来畑の植え替えが行なわれたが、ここでも百年の樹齢の木が少し残っている。トロットヴィエーユは十九世紀以来、サン・テミリオンとして名声を世界にはせてきたもののひとつで、昔はサン・テミリオンとしては酒質が堅いもののひとつだったらしいが、今ではやや軽くまろやかなものになっている。酒造りの名手、ボリー・マヌーの造るサン・テミリオンとして、飲むに値するワインであることに間違いはない。往時の名声に比べ長く低迷が続いたといわれるが、最近畑から醸造まで諸工程の改良が行なわれたので再び名声復活のきざしが見えている。

さて、最後になったが、サン・テミリオンでも西端の低地、グラーヴ地区の**フィジャック**（格付け第一級B、栽培面積四〇ha、生産量一八〇〇〇ケース）を語らなければならない。ここは、すぐ近くにあるシュヴァル・ブランがあまりにも有名なために、割をくっている。しかしフィジャックは、サン・テミリオンでも最大（四〇ヘクタール）、かつ最古を誇るシャトーのひとつなのである。

古いタピスリーが中世の趣きを残すフィジャックのレセプション

このフィジャックという名前自体が紀元三〜四世紀にここを領有していたローマ人の貴族に由来しているくらい歴史が古い。十四世紀から十七世紀にかけては貴族カズ家のものだったし、一五九〇年頃まであったシャトーがアンリ・ド・ナヴァルに略奪されたという話とか、一五九五年に建てたルネッサンス風の建物の一部が今でも残っているくらいなのである。その昔サン・テミリオン地方で五つあった高貴なシャトーの中でも最大だったフィジャックは、その後いくつかに分けられたが、一八三三年頃古い従僕のひとりに与えられたのが、今日のシュヴァル・ブランなのである。シュヴァル・ブランのワインは初めの頃は"Vin de Figeac"として売られていたのだ。

このシャトーは、現在の当主と同名の祖父の時代からマノンクール家のものになったが、お祖父さんはパリの公務員で地下鉄の建設に忙しかったから、ここは休暇の時に使うくらいだった。ワインはまともに造られていたが、販売の方は気まぐれなボルドーのネゴシャンにまかせっぱなしにしたから大戦前は〝忘れられた〟ワインになってしまった。しかし、一九四七年現在の当主、テリー・マノンクールがここに住みつくようになってから根本的なワイン造りの改良をやりだした。ことにテリーが着手した実験のひとつは、違う種類のぶどうを別々に分けて仕込んでみることだった。その結果考えついたことはカベルネ系のぶどう比率を増やし、マルベックをやめることだった。そのため現在では他のサン・テミリオンと違ってメルローの比率は少なくて三〇%、カベルネ・フランとカベルネ・ソーヴィニヨンがそれぞれ三五%ずつである。醸造所もあたらしく増築したが、古い方も残して使っているので、新・旧設備の酒造りが同時に見られる。ここの素晴らしい地下蔵とともに、ちょっとした見物である。また、他のところのように所有地をすべて畑にしないで、邸宅をとりまく美しい庭を残している。

氷河時代に中央山岳地帯から運ばれた石がこのあたりに砂利となって残ったという特殊な土壌と、こうした献身的な努力が結びついて、フィジャックのワインを群をぬいたものとさせていた。ただどうしたことか、九〇年初頭に一時期ワインに陰りが出たが、娘婿のエリック・ダラモンの手によって栽培と醸造は完全に復活をとげた。最近ではしばしばシュヴァル・ブランと肩を並べるというのが定評である。もっとも一九九六年の格付けの際プルミエ・クリュ・クラッセのA入りが話題になったが結局無理だったようである。ここのワインは地味で派手なところがないので大衆受けしにくいし、ラベルがちょっと高級ワインらしからぬデザインをしている関係で、そうとは思わない人が多いのは気の毒である。それと、ここを衛星のように取りまくフィジャック名のシャトーがいくつもあることが誤解の原因になっている。フィジャックの名前がついても、La Tour, Petit, Yon, Yon Tour, Grand Barrail Lamarzelle などがハイフンで結ばれるシャトーは、フィジャックの周辺にあって、それぞれ優れたワインだが、フィジャックの秀逸さに追いつくことが出来ない。

(5)　格付け（グラン・クリュ・クラッセ）のシャトー

前にもふれたように、「プルミエ」こそつかないが「クラッセ」のつく格付けシャトーは現在五五ある。ここも激戦区というか、激動が起きている。その理由が三つある。ひとつはこの格付け内で、従来それほどたいしたことがないと思われていたいくつかのシャトーが台頭し、古くから名声を持っているシャトーを尻目に陽の目をあびていること。もうひとつはこの格付けに入れなかった単なるグラン・クリュのシャトーの中で完全に格付けシャトーを抜くものが出てきて、次の格付け時には従来の何軒かが格付けから落ち、入れ替わりが起きそうだということ。そして最後は、次節で述べるニュー・ウェーヴ現象の中で、いわゆるガレージ・ワインを出すプティ・シャトーが出現し、それらが世評と価格の点で格付けシャトーを抜いてしまっていることである。格付けシャトーの中でも、この新現象の影響を受けて頭角を現わすことが出来たというところもある。つまり格付けそのものの地盤が根底からゆさぶられているのである。こうした理由でサン・テミリオンの格付けがメドックの格付けとはかなり様相を変えたものになっている。メドックの格付けは、その中で見事な階層序列《ヒエラルキー》を形成しているだけでなく、格付けが安定している。ところがサン・テミリオンはそうなっていないので、格付けだけを頼りに出来なくなっている。サン・テミリオンの格付けが十年毎に見なおすことになっているのがそのひとつの原因だが、単にそれだけでなく、サン・テミリオン地区では酒造りの指標や方法について大きな変化が生じつつあるからである。

どこがこのグループのトップになるか、というのはなかなか難しい。またアンジェリュスに次いでどこが次に「プルミエ」入りをするかも見解は必ずしも一致しない。しかし、最近の話題性とか品質の高さで取り上げるとすると、まずトップになりそうなシャトーが二つある。東のトロロン・モンドと西のラ・ドミニクである。

トロロン・モンド Troplong Mondot は、オーゾンヌと街道をはさんだ向かい側の丘の頂上にあって、シャトー・パヴィの北になる。ルイ十四世の法律顧問だったレイモン・ド・セズが一七四五年に建てたシャトーだが、この永い間眠っていたシャトーをクリスティーヌ・ヴァレットが管理人になってから醸造設備と酒造りを一新させ、飛躍的に名声を向上させた。このワインが一級《プルミエ》ものに匹敵するという見方には異論がない。**ラ・ドミニク La Dominique** は、サン・テミリオンの西北端、シュヴァル・ブランのすぐ東隣りにある。もとの所有者がドミニカ共和国で財をなしたことから、この名前がついた。一九六九年にクレメン・ファイヤが所有者になってから畑と醸造設備に大規模の投資をして徹底的な改良をはかり、この絶好の土地が持つポテンシャルを目覚めさせた。有名な醸造家ミシェル・ロランの実家シャトー・ル・ボン・パストゥールが目と鼻の先だから、その指導も仰いでいる。ここもプルミエ入りの声が高かったが、このところ少し勢いがない。

この二つを別にすると、まずオーゾンヌを中心にプルミエ・グループが集まっているいわゆる「丘《ル・コート》」に、いくつかの小さなシャトーがあるが、ほとんどが今まで著名シャトーの影になって不遇をかこっていた。それが最近急速に力をつけ、頭角を現わしはじめた。筆頭が**クロ・サンマルタン Clos St. Martin**。カノンの裏手に小さなサンマルタン寺院があり、その横にある小さな民家がそうである。畑はボーセジュールの畑にかこまれているわずか一・四ヘクタールだから学校の運動場くらいである。ここを、レフェール家のソフィ・フォルカードがミシェル・ロランの助言を得ながら細心この上もない丹念なワイン造りを始めてから一部の専門家の注目を引きだしていた。それが一躍脚光をあびるようになった。このレフェール家は、別に**グラン・ミュライユ Grand Murailles**の畑も持っている。サン・テミリオンの町へ行くと、お寺の前に大きな石の壁（旧シャトーの建物の残骸）が立っていて観光写真の的になっている。その壁ぎわにある畑だから壁（ミュライユ）とつけたわけだが、この畑はクロ・フールテの畑の地続きである。しかしワインはレフェール家の本拠で醸造設備のあるシャトー・コート・ド・バローで仕込んでいたため一九六九年に失格した。しかしその後自前の醸造所を建てたので八九年に復活した。これも良いワインだが、クロ・サンマルタンのような秀逸性に欠けている。畑も近いし、造り手も同じなのだが、やはり畑の土質構造が違うからだろう。このグラン・ミュライユのすぐ西隣りに**グラン・ポンテ Grand Pontet**がある。ここはバルトン・アンド・ゲスティエ社が持っていたが一九八〇年にボーセジュール・ベコの家族が買い取ってから飛躍的に品質・名声が向上した。目下プルミエ入り候補のひとつにあげられるようになった。

二つのボーセジュールとアンジェリュスの間にはさまれたわずか六ヘクタールの畑しかもたないた。**ベルヴュー Bellevue** は、一六四二年以来の歴史をもつ古いシャトーだが、長い間全く無視されていた。オーナーのコナンク家が一九九〇年代の末期、ステファヌ・ドルノンクールの助言を得ながらニコラ・ティアンポンを管理人に選んでから、二〇〇〇年に入って、そのワインが激賞されるようになった。ここと目と鼻の先、マグドレーヌの西隣りにあるのが**ベルリケ Berliquet** である。ここも十八世紀時代から名の通っているシャトーだった。しかし、最近までサン・テミリオンの協同組合に生産と管理をまかせていたから、組合のスター的存在だけに止まっていた。一九九七年以降オーナーのパトリック・レスカン子爵が自分でワイン造りをすることにふみきり、パトリック・ヴァレットを醸造責任者にしたため、今後の躍進が期待されている。ベルリケより少し南に離れ、丘の裾、鉄道の近くに**ラロゼー l'Arrosée** がある。ここはナポレオン三世の閣僚だったピエール・マーニュのものだっただけあって美しい邸館があるが、今まではここも酒造りを協同組合にまかせていた。しかし一九九六年からオーナーのフランソワ・ロダンが自らワイン造りを始め名声を取り戻した。一部には熱狂的ファンがいたが二〇〇二年に所有者が変わったので、今後のことは今のところわからない。丘の裾を走る県道六七〇号線から見ると、丘陵斜面の一番突き出た場所に目立つ建物があるが、これが**テルトル・ドーゲ Tertre Daugay** である。ドーゲは見晴らしのよい丘を意味するから、その位置がわかろうというもので、畑は南向き斜面という好条件にある。良いワインが出来てよいはずだったが長い間どうみても誉められないワインを出していた。一九七八年にラ・ガフリエールの経営者マレ・ロックフォール伯爵が買い取り、畑と地下蔵の大改良を行なった。現在、本来このシャトーが受けてよかったはずの高評に近づきつつある。丘のグループの説明で最後になってしまったが、見落とせないのがフォンプレガードFonplégardeである。ここの畑はローマ時代からのもので、サン・テミリオンでも最古に入るもののひとつである（建物は十九世紀の半ばに建てられた）。位置としてはマグドレーヌのすぐそばにあり、一九五三年から、アルマン・ムエックス家が所有していた。ところがワインは長い間ぱっとしたものでなかった。しかし同じムエックスでもペトリュスのオーナーであるムエックスがワイン造りを引き受けたので二〇〇〇年以降ワインが変わりつつある。

サン・テミリオンの北東部は、従来優れたワインが出来るはずがないと思いこまれていた地区だが、ここにも異変現象が起きている。北東の隅にあるクロ・ド・ロラトワールClos de L'Oratoireは従来あまり話題にのらなかったシャトーだが一九九一年にカノン・ラ・ガフリエールとラ・モンドットのオーナー、ステファン・フォン・ネッペールがここを買収、またたく間に無視出来ないワインを造りあげるようになった。ここのすぐ南にバレスタール・ラ・トネルBalestard La Tonnelがあるが、これは十五世紀の詩人ヴィヨンがサン・テミリオンのワインを誉めた詩にちなんで名づけられたもの。ここのワインは良いサン・テミリオンの見本といえるような楽しいワインだが、骨格がしっかりしているからかなり長持ちがする。現代のニュー・ウェーヴの流れを気にしないで昔ながらのワインのスタイルを守り続けているところである。ロラトワールのすぐ北に小ぎれいな邸館をもつダッソーDassaultがある。廃墟同様だったここを一九五三年に買ったのが、ミラージュ戦闘機も生んだ航空会社の創始者マルセル・ダッソーである。以来莫大な資金を注ぎこんでシャトーの復興と名声向上にはげんできたが、途中でカビ汚染の受難にあったり、ターゲットとしていたワインのレベルが高くなかった関係で、そう評価は上がらなかったが、最近やっと注目を引く酒質のものになりつつある。

北東部よりやや内陸よりサン・テミリオンの町のほぼ真北に**ラルマン Larmand** というかなり広い畑（二五ha）を持つシャトーがある。四百年もの古い歴史をもつものだったが二十世紀の初めにメヌレ・カプ・ド・ムーラン家が買い取って大改良を行ない、以来手堅いワイン造りをしてきた。一九九〇年に保険会社のラ・モンディアルが買収、さらなる投資と改良を行なっているのでこれからの発展が期待されている。

ここよりややサン・テミリオンの町に寄ったところ（トロットヴィエーユに近い）にある**ラ・クースポード La Couspaude** は一九九六年に格付けに返り咲いた。オーナーのオーベール家は新流行を無視するわけにいかないと決心したらしい。ワインは濃厚かつ華やかで、肉感的ともいえるものになったが、それが「グルマンのワイン」とまで呼ばれ、とにかく大当たりしているようである。

この周辺つまり町の北手には、いくつか古くから名の通っているワインがある。このあたりで一番立派で十九世紀末に建てた邸館があるのが**スータール Soutard** で、最盛期は畑が、三六ヘクタールもあってサン・テミリオンで最大だった。ただ一八五〇年に一部が**プティ・フォーリー・ド・スータール Petit Faurie de Soutard** になったため現在は二二ヘクタールになった。ワインは伝統的造りのため、最近はニュー・ウェーヴのワインに人気がおされがちだが、堅実で頼りがいのあるワインだし、非常に長命である。別れた方のプティ・フォーリーの方は最近とても評判がよくなった。

とても楽しいワインを出している。

もうひとつ伝統を誇るのが**カプ・ド・ムールラン Cap de Mourlin**で、シャトー名と同じ名前をもつ一族のもの。この一族は、バレスタール・ラ・トネル、ラルマンのほか、プティ・フォーリー・ド・スータール、ルーディエ（モンターニュ・サン・テミリオン）も所有している。カプ・ド・ムールランは一九三六年から一九八二年まで二つに分けられ、それぞれジャックとジャンが同じ名前で違ったワインを造っていたため、消費者を混乱させ、信用を落とした。しかし幸い統合されたので、名家の名前にふさわしいワインが復活するだろう。ここのワインはカベルネ・フランの特徴がよく出ているといわれる。サン・テミリオンの町から北上する県道一二二号線を行くとラルマンの手前つまり南に、カデの名前がつくシャトーが六つもある。カデというのは一番年下の息子という意味だが、一三二五年に当時の村長ジャック・ボン家が**カデ・ボン Cadet-Bon**を興してから今日までに、**カデ・ペイシェズ Cadet-Peychez**、**カデ・ピオラ Cadet-Piola**、**カデ・ポンテ Cadet-Pontet**、**ムーラン・デュ・カデ Moulin du Cadet**、**パヴィヨン・カデ Pavillon Cadet**と増えたわけである。ボンとカデそしてムーランを除くと格付けに入っていないが、いずれもサン・テミリオンらしいワインを手堅く造っている。ピヨラは名門ジャビオルの所有で、酒造りは伝統・保守だが、十年くらい前から非常に高評である。ポンテはエレガンスを誇り、ボンはリュシアン・ギュメの協力を得るようになってから評価が上がった。ムーランは一九八九年にJ・P・ムエックス（ペトリュス所有）社が買ったから品質向上が期待されている。実はその近くに**フォンロック Fonroque**があり、ここもムエックス（始めはジャン・ピエール、現在はアラン）が買収したから注目株のひとつになっている。

この近くに変わった名前の、**ラニョットLaniot**がある。ここも古いシャトーで礼拝堂と有名な地下洞窟墓地があるが、ワインは伝統的造りを守っていて、評価が分かれる。実は、このあたりで一番町に近く一時とても人気があったのが、**ヴィルモーリンVillemaurine**である。その昔、八世紀にムーア人が攻めてきた時にこのあたりに野営したという伝説から名前がついたシャトーだが、一五〇〇人も収容できるという広いセラーがある。ただ、このところワインの方はいまひとつ元気がない。

前に、パヴィのグループを紹介した時に、パヴィ・デュカスについてふれたが、その一隅、サン・テミリオンとしては一番東の南端になるところで、隣り村のサン・ローラン・デコンブ村との境界沿いに、**ラルシ・デュカスLarcis Ducasse**がある。エレーヌ・グラティオとジャック・オリヴィエが実に筋目の通った格調高いワインを造っているが、あまり知られていない。最近オーナーがこの土地の潜在能力をより引き出すために友人でパウィ・マカンを経営しているニコラ・ティアンポンに醸造を委託した。二〇〇三年には早くもその成果が現われてきたようで、目下注目株である。なおサン・テミリオンの町の外壁の東側にある**ラ・クロットLa Clotte**はレストランのオーナー、シャイヨ家のもので最近まで収穫の四分の三をJ・P・ムエックス社が売っていた。今世紀に入ってすべてを自分のところで醸造販売するようになっても品質が落ちず、かえって個性が出てきたといわれるのは実に面白い。

サン・テミリオンの丘《コート》とそれに続く西側の高台《プラトー》から西になると大きな砂層地帯になり、それを過ぎて更にその西側まで行くと砂利と粘土層になる。その中間地帯の砂質層からは従来秀逸なワインは生まれ難いと考えられていた。しかしここにも従来の伝説・偏見を破るシャトーがいくつか現われ出している。サン・テミリオンの町からポムロール＝リブールヌへ抜ける県道二四三号線を西へ行くと、左手にフランとグランのメーヌが並んでいる。**フラン・メーヌ** Franc Mane は十六世紀以来の古いものだったが、一九八四年に保険会社のアクサ・ミレジムが買収し、迎賓館に使っていた。ワインの方もジャン・ミシェル・カズのスタッフがてこ入れをして実に良いものを造り出すようになっていた。一九九六年にベルギーの大手ネゴシャン、フルクロワがその畑の潜在能力に目をつけて譲り受け、さらなる改良に力を入れたので、今ではプルミエ並みの実力を発揮するようになった。**グラン・メーヌ** Grand Mayne の方は丘ものの石灰岩層のはずれにあたり、もともと底力を持っていた。一九八〇年に入ってオーナーのノニ家が品質の根本的転換を決意、ミシェル・ロランの助力を得て酒質向上に努力した結果、急激に評価が向上、今ではプルミエ入りが確実視されるようになった。このすぐ北隣りに**クロ・デ・ジャコバン** Clos des Jacobins がある。ここは一九六四年以来、コルディエ社が持っていたが、フランスの大手化粧品会社マリオノー社が買い取り、二〇〇〇年からアンジェリュスのユベール・ド・ブアールに酒造りを委ねるようになってから、ワインは面目一新、輝けるスターの座に登りつつある。この近くに**ラローズ** Laroze があり、百年以上同一家族が所有しているシャトーで、名前のような魅力的ワインを出し最近着実に評価上昇中。砂質畑の代表的ワイン。

さて、サン・テミリオンの西部、土質ががらりと変わる部分にも、昔から名の通ったシャトーがかなりある。既に述べた代表的シャトー、シュヴァル・ブランとフィジャック、それにドミニクを別にして、いくつか無視できないシャトーがある。西部の中でも、フィジャックの周囲にフィジャックをハイフンで結んで名乗るところが一一もある。その中で頭角を現わしているのが四つほどある。**ラ・トゥール・フィジャック La Tour Figeac** は一八八〇年頃にフィジャックから分かれたかわいい塔をもつシャトーだが、村境沿いにあって、畑はシュヴァル・ブランとフィジャックの両方に接している。一九九四年にレッテンマイエールがここを買い取って以来ステファン・ドルノンクールを顧問にして、ワインが劇的に変わり、注目をあびている。やはり土壌の潜在能力がものをいったのだろう。この少し北隣り、シュヴァル・ブランの西隣りに**ラ・トゥール・デュ・パン・フィジャック La Tour du Pin Figeac** というシャトーが二つ並んでいる。同じ名前だが持ち主が違うのだからワインは別物である。ジロー家の持っている方が北側で畑もちょっと広い。南側の方はJ・P・ムエックス（ペトリュス）が所有している。ワインの評価はムエックスの方にどうしても軍配があがる。買う時は所有者名を確かめること。なお、そこから南東に少し離れたところに**ヨン・フィジャック Yon Figeac** がある。ここは畑は砂質のせいかとてもよいワインを造っている。これまでは、いまひとつ評価があがらなかったが最近は評価があがりつつある。また一番西端の隅でリブールヌの町に近い**ロシェル・ベルヴュー・フィジャック Rocher Bellevue Figeac** も、スキーのチャンピオン、ジャン・デュトリュイル父子が買ってワイン造りに熱中しているので注目を浴びている。

西部でも北西端にコルバンの名前がつくシャトーが七つかたまっている（コルバン、グラン・コルバン、グラン・コルバン・デパーニュ、グラン・コルバン・マニュエル、トゥール・ド・コルバン・テスパーニュ、コルバン・ミショット、オー・コルバン。格付けに入っているのは、コルバンとコルバン・ミショットとオー・コルバン）。このうちなにもつかないただの**コルバン Corbin** が本家筋で中世に黒王子《ブラック・プリンス》の領地だったという由緒あるもの。畑がシュヴァル・ブランと同じ土質といわれるだけあってワインは濃厚リッチで、オランダやベルギーに根強いファンがいる。**コルバン・ミショット Corbin Michotte** は一九五九年にタランス醸造研究所の醸造学者のボワドロン教授が荒廃状態だったのを買い取って復興した。下層土がクラス・ド・フェルと呼ばれる鉄分を含んだ特殊なものである関係で、ワインはポムロールに似た特有の個性を持っていて評判がいい。コルバン・グループの中でもやや東よりになる**グラン・コルバン Grand Corbin** はポムロール出身の古い一族であるアラン・ジロー家のものだが、そのせいもあってかワインはむしろポムロールに近い体質をもっている。格付けされていないが、決して他のコルバンに劣らない。同じく格付けはされていないがデパーニュ家が持っている**グラン・コルバン・デパーニュ Grand-Corbin-Despagne** は、一九九三年から同家のジェラールが醸造責任者になって以来、酒質は飛躍的に向上し、目下、成長・注目株になっている。このグループから少し東に離れたところにぽつんと立っていて、一八九〇年以来フェヴリエール家が持っていたが、一九九五年に新世代が酒造りを引き継ぐようになってから評価が着実に向上しているのが、**ショーヴァン Chauvin** である。ワインは魅力的サン・テミリオンの見本。ここもミシェル・ロランが技術指導をしている新星のひとつ。この西隣りに**リポー Ripeau** というかわいい名前のシャトーがあるが、十八世紀末から名前が通っていた。ここで生まれたフランソワーズ・ド・ワイルドが最近アラン・レイノー（キノーの所有者）の助言を得るようになってから酒質が良くなって来た。なおこの北西グループの中でも一番北、ポムロールとの村境沿いに**クロック・ミショット Croque michotte** という面白い名前のシャトーがあるが（クロック・ムッシューはハム・サンド）、ここは立地条件がよいはずなのだが畑が砂質で格付けから落ちてしまった。ぶどうもメルロー比率が多い関係で、周辺のワインとは変わったものになっている。

(6) ACサン・テミリオンと準サン・テミリオン

今まではサン・テミリオン村のシャトーにだけふれてきたが、実はAC上サン・テミリオンを名乗れる資格を持つ村は本来のサン・テミリオン村だけでない（ACマルゴーのように）。東と南に七つの村があって、いずれも村名をつけずサン・テミリオンを表示できる。このうち、サン・テミリオンの町から東の方は、なだらかな丘陵がいくつか起伏していて地勢も複雑だし、道もわかりにくい。また、町の南を東西に走る県道六七〇号線から南はドルドーニュ河岸まで広がる平坦地で、土質はほとんどが砂である。これらの村にも数多くのシャトーがあるが、いずれも格付けの対象にならなかったし、ごく一部の例外を除けばとるにたらないものとみなされていた。しかし、ここでも地殻変動が起きている。

サン・テミリオンの東隣りだが、北部になっていて横に長い形に伸びているのがサン・クリストフ・デ・バルド村である。この村では、まず筆頭は歴史を十七世紀に遡れる古い広大な畑（五二ha）を持つ**フォンブロージュ Fombrauge** になる。ここはもともと修道院領だった。前世紀には酒商兼玩具のレゴ社のオーナーだったダンが牛耳っていた。現在はパープ・クレマンのオーナーでもあるベルナール・マグレが管理するようになってミシェル・ロランの助けを借り、素晴らしいワインを出す新星スターに甦った。また、ベルナール・マグレが創ったため自分の名前をつけた**マグレ・フォンブロージュ** Magret Fombrauge も規模は小さいが（三ha）華麗なミニ・新スターになった。それに刺激されたわけでもないだろうが、シュヴァル・ブランの前共同経営者クロード・ド・ラパールが**ラプラニヨット・ベルヴュ** Laplagnotte-Bellevue を蘇生させ、注目株にしている。またガルサン・カティアール家の**バルド・オー** Barde Haut を、ドミニク・フィリップが新生ワインに仕立てあげた。前世紀末にはビオディナミ農法を信奉する**クロ・ド・サルプ** Clos de Sarpe も現われて来ている。この村の南部にある**ラロック** Laroque は五八ヘクタールというサン・テミリオン最大の畑を持ち、十八世紀に建てられたルイ十四世風の立派な邸館をもっているが、長い間粗野なワインを出していた。ただ最近になって明らかに酒質を向上させつつある。

　サン・テミリオンの東隣りだが中央部で南北に伸びるのがサン・ローラン・デ・コンブ村である。もともと地勢・土質がサン・テミリオン村東部に似かよっている関係でいくつかかなり良いシャトーがあった。そこへ後述のテルトル・ロートブフが彗星のように現われ、それに刺激されて**ベルフォン・ベルシェ** Bellefont-Belcier、**ピポー** Pipeau が新スターとして出現している。

　この村のさらに東で同じように南北に伸びるのがサン・ティポリット村である。ここでは、**デスティユー** Destieux が着実に品質を向上させ存在感を誇示するようになった。広壮な邸館を誇る**ド・フェラン** de Ferrand を一九七八年にボールペンのビック（Bic'Bich）社が買収し多大な投資をしてシャトーの立て直しをはかっている。また、後述するガレージ・ワイン、ヴァランドローのジャン・リュック・テュヌヴァンが、**ミラン Milens**の醸造を監督するようになったから、現在注目株である。

サン・テミリオンACの東端で南北に伸びるサン・テチエンヌ・ド・リス村は、従来優れたワインができるとは思われていなかったところだった。ところが、この村でも東端になる**フォージェール Faugères**を一九八七年に映画のプロデューサーだったペビー・ギセー夫妻が買い取った。そして妻のコリーヌが第二の人生としてその改良にエネルギーを注ぎ、大規模の改修工事とウルトラ・モダンな醸造設備の新設を行なった。その結果、このワインはこの村のトップになった。ただ畑が広すぎて（二〇ha）問題があったので、そのうちの優れた南面粘土石灰質の部分（八ha）を切り離しメルロー一〇〇％を使った特醸ワインの**ペビ・フォージェール Péby Faugères**を興した。ここは次の見直しの際にプルミエ入りをねらっている。これに刺激されて、**フルール・カルディナール Fleur Cardinal**（テ・アヴィランド磁器会社のフランソワ・デコステが買収、ジャン・リュック・テュヌヴァンがコンサルタント）、**オー・ヴィレ Haut-Villet**、**モンリス Montlisse**（デステューのクリスティアン・ドーリアックが新設）などの新星が出現し、ここでも優れたワインができることを実証しようとしている。

サン・テミリオン村の南側で県道六七〇号線の南は、サン・シュルピス・ド・ファレイラン、ヴィニョネ、サン・ペイ・ダルマンの三カ村になっている。どの村も平地でドルドーニョ河沿いの砂地畑だから、今まで業界では小馬鹿にされていたし、ぶどう栽培農家にしても、どうせ駄目だからと無気力になっていた。育てたぶどうは共同組合にもちこんでワインにしてもらい、サン・テミリオンの名前でなんとか売りさばいてもらっていた。三つの村のうち、ヴィニョネとサン・ペイの方はあまり変わらないが、サン・シュルピス村では状況が変わってきた。砂地畑でも、優れたワインができるという革命的事態が起きたのだ。きっかけは後述のようにヴァランドローだったし（畑の一部がこの村にある）、カノン・ガフリエールの挑戦だった。とにかく、自分達の畑でも秀逸なワインが出来そうだという話は衝撃を与えた。その話が絵空事でないことを実証してみせたのがまず**モンブスケ Monbousque**である。ここは県道から一キロほど河の方へ入った全くの平坦地で、土質はドルドーニュ河が太古から中央高地から運んできて累積させた砂地である（メドックのように大粒の砂利はない）。三十ヘクタールを超す広い畑を持ち美しい庭もあって、以前はケール家がここから素直で安直なワインを出していた。一九九三年にスーパーマーケット業で大成功をおさめたジェラール・ペルスがここを買収した（後にスーパーマーケット業を売却、その金で一九九七年にパヴィ・デュセス、一九九八年にパヴィとクルジェールを買収しワイン業に転向した）。そして畑を排水管の設置を始めとして徹底的に改良、醸造設備を刷新した。コンサルタントとして迎えたのはミシェル・ロラン。醸造と畑の栽培の両面にわたって厳しい管理をすれば、この条件の場所でも複雑なタンニンと究極のフィネスを備えたボルドーのグランヴァンを創出できたのである。当初は批判的だった人々も、今ではここのワインの秀逸性を否定する者はいなくなった。これに続いているのがステファヌ・ドルノンクールが世話をやいている**リュシア**（旧リシュー）Lucia（三ha）、パヴィ・ドセスの監督ローレン・リュッソーの**リュッソー Lusseau**（〇・五ha）、**ランソランス Lynsolence**（二ha）などのプティ・シャトーである。またこの村には侵入者のように突出しているサン・テミリオン村の部分があるが、そこの**アルマン Armens**（一八ha）も注目されている。なお、この村ではなくて、リブールヌ市になるが、そこにあった**キノー・ランクロ Quinault L'Enclos**を医師でありポムロールのラ・フルール・ド・ゲのオーナーでもあったアラン・レイノーが買い取り、かつてはサブル（砂）サン・テミリオンと呼ばれた場所でも現代醸造法の粋を導入すれば、エレガントなワインが生まれることを実証してみせている。

さて、サン・テミリオンAC地区内で、サン・テミリオンの名前を名乗れる七つの村とは全く別に、「準サン・テミリオン」又は「サン・テミリオン衛星地帯」とよばれる地区がある。この方はACサン・テミリオン地区の北にあり、**サン・ジョルジュ Saint-Georges**、**モンターニュ Montagne**、**ピュイッスガン Puisseguin**、**リューサック Lussac**の四カ村を含んでいる。この地区のワインは、それぞれの村名の後に、サン・テミリオンをハイフンでつないで表示することが許されている。サン・テミリオンの後背地・内陸部になるわけで、かなりの広さがあり、ACサン・テミリオンの約三分の二くらいの広さがある。実際の栽培面積は合計で約三八六〇ヘクタール（指定地域面積五一〇六ヘクタール）、生産量は二三〇万ケースだからちょっとしたものである。ワインのかなりの部分は協同組合で生産され、サン・テミリオンの弟分、二番手ワインとして安価に甘んじているが、安定したワインを出している。ここにも古くからかなりのシャトーがあるが、名の通ったもののほとんどはモンターニュとサン・ジョルジュ村のものだった。この地区でもニュー・ウェーヴの影響は及びつつあるがその動向は今のところまだ鈍いようである。この地区を地勢からみるとなかなか面白い。

サン・テミリオンで、町から少し北の方へ行くと地勢がやや下り坂になり一番低くなったところにバルバニーの小川が流れていて、それがACサン・テミリオンと準サン・テミリオン地区との境界になっている。ところが、この小川の対岸は急傾斜の斜面になっていて小高い丘を形成している。つまり、サン・テミリオンの北部から、この北の方をみると見事な斜面畑が広がる小高い丘が東西に伸びているということなのである。この丘がモンターニュとサン・ジョルジュで、その裏手の奥の東側がピュイッスガン、西側がリューサックになる。この正面に見える丘の斜面畑は、南向きだから良いワインが出来そうに見える。事実、従来この地区の傑出したシャトーと見なされるものは、この斜面にかたまっていた。とりわけ有名でダントツの存在だったのが、丘の頂上に君臨するように建っている**サン・ジョルジュ** St. Georges（五〇ha）である。一九八二年に出版されたディヴィッド・ペッパーコーンの『ボルドー・ワイン』第二版ではそれに次ぐとされていたのが**ベレール** Bel-Air（二〇ha）、**カロン** Calon（三六ha）、**コルバン** Corbin（二〇ha）、**ギルボー** Guibeau（四〇ha）、**デ・ローレ** Des Lauret（六〇ha）、**ローディエール** Roudier（三〇ha）、**デ・トゥール** des Tours（七二ha）などのシャトーになっていた。ところが一九九七年に出版された「ボルドー・アトラス」になると全く状況が変わってきている。ここでも、この十数年の間にかなりシャトーの浮き沈みがあったわけである。この「ボルドー・アトラス」で重視されるものとして右のほかに次のシャトーが紹介されている。

　Belair St. Georges, Tour du Pas St. George（以上サン・ジョルジュ）、d'Arvouet, Coucy, La Couronne, Croix Beauséjour, Grand Baril, de Maison Neuve, des Moines, Montaiguillon, Muset,

Roudier, St. Jacques Calon, Vieux Château Calon（以上モンターニュ）、de Barbe Blanche, Bel-Air, de Bellevue, Cap de Merle, Courlat, les Couzins, de la Grenière, Haut-La Greniere, les Haut Martins, Lion Perruchon, Mayne Blanc, du Moulin Noir（以上リューサック）、de l'Anglais, Durand-Laplagne, Grand Rigaud, Guibot la Fourvieille, Haut-Bernat, Roc de Boisac, Teyssier（以上ピュイッスガン）。

これらのシャトーを説明する紙数はないが、ベターヌの「ル・クラッスマン」では、ピュイッスガン村の**ラ・モーリアンヌ La Mauriane** を特筆し、モンターニュの**フェゾー Faizeau** を取り上げているだけである。パーカーの第四版もこの衛星《サテライト》地区ワインを全く取り上げていない。素直に言って、私の知るかぎりではワインは全体に安定していて、レベルも上がっている。きわだった優秀さを持つシャトーの数は少ないが、値段は高くないしネゴシャン詰めの単なるサン・テミリオン表示のワインよりそれなりの個性を持ち、飲んで楽しめるものが少なくない。ことに早飲み出来るところが長所である。

(7) サン・テミリオンの新動向（ガレージ・ワイン）

考えるところがあって一番最後にしたが、今サン・テミリオンできわめて重要で、ワイン・ジャーナリズムが話題の的にしている新現象がある。それは「ガレージ・ワイン」（ガレージのような

自ら畑の手入れをするヴァランドロー夫人

小さなところを醸造所にしているから）、「シンデレラ・ワイン」（シンデレラのように華麗に変身したから）、「カルトまたはオカルト・ワイン」（摩訶不思議だからか？）と呼ばれるワインの出現である。いずれもごく小さな畑又は生産者で、従来軽視ないし無視されていた畑から（一部は古い畑もある）、現代醸造技術を駆使して秀逸なワインを造りあげた点が特徴的である。それと全く旧来の生産者でなく素人ないし新参者が始めたところが多い。ことの始めは、**ル・テルトル・ロートブフ Le Tertre Rôteboeuf** や**ヴァランドロー Valandraud** をロバート・パーカーが絶讃し、そのため異常な高価を生んだところから話が始まった。前者はワイン造りの素人といってよいフランソワ・ミジャヴィル、後者はサン・テミリオンの町でワイン・ショップを経営していたジャン・リュック・テュヌヴァンが始めたもので畑も六ヘクタールと四ヘクタールという狭いものだった。

アメリカ人のパーカーの持つ影響力に対して苦々しさを感じていた人達や、伝統的メーカーの無理解や偏見もあってひどい攻撃にさらされた。しかし、その新スタイルワインの創造の起爆剤的役割を果たした醸造学者ミシェル・ロラン（実家はポムロールのル・ボン・パストゥール）の実力とその成果の真価が次第に認識されるようになって評価が変わってきた。それに「ル・クラッスマン」のベターヌ（フランスのロバート・パーカーと徒名されているが、本人は不本意だろう）が、この新生ワインを正面きって弁護する論陣を張り出すと流れが変わってきた。そして、パヴィの弟分のように見られていた**パヴィ・マカン Pavie Macquin** を支配人ニコラ・ティアンポンが最新醸造法を使って蘇生させ、また、従来優れたワインが出来ないと思いこまれていた砂質畑の**カノン・ラ・ガフリエール Canon-la-Gaffeliere** の責任者になったステファン・フォン・ネッペール伯爵が天才的な醸造技師ステファン・ドルノンクールを起用し誰もが無視できない傑出したワインを造り出すようになって、このニュー・ウェーヴの認知と評価は決定的になった。伯爵は、別にパヴィ・デュセスの上の四ヘクタールほどの斜面畑を買い取り、**ラ・モンドット La Mondotte** という出色のワインを造りあげた。これを見たボーセジュール・ベコのように本来の畑と別に買ったわずか二・五ヘクタールの畑で一〇〇%メルロー、一〇〇%新樽でミクロ・キュヴェ（極少量生産で高価な特別版ワイン）の**ラ・ゴムリ La Gomerie** を創り出した。また、ラ・ドミニクもポムロールとの境界沿いの二ヘクタールの畑から**サン・ドミング Saint Domingue** 名のミクロ・キュヴェに挑戦している。現在このニュースタイルのワインを造る数多くのプティシャトーが出現し、それぞれ創意工夫したワイン造りをしている。それぞれ評価と市場価格が必ずしも安定しているといえないので詳述は避ける。もし詳しいことを知りたい人は、《ワイナート》誌が二度にわたって特集号を組んでいるのでそれを読んで欲しい（通巻十一号、二〇〇一年夏号。通巻十七号二〇〇三年冬号。なお通巻二十二号二〇〇四年十一月号参照）。

規模と新旧の違いがあっても、現在こうしたニュー・ウェーヴの影響下にあると目されているシャトーは次の通りである。

L'Archange, Bard Haut, Bellevue, Bellevue Mondotte, Clos St. Martine, Côte Baleau, La Couspaud, Croix de Labrie, Daussault, Le Dôme, La Fleur Morange, La Gomerie, Gracia, L'Hermitage, Magres Fonbrage, Matras, Monbousquet, Milens, La Mondotte, La Part des Anges, Pas de l'Ane, Patris, Pavi Macquin, Peby Fonbrage, Pepy Fauger, La Plagnotte, Quinault l'Enclos, Rol Valentin, Saint Dom, Le Tertre Rôteboeuf, Valandraud

こうした新現象について批判は続いている。確かに、色が濃く、味わいも濃厚で、リッチ・アンド・ヘビー、そしてアルコールが強く、樽香も強いアメリカ人好みのタイプのワインは、現代人の味覚にはわかり易く、受け入れやすいのかもしれない。しかし、繊細さやデリカシー、そして気品の良さがしばしば犠牲になっている。また、どれもが一様のパターンになる傾向がある。そしてワインにとって最も大切なテロワールが消えてしまうきらいがある。こうした見方からの批判は根強い（この批判に対し、パーカーは『ボルドー』第四版で強烈に反論している）。サン・テミリオンに起きたニュー・ウェーヴの流れは、高級高名なシャトーでないと優れたワインが生まれるはずがないという昔からの偏見を打破した。そして零細少生産者を元気づけ、新しいワイン造りに立ち向かう気持ちをふるい起こさせた功績は重大である。ただ、安易にこうした手法にとびつき改良のための忍耐の必要とか伝統的手法がなぜ守られてきたかということを忘れさせようとする難点はある。実は一番問題なのは量の問題なのである。ヴァランドローにしても畑はわずか四ヘクタールで年産は七五〇ケースにすぎない。これに比べメドックのトップ、ラフィットは九四ヘクタールの畑から毎年二万ケースのワインを——その生産にふさわしい品質を落とすことなく——一五〇年以上も造り続けているのである。そもそもケタが違うのであってその労苦は比較できるものでない。しばしばワイン・ジャーナリズムがガレージ・ワインを囃し立てるのは、物珍しくて記事になるからなのだ。ラフィットの品質を今さら誉めたてても記事にならない。ガレージ・ワインの高価は、その品質の真価というより稀少価値が含まれている。だからといって、こうしたニュー・ウェーヴのワインが優秀でないということでない。ただ同じ値段でサン・テミリオンのプルミエ・グラン・クラッセや、メドックの優れたワインのものがいくらでも買えるといいたいだけである。

5　ポムロール

(1)　ポムロールの特徴

ポムロールは、ドルドーニュ河右岸、サン・テミリオンの西北部にあたる。ドルドーニュ河が大きく蛇行状に湾曲するところにリブールヌ市があるが、ポムロールはその後背地の高台にある。サン・テミリオン西部の低地部分と地続きで、ワインは基本的にサン・テミリオンに似ている。ここも赤だけである。一九二八年に独立する前は、サン・テミリオンの一部として同一視されていたくらいである。ただ、特有の芳香をもっているし（西洋松露《トリユフ》の香りといわれるが、この例えが適切かどうかはよくわからない）、注意して味わうと、確かにサン・テミリオンと違ったところがある。ここの地区は、土壌に粘土質の占める比率が多いが、サン・テミリオンの低地と同じように砂利の含有率が多い。それに砂質が加わり、雨が降ると、この粘土と砂がコンクリートのように堅くなるそうである。この特殊な土質に育つぶどうが、ワインに特有の性格を与えている。ここもメルロー

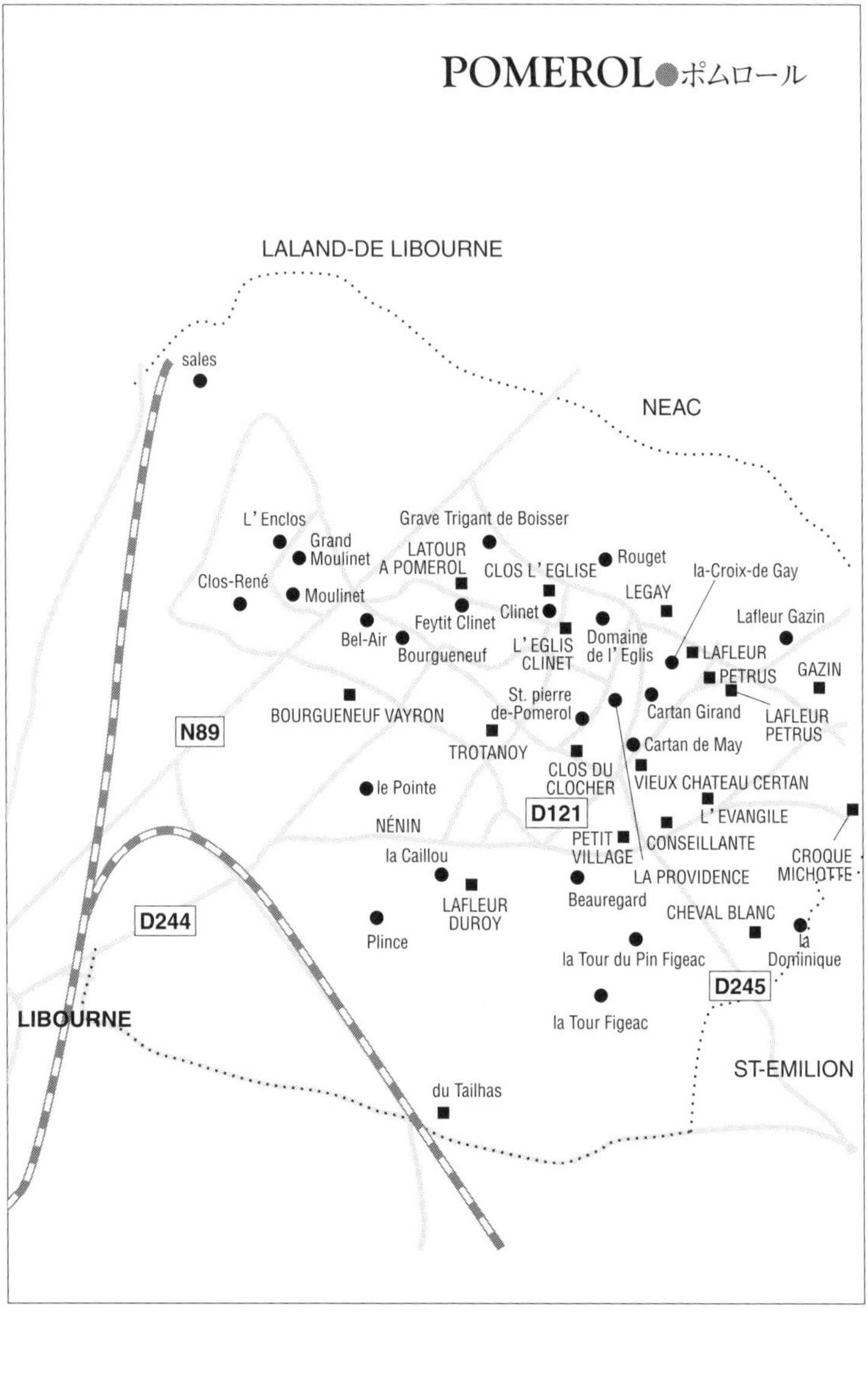
POMEROL●ポムロール
LALAND-DE LIBOURNE
NEAC
sales
L' Enclos
Grand Moulinet
Grave Trigant de Boisser
LATOUR A POMEROL
CLOS L' EGLISE
Rouget
la-Croix-de Gay
Clos-René
Moulinet
LEGAY
Clinet
Feytit Clinet
Lafleur Gazin
Bel-Air
Bourgueneuf
L' EGLIS CLINET
Domaine de l' Eglis
LAFLEUR
PETRUS
GAZIN
BOURGUENEUF VAYRON
St. pierre de-Pomerol
Cartan Girand
LAFLEUR PETRUS
N89
TROTANOY
Cartan de May
le Pointe
CLOS DU CLOCHER
VIEUX CHATEAU CERTAN
NÉNIN
D121
L' EVANGILE
PETIT VILLAGE
CONSEILLANTE
la Caillou
CROQUE MICHOTTE
LA PROVIDENCE
LAFLEUR DUROY
Beauregard
D244
CHEVAL BLANC
Plince
la Tour du Pin Figeac
la Dominique
D245
LIBOURNE
la Tour Figeac
ST-EMILION
du Tailhas

が主体である。ポムロールのワインは比較的早く熟成する柔らかなタイプで、飲みよいし早く飲めるというのが取り柄である。一部のものをのぞくと、大体十年位でとてもおいしくなる。

ポムロールは、全体的に平坦地で、広いぶどう畑の中にぽつんぽつんと田舎家風の小さな建物がかたまっているだけである。サン・テミリオンのように中核になる町がないからなんとなくまとまりがない（カチュソーの町があるが、街道沿いに少し建物があるだけで、町といえるほどのものでない）。強いていえば、この地区のやや北東部よりにある質素だが鋭い尖塔を持った聖堂が目印になるくらいである。この地区の秀逸なシャトーはこの寺院を中心にそれをとりまくように分布している。とにかく車を走らせていれば、何の変哲もない田園風景で、ここが銘酒地帯だといわれても実感がわかない。有名なペトリュスにしても、よほど注意していないと通り過ぎてしまうような、ありふれた民家風の建物だった（ただ最近はきれいに改装した）。ポムロール自体は長さ四キロ、幅三キロくらいのささやかな広さだが、サン・テミリオンと同じように、北の後背の内陸部に一級格が下がるラランド・ド・ポムロール地区をもっている。

ワイン愛好家の目からみてサン・テミリオンと全く違う点は、ここではシャトーものが大切だという点である。小さな地区に小さなシャトーが一面に散らばっている。シャトーと呼んだら当の本人が恥ずかしがりそうな小さなところで、それこそ農家に毛の生えたような小規模のところがほとんどである。しかし一般にかなりの酒質のワインを造っている。つまりシャトー・ワインの粒がそろっていて、その質のレベルが一般に非常に高い点がサン・テミリオンの群小シャトーと違っている。まだ、この地区だけは、断固として今日まで格付け制度の導入を拒否しているが、ポムロールのワインで、シャトー名のつくものの大半は、メドックのブルジョワ級のレベルに達している。だから、ポムロールを飲もうというときはまず、シャトー・ワインをねらったらよい。サン・テミリオンのように数が多くないから覚えやすいし、その上位のものは試してみる価値がある。自分のお気に入りのシャトーのひいきし合うのもポムロールの楽しさである。ただ、この数年で生産量が上昇したというものの、何分にも小さな地区だから絶対量に限界があり、最近の人気を反映して他の地区に比べて割高になっている。

ついでながら生産量を見ると、一九三六年当時、全体で三五〇ヘクタールしかなかったAC畑が現在は約九五〇ヘクタールにまで広がったが、ACワインの生産量は地区全体で年間の平均約二五万ヘクトリットル（約三七万ケース）である（七三年の豊作のときには四一万ヘクトリットルまであげられたが、逆に五六年の凶作のときは地区全体でわずか一一二ヘクトリットルというみじめな状況だった）。

ポムロールでシャトーが二〇〇ほどあるといわれるが、ポムロールを名乗るワインを造る届出をしている生産者数は約一七二で（そのうち生産者組合に加入しているのが一一六）、二〇ヘクタール以上の畑をもっているのがわずか四シャトー（ガザン、ヌナン、ラ・ポワントの御三家とド・サル）、逆に三ヘクタール以下のところが九六（しかも一ヘクタール以下のところが五一）というのだから、全体にいかに小規模であるかがよくわかる。ところが、ここではサン・テミリオンと違って中小零細農家も協同組合にワイン造りをまかせていない。自分のワインを瓶詰めまでやる誇りをもっているわけである。

(2)　ポムロール・ワインのランキング

こうしたシャトーの中で、上位になるめぼしいところは、二〇から三〇くらいである。「ジネステ・ブック」は一三〇ほどのシャトーを取り上げ、そのうち一七シャトーを満点の三グラス、一八を二グラスにしている（ポムロールに関しては、「ジネステ・ブック」は評価を三グラスの区分とし、ペトリュスだけは王冠つきで別格にしている。面白いのは、ここでは各シャトーの畑の土質――砂利質・粘土質・砂質・石灰質――を色つきのぶどうのマークでわかるようにしていることだ。次の表で数字はグラス数を表わしている。アレクシス・リシーヌ『フランスワイン』（旧版一九七四年）は三八シャトーを取り上げ、四級に分類している（トップがペトリュスだけの **Crus Hors Classe**、次が **Crus Exceptionnels** の五シャトー、その次の **Grands Crus** が四、**Crus Superieurs** が一〇、最後に **Bons Crus** の一八。以下の表では頭文字で表わす）。ロバート・パーカーの『ボルドー』（第四版）は四一ほどを傑出・秀逸・優良・良好と級づけし、それ以外に「その他の主要シャトー」として四二ほどを載せているのでそれを紹介しよう。「ル・クラッスマン」も星数で載せておく（星のないのは〇）。

全部をあげてもたいした数でないし、ポムロールでは、シャトーの飲み比べが面白いのだから、一覧表をつくってみよう。ワインの権威をもって任じるこれらの四人の評価がいかに違うかという点で評価の難しさがわかるし、名の知られているところの採点が案外辛かったりするから参考になるだろう。

全体でみると、この十年で大枠ではほとんど変わらないが、その中でかなり変動があり、頭角を現わしてきたところと、従来悪かったのが急速に持ちなおしてきたところがある。十いくつほど従来無視されてきたところで認められるようになったものもあるが、それらはほとんどパーカーの「その他」レベルにしか入っていない。つまり変動はあるがサン・テリミオンほど激しくないということだ。

	（ジネステ）	（リシーヌ）	（パーカー）	（ル・クラッスマン）
★Beauregard	3	S	優良	1
Bonalgue	1		良好	○
★Bon Pasteur（La）			秀逸（一九九八年より）	1
Bourguneuf（Vayron）	2	B	優良	○
Cabanne（la）	2	B	主要	
Caillou（le）	2	B	主要	
★Certan de May	3	S	秀逸	1
Certan-Giraud（現在なし）	3	S	その他	
★Clinet	2	B	秀逸	1

Clos du Clocher	2	B	良好	○
★Clos L'Eglise	3	S	傑出	2
Clos René	2	B	良好	
Croix（la）	2	B	良好	1
★Croix de Casse（la）	1		秀逸	○
Croix-de-Gay（la）	2	B	優良	○
★★Conseillante（la）	3	E	傑出	2
Eglise（Domaine de l'）	2	B	優良	○
★★Eglise-Clinet（l'）	3	S	傑出	3
Enclos（l'）	3	B	優良	
★★Evangile（l'）	3	E	傑出	2
Fleur-Gazin（la）	1		主要	
★Fleur-Pétrus（la）	3	E	秀逸	1
★Gay（le）	3	S	優良	1
★Gazin	3	G	秀逸	1
Gombaude-Guillot	2	B	優良	○
Grave（la）	1	S	優良	1
Guillot	2	B	その他	○

★★ Hosanna（旧 Certan Giraud）			傑出	1
★★ Lafleur	3	E	傑出	3
La Fleur de Boïard				1
Lagrange	3	S	主要	○
★ Latour à Pomerol	3	G	秀逸（一九九八年より）	1
Mazeyres	1		主要	
Moulinet	2	B	主要	
★ Nénin	3	S	秀逸	1
★ Petit Village	3	G	秀逸	1
★★ Pétrus	3	H	傑出	3
★★ Le Pin	1		傑出	2
Plince	1		主要	
★ Pointe（la）	3	S	主要	
Rouget	2	B	良好	1
Sales（de）	2	B	良好	
Tailhas（du）	2	B	主要	
Taillefer	2	B	主要	○
★★ Trotanoy	3	E	傑出	2

★★ Vieux-Châteu-Certan	3	G	傑出	2
Viollette (la)	1		良好	
Vray-Croix-de-Gay	2	B	良好	

こうしてみると、シャトー・ペトリュスを別格として、★★をつけたのが極上、★印が特級とみるのがまず異論のないところだろう。

ポムロール地区で一番人家が多い点で中心的なのはカチュソーの町だが、目ぼしいシャトーの分布状況を頭に入れるには、この地区の一番高いところにそびえている教会のところを中核として考えたらいい。高いといっても、一番低い地区の入口あたりから一五メートルくらいしか高くないし、平坦な畑の中心だから、ここから全部のシャトーが見渡せるわけではない。リブールヌからサン・テミリオンへ抜ける県道二四四号線を行くと、最初に街道の左手に現われるのがヌナンで、畑は広いがシャトーは地味で庭のマロニエの陰に隠れている。

カチュソーの町を通り抜けると右手に、ボールガールがある。ボールガールのシャトーは玩具のような塔がつき、どうみてもシャトーというより誰かの別荘である。また左手に倉庫と事務所だけのようなプティ・ヴィラージュが見えてくる。その少し先の四辻を左折して行くと右手にヴィユー・シャトー・セルタンを見ながらポムロールの心臓部ペトリュスにたどりつく。ペトリュスから教会の塔がすぐ近くに見えるが、畑の中を突っ切らないかぎり少し回り道をしなければならない。

教会《レグリーズ》を中心にしてみると、やや北東にル・ゲ、北にドメーヌ・ド・レグリーズとレグリーズ・クリネがある。西方に目をやると、北西にラトゥール・ア・ポムロールがある。南でいうと、南東にトロタノワ、ほぼ真南にル・パン、南東の方にはセルタン・ド・メイ、ヴィユー・シャトー・セルタン、プティ・ヴィラージュ、ラ・コンセイヤント、レヴァンジルがある。よく見えないがその奥がなんとサン・テミリオンの雄、シュヴァル・ブランである。

東をみると、ほぼ真東にラフルール・ペトリュスとペトリュス、左（北）にラ・クロワ・ド・ゲとラ・フルールがある。これらのずっと東の奥手サン・テミリオンとの境界のところにガザンがひかえている。

(3) ポムロールの十傑

格付けというのは弊害もある。ポムロールの酒造り家は格付けを嫌っているわけだが、私は愛飲家である読者のために二〇のシャトーを選び従来から十の特級にあたる「十傑」と十の第一級にあたる「十雄」と名づけて説明してきた（『フランスワインガイド』柴田書店刊参照）。それはこの十年で基本的に変わりはないものの、いくつか修正が必要になってきている。ここであらためて評価しなおしてみよう。

まず十傑についていうと、突出したペトリュスと、いわゆる御三家といえるヴィユー・シャトー・セルタン、レヴァンジル、ラ・コンセイヤントの王座はゆるがない。ところがその次の六シャトーになると話は少し変わってくる。以下、二十の十傑・十雄を説明しよう。

シャトー・ペトリュスの
外壁にある石像

まず、**ペトリュス**（栽培面積一一・四ha、生産量四五〇〇ケース）。このワインを品質の点でトップとみるかどうかは意見が分かれるとしても、人気と高価の点、そしてポムロール全体の牽引車的存在であることは誰も否定しない。ただ、昔はポムロールではヴィユー・シャトー・セルタンがトップだった。ペトリュスが有名になったのも、第二次大戦後で、それも女傑マダム・ルパの奮闘のおかげである。この名前は聖ペテロから取ったもので、ラベルに顔を出しているし、シャトーの外壁に可愛らしい石像が飾ってある。この名前が呼ばれるようになったのは一九三〇年頃からである。もともとポムロール自体はサン・テミリオンの一部として扱われていた。ボルドー全体のワインの格付けを私的に行なったのは一八五〇年のシャルル・コックと一八二八年から始められたヴィルヘルム・フランクのガイドブックだが、当時は右岸ではサン・テミリオンの一部のシャトーが認められていただけだった（中にはオーゾンヌやシュヴァル・ブランが入っている）。
コックの一八六八年版に初めてポムロールの一七のシャトーが載るようになるが、特筆されたのはヴュー・シャトー・セルタンだった。ペトリュスにささやかなコメントがつくのは一八九三年版からである。ちなみに、ポムロールが地区名として独立して書かれるようになったのは、一九二八年以降である（十九世紀後半ボルドーがオイディウム病に襲われた時、サン・テミリオンとポムロール地区の被害が少なかったことと、パリとベルギーに直結する鉄道が引かれたことで、この地区が日の目を見るようになった）。ところが一八八九年にパリで開催された博覧会でそれまで全く無名だったペトリュスが並いるシャトーを尻目に突然金賞を獲得、以来好事家の関心を引くようになる。

リブールヌ市でホテルを経営していたエドモンドの妻、マダム・ルパはいわば肝っ玉かあさん的存在で他人の面倒をよく見ていたので町の人気者だった。一九二〇年代にエドモンドはペトリュスの持分権の一部を手に入れたが、その後夫人が次第に買い増して第二次大戦が終わった一九四五年に完全な所有者になった。マダム・ルパの偉業はペトリュスのワインが世界最高であることを確信し、その信念を実行で貫いたことである。そのため、ペトリュスのワインに、メドックの格付け第一級ワインに匹敵する高値をつけ、決して安売りしようとしなかった。保守的なボルドーでそんなことをすれば、当然冷笑・侮蔑・中傷の的になった。しかしマダムはそれにめげず八面六臂の活躍をした。一九三三年に有名なパリのニコラ社がワインリストに載せてくれるようになった。それにあきたらず単身ロンドンにまで売りこみに行った。そこへ現われたのがニューヨーク最高のフランス・レストラン、ラ・パヴィヨンの当主アンリ・ソーレで、アメリカの上流階級が集まるこのレストランでペトリュスを秘蔵のワインとして推奨してくれたのである。以来ペトリュスはヨーロッパより海外で有名になり次第にその地位を不動にしたのである。マダムの偉業についての逸話は多い。一九五六年に世紀の大冷害が襲った時、多くのシャトーはぶどうを抜いて新しい樹に植え替えたが、マダムはそれこそ畑の地面を這いまわるように生きのびたらしい株を調べ、そこに若い木で接木をした。地元の醸造監督局はそんなことをしても駄目だと勧告したが、結果はそうはならなかった。そのためペトリュスの畑の中には八十年位の古木に三、四十年の樹齢の樹が育ったものが残っている結果になった。

マダムの死後その資産を相続したのが姪のリリー・ラコストと甥だったが、甥の半分の持ち分を買ったのがリブールヌきっての酒商ジャン・ピエール・ムエックスである。生前からマダムのよき助言者であり、一九四五年からペトリュスの独占販売者になったジャンこそ、マダムの偉業を引き継ぎ名声を確固たるものにした人物だった。一九七〇年に、息子のクリスチャンがピエールにかわって実際の経営責任者になった。ムエックス家の堅実な商法は、一九七二年の大暴落の際ボルドーの多くのネゴシャンが没落する中でかえって業績を伸ばすことになった。現在、ムエックス社はペトリュスの他にトロタノワ、ラ・フルール・ペトリュス、ラトゥール・ア・ポムロール、ラ・グレーヴ・ア・ポムロール、ラグランジュ、そしてマグドレーヌ（サン・テミリオン）を始めとして十四のシャトーをその傘下におさめているのだからたいしたものである（フロンサックのものは二〇〇二年に手放した）。ペトリュスの秀逸さの鍵は、平均樹齢の高さや、厳しい栽培、醸造上の管理にあることはいうまでもないが、ことペトリュスに関してはその畑の底土は若干の砂を含む粘土質の土質が鉄分を含んだ特殊なもの（青灰色層の下のクラッセ・ド・フェル）にあるといわれている。また、ぶどうは一〇〇％メルロー（ごく一部約五％くらいに、ブーシェ、つまりカベルネ・フランが植えられているが、これを使う年と使わない年がある）が特色で、メルローも偉大なワインを生み得るということの上もない証拠である。

さて、今でこそペトリュスの超人気のあおりで影が薄くなっているが、ポムロールで押しも押されない存在は**ヴィユー・シャトー・セルタン**（栽培面積一三・五ha、生産量五〇〇〇ケース）である。シャトーがスペルの頭に来ない変わった綴り。このセルタンというのは、フランスの古語の「砂漠」で、作物がとれないから税金が免除される土地だった。もっともぶどうはかなり早くから植えられ、フランス革命時にはここのワインはメドックの上級なみの値段で売られていた。もともとはド・メイ家のものだったがフランス革命で手放すことになり、パリの銀行家ボスケが買い、シャトーの邸宅も建てなおした。一九二四年からは、ベルギーの酒商ティアンポン家のものになっている。邸館は立派なもので切妻屋根をもった低い塔が二つついていて、ポムロールの道標的存在になっているし、その姿は誇らしげにラベルに刷られている。

ティアンポン家は酒造りの名手ぞろいで、アレクサンドルがヴュー・シャトー・セルタンを、ジャックが後述のル・パンを経営、リュックがマルゴーのラゴベルス・ゼデで名声をあげ、ジョルジュはコート・デ・フランという今まで無視されていたところで、最近急速に頭角を現わしている。ヴィユー・シャトー・セルタンのワインは、ペトリュス台頭以前はポムロールのトップだったわけだが、きわだった濃厚さとか力強さがなく、総体的に地味なたちだから、ちょっと一杯口をつけたくらいでは、その真価がわからない。しかし、当主アレクサンドルの信念は、コンクールなどでグラン・ヴァンとして向こう受けをするワインを造るのではなく、あくまでもテロワールを素直に反映し、食卓で楽しんでもらえるワインを造りたいというところにある。ここのぶどう比率は現在M六〇%、CF三〇%でそれにCS一〇%である。ワインはしなやかで口当たりがよく過剰なところがないつつしみ深さがあり、精妙さ、気品、優美さ、バランスが絶妙である。いうならば、それを理解し、きちんと飲みこんでくれる人でないとその卓越性をみせないワインである。

ヴュー・シャトー・セルタンの隣りに、ラ・コンセイヤントとレヴァンジルが並んでいる。その位置関係をわかりやすくいうと、サン・テミリオンからポムロールへ抜ける県道二四五号線をサン・テミリオンの方から入ると、まず村境の少し手前の右手にシュヴァル・ブランがあり、そのすぐ先の道沿いの右手にラ・コンセイヤント、そのすぐ先にヴュー・シャトー・セルタン、そしてラ・コンセイヤントの裏手右奥（ペトリュスの畑の地続き隣り）にレヴァンジルがある。つまりポムロールの御三家といわれるこの三つのシャトーはシュヴァル・ブランとペトリュスの中間に地続きにかたまっているわけで、秀逸なワインを生むのはやはり畑だと実感させられる。

ラ・コンセイヤント（栽培面積十二ha、生産量五〇〇〇ケース）は、十八世紀にここを継いだルペルシュ・ブランストー家（画家のロートレックに縁がある）出のコンセイヤント夫人からその名がついた。夫人はリブールヌの鉄商で、気性も激しい人だったらしい。当時としてはポムロールでは広い土地（二三ha）を継いだが、畑は一割もなかったのを拡げワイン造りに精を出して名声の基

レヴァンジル　左側が新しくカラフルな醸造所

礎を築いた。一八七四年にパリの有名なワイン小売店チェーンのオーナー、ルイ・ニコラがここを買い取り、古木を残したり、フィロキセラと闘ったり、以後四代続いて名声確立につとめた。ただ一九七〇年代に入って一時期品質にかげりが出た時代があった。しかし一九七〇年代になってベルナールとフランソワがエミル・ペイノー教授の指導を仰ぎ、醸造設備の現代化を計り品質回復につとめた（ステンレス・タンク発酵槽はポムロールが最初）。そのため現在のワインは、毛並みの良さ、絹のような口当たり、凝縮度、しっかりした酒軀《ボディ》を合わせそなえていて、とくに風味に個性がある。なおぶどうの品種構成はM六五％にCF三〇％だが、今では珍しいマルベックも五％ほど植えている。ここの建物は、茶色い石壁の二階建てで、ちょっと大きな倉庫のような地味なものである。

レヴァンジル（栽培面積約十四ha、生産量五〇

○○ケース)。ここは昔はファジローと呼ばれ、十八世紀にはレグリース家のものだったが、大革命時代に焼き払われたため、それ以前の歴史はよくわからない。その後、公証人によってレヴァンジルの名前がつけられ、シャペロン家のものになり第二帝政時代に現在の邸館を建てた。そして一八六二年からデュカッス家のものになる（このデュカッス家がフィジャックの土地の一部を買ったが、同家のアンリエットがジャン・ローサック・フールコーに嫁いだ時に嫁資として持っていった部分が一八五四年からシュヴァル・ブランの畑になったわけである。なおデュカッス家はサン・テミリオンのラルシ・デュカッスも持っていた）。デュカッス夫人は陽気な女丈夫で、九十歳を越してもレヴァンジルの采配を振るっていた。いろいろな経緯があった後、一九八九年にラフィットのエリック・ド・ロートシルトがこのシャトーの株の四分の三を買い取った（しばらくはワイン造りを変えなかった）。一九九〇年代から二〇〇〇年にかけてロートシルト家はベルギーのアルベル・フレールと共に全株式を取得した。これから新オーナーのスタッフがこの畑の潜在能力をどこまで発揮させるか興味深々である。ここの畑は、深い砂利層のみのところ、粘土と砂《シリカ》が混ざったところと異なった土質構成になっている。そのため生まれるワインの組合わせが腕のみせどころになるのだろう。ワインは輝くばかりの資質をそなえ、ミネラル風味がよく出ていて実に調和のとれたものになっている。ことに香りに、甘草や月桂樹、そしてスミレの匂いがするのがきわだった特徴ともいわれている。なおここの邸館は黒い三角屋根をもつスマートなものである（最近カラフルな醸造所を新設した）。品種構成は、M七八％、CF二二％。

以上の四シャトーをポムロールのトップとするのに異論をとなえる人はまずいない。ところがその次になると話が変わってくる。それぞれ優位の順序について評価は一致しないが、ラ・フルール、ル・パン、レグリーズ・クリネ、トロタノワは問題がないだろう。オザンナとクロ・レグリーズになると人によって評価は変わる。最近のガザンを入れないとおかしいという意見も出る。またラ・フルール・ド・ゲになるとその秀逸さに異論がなくても、単独のシャトーものとして扱っていいかが問題になる。つまり十傑として十にしぼろうとすると八つまでは見解が一致し、残りの二つをどこにするかになると論争になる。一応以上のところを説明しよう。

ラフルール（栽培面積四・五ha、生産量一二五〇ケース）。この畑はペトリュスの畑と、通りをはさんで西側にある（その間に三角型をしたラ・フルール・ペトリュスが入る）。今は亡きテレーズとマリーの二人の老嬢がお世辞にもきれいとはいえない農家のような醸造所でがんばっていたところである（二人は別にシャトー・ド・ゲも持っていた）。今では姉妹の姪にあたるシルヴィと、甥のジャック・ギドーの所有・経営になっている（一九八五年から責任者になり二〇〇二年に買い取った）。ジャック・ギドーは完璧主義者をもって賞讃されると同時に、自然《ナチュラル》に反しないことを主義とする根っからの栽培醸造技術者である。ワインは「ペトリュスに挑戦し、しばしば凌ぎ得る唯一のワイン」とも評されている。樹齢の高い木と厳しい選果がもたらすワインは華やかなアロマと究極といえる凝縮度をそなえている。十年を越さないと飲んではいけないこのワインは何しろ量が少ないから入手困難だし安くない。品種構成はMとCFが五〇％ずつ。

ル・パン（栽培面積二ha、生産量六〇〇ケース）いわゆる現代的スタイルのワイン造りに背をむけてきたヴュー・シャトー・セルタンのティアンポン家が、わが家でもやるつもりならやれるさといいたかったのだろう。まずヴュー・シャトー・セルタンからちょっと西南に離れたカチュソーの集落の近くに、小さな畑を買い取った。旧所有者のマダム・ルービーは（ごく一部の隣接部分は、村の鍛冶屋から買い取って合体した）、畑に一本の松の木がぽつんと立っていたからル・パン（松）と呼んでいた。ぶどうは一部カベルネ・フランの古木が残っていたが、全体としてメルローが植えられていて（当時平均樹齢三〇年）、施肥を拒否していたから畑は痩せていたが、それが高級ワイン造りに絶好のスタートになった。土質は砂利と粘土、鉄分を含んだ砂だが、底土はヴィユー・シャトー・セルタンより厚い粘土層が三メートルほどの厚さを形成している。ここで、ティアンポン家のジャックがペトリュス的スタイルを指向するワイン造りに挑戦したわけである。あっという間に値段がジェット機のように急上昇した。ワインはメルローの性格がよく出ていて、濃さ、深み、力強さを備え、果実味と他の成分とのバランスがよく、特有の個性を備えている。品質構成は、M九二％、CF八％。

トロタノワ（栽培面積八ha、生産量二五〇〇ケース）。この変わった名前は耕やすのにくたびれるという意味の古語から生まれたもので、事実非常に密度の高い粘土と砂利・砂まじりのこの畑は雨が降った後乾きあがるとセメントのように堅くなり、鋤入れが容易でない。十八世紀の半ば頃からぶどう栽培とワイン造りが始まったようだが、コンセイヤント家、ギロー家などを経た後一九五三年にムエックス家のものになった。「コック・エ・フェレ」のガイドブックの一八六八年版に早くも名を出していたが、この時はヴュー・シャトー・セルタンに次ぐ第二位だった。つまりペトリュスより名声が古くからあったわけである。かつては、二五ヘクタールの広さがあったがジロー家の時代に相続で分割され、最後には八ヘクタールまで落ちこんでしまったのである。

一九七〇年代から八〇年代にかけて、スタイルが軽くなったという批判を受けたことがあったが、名手クロード・バローエの腕が衰えたわけでなく九〇年代に入って名声を取り戻している。ヒュー・ジョンソンが「ヴィロードのにぎり拳《こぶし》をすかしてタンニンと鉄が見える」と評したことがあるが、ペトリュスに比べると密度がやや劣るかもしれないが、深み、重量感、力強さを備えている。しなやか、絢爛豪華という讃辞がささげられているだけでなく、熱狂的ファンがいる（実は著者もそのひとり）。ペトリュスが秀逸でないということでは決してないが、ペトリュスを無理して飲むよりこの方がいいからである。丁度、ロマネ・コンティとラターシュの関係に比べられる。ロマネ・コンティやペトリュスが高価なのは、その真価だけでなく有名税が含まれているからだ。品種構成はM九〇％、CFが一〇％と、圧倒的にメルローが多い。

レグリーズ・クリネ（栽培面積六ha、生産量二〇〇〇ケース）。ポムロールでは道標的存在になっている教会《レグリーズ》の周辺に、教会の名をつけたシャトーが六つある。いずれもレベルは高いが一九七〇年代から次第に頭角を現わし、八〇年代の後半に入って完全に他を追いぬいてトップに登りつめたのが、ここである。以前はこのマダム・デュラントゥの持ち畑をクロ・ルネのピエール・ラセールが折半小作契約で経営して次第に名声を高めていた。一九八三年からマダムの息子ドニ・デュラントゥが契約期間切れですべて経営にあたるようになり、意欲的なアーティスト醸造家といえるドニがさらなる品質向上のために献身的努力を注ぐようになった。ここの畑は一九五六年の大冷害の時、ほかのところは枯死したぶどうを引き抜いて植えかえてしまったが、ここはすぐ抜かないで蘇生する木があるか注意深く見守った。幸いかなりのものが生き返ったのである。そのためペトリュスと並んで非常に古い木が残っている（百年を越すものもある）。ワインは、チョコレートかトリュフのような香りを帯び豊かなボディにアロティックな風味が巧みに結びついている。タンニンも緻密で硬く引きしまっていて長寿を約束している。「ル・クラッスマン」では、「極めて高貴なポムロール」と絶讃している。品種構成はM八〇％、CF二〇％。

オザンナ（栽培面積一〇ha、生産量一五〇〇ケース）は、古い本には書かれていない。それもそのはずで、実は、これは以前はセルタン・ジローだった。一九九八年にJ・P・ムエックスとデロン家が共同買収したが、ムエックス社はその最良の部分を使ってこの名前でワインを出すようになった（デロン家はセルタン・マルゼルと改名した）。畑はペトリュスの前の通りの西側で、ラ・フルールと、ヴィユー・シャトー・セルタンの畑の西側地続きである。クリスチャン・ムエックスとそのスタッフの手により、ワインは二〇〇〇年に入って劇的に品質が向上した。この聞きなれない名は、ヘブライ語で神に祈願する叫びにちなんだもの。ワインは現代的スタイルの造りになり、香りは花《フローラル》のように華やかで、総体的に繊細かつ優雅で、酒軀《ボディ》は豊かで深みもあり、タンニンも生硬でなく気品がある。ムエックスの願いがかなえば疑いもなくトップ・グループに入れるだろう。品種構成はM七〇％、CF三〇％。

クロ・レグリーズ（栽培面積六ha、生産量一〇〇〇ケース）。ここは教会の墓地の横、つまり北側に仲よく並んだレグリーズ・クリネ、クリネ、クロ・レグリーズの三つのうちのひとつ。一九七八年にモロー家がレグリーズ・クリネからわずか四ヘクタールの畑を分割してもらって買い、その後、別に二区画を買い足して現在の広さにした。ワインはポムロールとしてはデリケートなところを取り得としていた。畑の土質はほとんど砂利層で若干砂(粘土とする本もある)が混ざっている。面白かったのはカベルネ・ソーヴィニヨンを二五%も植えて使っていたことである。一九八〇年の一時期、J・P・ムエックスが世話をやいていたが、成果は必ずしも上がっていなかった。そこで一九九七年、ガルサン・カティアールが買収、徹底的な建て直しを始めた。まずカベルネ・ソーヴィニヨンを全部引き抜いてメルローとカベルネ・フランに植え替えた。そして醸造技師としてミシェル・ロランを雇った。ワインは数年の間に目ざましく変質した。だから、これが十傑扱いできるといっても二〇〇〇年代に入ってからのことで、ごく新しい話である。ロバート・パーカーは「醜いアヒルが美しいスーパースターに変身した」と言っているが、値段の方も急上昇してしまった。「ル・クラッスマン」は「美しい色調、焙煎とチョコレートの繊細な香り、ビロードのような滑らかで柔らかな口当たり、長い余韻、こくと味わいのあるワインで、優雅に輝く」と絶讃している。品種構成はM五七%、CF三六%、CS七%。

(4) ポムロールの十雄

このように「十傑」を選んでみたが「十雄」の中で十傑に負けないワインを出すところがあるのも言うまでもない。ことに筆頭にあげてよいのが**ラ・フルール・ド・ゲ**(栽培面積約三ha、生産量約一〇〇〇ケース弱）である。ところが、ここを紹介していない本が多い。それというのも、これは単独シャトー・ワインではなくて、**ラ・クロワ・ド・ゲ**（栽培面積十二ha、生産量七〇〇〇ケース）の特醸物だからである。ペトリュスから通りを越した西手の奥、ラ・フルールの西隣りに南北三角形状に長く伸びているのが、クロワ・ド・ゲの畑である（その北隣りに東西横形になっているのが、「ル・ゲ」の畑で、更にその北がガザンになる）。クロワ・ド・ゲは一四七七年という大昔から小作農だったバロー兄弟の直系の子孫にあたるルイノー家がここを持っていた（現在はノエル・レイノーとその妹のシャンタル・ルブルトンが共有、九〇年後半から、シャンタル・ルブルトンが管理）。ここの畑は単一畑でなく、七つの区画がモザイク状にまとまっている。一九七〇年代にノエルがトロタノワの近くの区画を買い足してから、ここのワインの酒質が非常に良くなった。レイノー家は、ボルドー大学のアラン・レイノー博士の実家である。同家は一九八二年に、この畑の中の老木の多い最上の二区画（若干粘土を含む深い砂利層）を選び、特醸《プレステージ》ワインを造る決心をした。そのため、ラ・クロワ・ド・ゲと別の仕込み室をつくって醸造施設を完備し、パスカル・ガイヨン教授とミシェル・ロランに酒造りの監督を依頼した。メルロー一〇〇%で、良い年しか造らないこのワインは、カシス香を帯びる濃密な果実味と頑強な酒軀《ボディ》を備え、長い余韻を持ち、熟成に時間を必要とするワインになっている。

　ラ・フルール・ペトリュス（栽培面積一三・五ha、生産量六五〇〇ケース）。ここはペトリュスとラ・フルールの間にはさまれた三角状の部分とその北に奥まで広がる畑を持っている。所有者兼ワイン造りはJ・P・ムエックスで、醸造責任者は名手ジャン・クロード・ベルーなのだから、ワインはペトリュスやラ・フルールと肩を並べてよさそうなものだが、そうなっていない。これはやはり畑の土質のためである。ここの畑の広い方の部分は石が多く、大粒の砂利が主体で粘土と砂が少ない。一九九五年に、樹齢の高いル・ゲの畑の一部を買い取ってから酒軀に力強さが加わったそうである。トリュフの香を帯びる品の良いブーケを持ちフィネスと調和のとれたワインだから、十傑に入れないとは言え、優れたワインであることは事実である。品種構成はM九〇%、CF一〇%。

ラトゥール・ア・ポムロール（栽培面積八ha、生産量三〇〇〇ケース）。ここは教会周辺グループとは離れていてかなり西手、国道八九号線に近い。ただ、畑は三カ所に分かれていて、そのひとつ（レ・グラン・ヴィーニュと呼ばれている）は教会に近い。ここもペトリュス王国を築きあげたマダム・ルパのものだったが一九六一年に姪のリリー・ラコステに譲った。ただ畑の管理と醸造はJ・P・ムエックスが行なっている。畑は砂利と粘土のバランスが良く、立地条件にハンディがあるが、名手ジャン・クロード・ベルーが酒造りに厳しい目を光らせているのでワインは優れたものに仕上がっている。ワインは香りに甘草の香りを帯び、酒軀は肉づきがよく、豊潤で力強く、ハーモニー調和と洗練さを備えている。品種構成はM九〇%、CF一〇%。

セルタン・ド・メイ（栽培面積五ha、生産量二〇〇〇ケース）。ここの畑も、ヴュー・シャトー・セルタンと通りをはさんだ反対側にある。その昔、スコットランド出のメイ家がこのあたりに住みつき、十六世紀末にぶどうを栽培する許可を王室から初めてもらったという由緒ある畑を誇るシャトーである。その頃は、今のヴュー・シャトー・セルタンも、セルタン・ジローの畑も含まれていたそうである（そんないきさつから、ラベルにはシャトー・セルタンと大きく書かれ、その下に、ド・メイ・ド・セルタンと小さく書かれている)。一八四八年の大革命時に畑は分割され、メイ家に残された畑はわずかになった。一九二五年にここの所有は三百年続いた最後のメイ家の家族から現在のバロー・バダール家に移った。なにしろ立地条件は良いのだから一九五〇年代には不朽の名品といわれるワインも造りあげている。現在のバロー家も優れたワイン造りに努力しているはずだが、もっと秀逸なものになる底力があるはずと期待されている。ワインは頑強、やや生硬の点を除けばやはり一流のポムロールである。品種構成M七〇%、CF二五%、CS五%。

クリネ(栽培面積九ha、生産量三五〇〇ケース)。ここは非常に古く、一七〇〇年代からぶどうが栽培されていた。昔はペトリュスも持っていたアルノー家のものだったが、その後オーディ家のものになった。なにしろレグリーズ・クリネとクロ・レグリーズの間にあるのだから、土質が悪かろうはずがないのだが、どうもかすんでいた時代があった。ところが一九八六年、オーディ家の娘と結婚したジャン・ミシェル・アルコートが経営の責任者になると、ミシェル・ロランを顧問に迎え、メルロー比率の増加、カベルネ・ソーヴィニヨンの排除、ぶどうの完熟、機械収穫から手摘へ、徹底した選果、長期発酵、新樽の使用など根本的にワインの造り方を変えた(ことに非常に遅摘みが特徴的)。その結果、わずか数年で、ポムロールのトップ級に入りこむワインを造りあげた。が、どうしたことか九〇年に入って精彩を欠いた。しかも突然ジャン・マリー・ラポルトに買収されてボルドー業界を驚かせた。新所有者になってからの評価は賛否がわかれている。品種構成はM七五%、CS一五%、CF一〇%。

ガザン(栽培面積二六ha、生産量一〇〇〇〇ケース)。ここは聖王ジョンにゆかりのある中世からのシャトーで、由緒といい規模といい、本来ならポムロールのリーダーになっていい地位にあるシャトーだった。十八世紀に農業改革で功があったフューラッド家のものだったが、一九一八年からバイヤンクール家のものになった。シャトーの位置はポムロールの北東端になるが畑は北東から南に長く伸び、南半分はペトリュス、レヴァンジル、ヴュー・シャトー・セルタンに隣接している（一九六〇年代後半に、相続上のトラブルから極上部分の五ヘクタールをペトリュスに売った）畑の立地条件から優れたワインが出せないはずはなかったのだが、長い間、あまり誉められないワインを大量に世界中に売っていた（畑は二六ヘクタールもあって、ポムロールの優れたシャトーの中では最大のひとつ）。これではまずいと、名家が決心したのであろう。一九八〇年後半に入って醸造所を新設、根本的に酒造りの改革に取り組みだした。ニコラ・ド・バイアンクールの指揮下、新時代に入ったといえるガザンは目下名声を取り戻しつつある。品種構成はＭ八〇％、ＣＦ一五％、ＣＳ五％。

プティ・ヴィラージュ（栽培面積十一ha、生産量四〇〇〇ケース）。ここはヴュー・シャトー・セルタンと、通りをはさんだ西隣りの三角状をした畑を持っている（この少し西にル・パンがある）。ここは、ボルドーの大酒商ジネステ家が持っていたが、プラット家（コス・デストゥルネルのオーナー）が買い取り、その後、一九八九年にアクサ・ミレジム社が買収した。ポーイヤックのドン、ジャン・ミシェル・カズ（ランシュ・バージュのオーナー）のひきいるスタッフがワインの改良・建てなおしに取り組み、新名声の地位を築いた。邸館はなく、地味だがモダンな倉庫のような醸造所があるだけである。立地条件は良いから、ワインは肉づきがよく果実味にあふれ、しなやかで、官能的といえるテクスチャーを持っている。高尚とか気品の良さはまだ身につけていないが、ポムロールの中でも飲んで楽しいワインのひとつである。品種構成はM八〇%、CF一〇%、CS一〇%。

ボン・パストゥール（栽培面積七ha、生産量三五〇〇ケース）。現在、ボルドーでウルトラ人気の醸造学者、世界の名シャトーのコンサルタントまでしているミシェル・ロランのシャトーである。ここは一九二〇年、祖父母の時代にささやかな規模で始め、一九五五年に現在の面積まで拡げた。シャトー自体はポムロールの北東、サン・テミリオンとの村境のへりにあるが、畑はさらに北東のポムロール地区としては最北東端の三角状をしたマイイ村の中に散在している。土質は砂・粘土と深い砂利層である。ロランの技術ですればトップ級のワインが造れそうなものだが、どうしても出来ないのは畑の土質からくる限界だろう。ロランのワインは、繊細なスパイシーさを含む樽香、豊潤なボディ、しっかりしたタンニン、果実と花とが溶け合ったような風味と見事なバランスを備えている。ボルドー大学で醸造学者《エノロジスト》の資格を取ったロランは、自分の家の分散畑のぶどうを別々に小発酵槽で仕込むという実験を重ねて行く中で、今日の名声の基礎を築いたわけである。厳しい剪定、厳格な選果を始めとして極上ワインを造るための手法は他の超一流シャトーと変わることはないが、二つだけ特徴がある。ひとつは極端ともいえる遅摘み、もう一つは長いマセラシオン（果皮接触）である。これはワインの酸度や安定性、テロワール性の表現などの点で問題があるという考え方がある（ペトリュスのジャン・クロードなど）。どちらが正しいか、われわれ素人が口をはさめる筋合いのものではない。いずれ歴史が結着をつけてくれるだろう。品種構成はM七五%、CF二五%。

ル・ゲ（栽培面積五・二ha、生産量二〇〇〇ケース）。ペトリュスから見ると北西部の奥に当たるこのシャトーの畑は、ラ・フルール・ペトリュスの西側地続きになる。十八世紀には、ポムロールにおける農業改革のパイオニアともいえるリブールヌのネゴシャン、ルイ・フォンテモアンの所有だった。テレーズとロバンの姉妹が相続し、夏はここに住んでいた（姉妹は、一九四六年にここより優れたラ・フルールも相続した）。そして自分達で経営しワインの販売は四十年近く、J・P・ムエックスに委託していた。テレーズが死んでからロバンの単独所有になったがワイン造りもムエックスにまかすようになった。しかし古木の植わっている良い部分をラ・フルール・ペトリュスに売ってしまったためか、どうしてもワインが見劣りするようになった。しかし、二〇〇三年、この畑の潜在能力に目をつけたカトリーヌ・ベレ・ヴェルジェ（モンヴィエル）が買収し、ミシェル・ロランの協力を得て名声復興に挑戦しているから、必ずや数年のうちにトップ級に入りこむに違いない。品種構成はM六〇%、CF四〇%。

ボールガール（栽培面積一七ha、生産量七〇〇〇ケース）。品質の点では次に述べるヌナンに追い越されて地位が逆転しそうだが、ポムロールでどうしても十雄グループに入れたいのが、このシャトーである。カチュソーの街道町のはずれ、県道二四四号線から見える邸館はかわいい塔を両脇にひかえさせた二階建てだが、ヴィクトール・ルイが設計しただけあって精彩を放っている（アメリカの建築家がこのレプリカをロング・アイランドに建てた）。歴史的にも由緒のあるシャトーで、シュヴァル・ブランに近いので、ポムロール的シュヴァル・ブランと評される安定したワインを長く出していた。一九九一年持ち主のクローゼル家がフランス不動産銀行に売り渡した後、エノロジストのヴァンサン・ブリューの指揮下、ワインの品質向上に挑戦しているので将来は期待できる。品種構成はＭ六〇％、ＣＳ三〇％、ＣＦ一〇％で、ポムロールとしてはカベルネ・ソーヴィニヨンの比率が高い。

ヌナン（栽培面積二五ha、生産量一一〇〇〇ケース）。ポムロールは上位シャトー・グループもそうだが、そうでないところも畑が狭く、一〇ヘクタール以下のところが多い。ただ、だんとつに大きいところが四つある。ひとつは既述のガザン（二六ha）。そして、後述のド・サル（四七・五ha）、それにこのヌナン（二五ha）とラ・ポワント（二二ha）である。ガザンは地区の北東端、サルは北西端で、ヌナンとラ・ポワントは中央南部でリブールヌ市に近い。どうしたことか、この大規模シャトーは、いずれも長い間ぱっとしないワインを出していた。だから、ポムロールでは大シャトーに優れたワインがないと見るのが定評だった。ところがガザンが失地回復を見事になしとげたが、このヌナンにも地殻変動が起きた。一九九七年に、メドックのレオヴィル・ラス・カスのオーナー、デロン家が旧所有者デブジョル家からここを買い取った（一九九九年には旧セルタン・ジローの畑の半分を買い取った。半分はムエックス家が買ってオザンナにした）。新生したヌナンはミシェルとジャン・ユベールの指揮下で醸造所を新設、二〇〇一年から最新技術を駆使した新しいワインを世に送り出した。当然評価は一新、大きな期待を受けている。品種構成は従来はＭ七〇〜八〇％、ＣＦ二〇〜三〇％、ＣＳ一〇％だったが、カベルネ・フラン比率を増やしているらしい。

さて、十傑十雄はこれで終わりだが、ド・サルとラ・ポワントをついでに説明しておこう。**ド・サル**（栽培面積四七・五ha、生産量二〇〇〇〇ケース）は、ポムロールの最北西端だが中世は広大な領地で三五〇ヘクタールもあった。大革命時にすごく減ったがそれでも一〇〇ヘクタールも残った。昔はぶどう畑はほんのわずかばかりだったが第二帝政時代に畑を拡大しポムロール最大の規模になった。ここは一五五〇年頃からラーグ家のものだった。現在でも広荘な庭園に囲まれドイツ兵の鉄兜のような奇妙な形の丸屋根のついた塔をもつ邸館は堂々としたもので、景観はポムロール最高である。ただ、畑が砂質地である関係でワインの方は凡庸のものを量産していた。現在は所有者で醸造学者のブリュノ・ランベール家が品質改善に力を入れだしたので従来より良くなりつつある。ワインは安定しているし値段が安いので、安心して飲めるポムロールのひとつである。品種構成はM七〇%、CF一五%、CS一五%。**ラ・ポワント**（栽培面積二二ha、生産量一〇〇〇〇ケース）はヌナンと県道をはさんだ反対側にあり広い庭と小さいが小ぎれいな邸館がある。リブールヌの酒商ダルフィユ家が長く持っていて、第二帝政時代はワインはかなり有名で、長く英国人に愛飲されていた。ただ、第二次大戦後は誉められるようなワインを出していなかったが、一九七〇年に入ってメルローを増やし、九〇年代に入ってかなり酒質は向上してきている。品種構成はM七五%、CF二五%。

さて、ポムロールで代表的といえるようなワインを紹介してきたが、紙数との関係で書けなかったワインでなかなかの品質のものが、まだかなりある。本節の初めに列記した表の各評者の採点をにらんでいただきたいところである。中にはかなり優れたもので年によっては十雄に入る資質と能力を十分もっているシャトーがあるし、これからも評価に変動が生じるだろう。

とにかく、ポムロールは楽しいワインで、飲み比べて個性をみるのもその楽しみのひとつである。

メドックのように偉大なシャトーでなくても、優れたワインがあるということを発見できるだろう。ただ、それぞれの生産者の規模が小さく生産量が少ないところへ最近ポムロール人気が出て来たため、値段が割高になっているきらいがある。メドックのブルジョワ級の上位ものに匹敵する実力がないのにそれより高くついているものも少なくない。

なお、ポムロールは、その昔、巡礼者達が立ち寄る場所のひとつだったから、キリスト教にちなむ名前のシャトーが多い。例えば十字架を意味するCroixがつくものが七つもあるし、お聖人様の名前のつくものが四つ、教会の聖堂Egliseがつくのが四つあり、福音書のl'Evangile、宗教騎士団を意味するCommanderie、また牧師Pasteurまであるといった具合である。名前といえば、響きが美しいためジロンド県内に一五ほどもあるBel-Airがここにもあるし、お隣りのラランド・ド・ポムロールにもある。ポムロールは全体として見栄えのするところではなく、畑と小さな建物が散在しているだけだが、サン・テミリオンから車を走らせれば十分程で着く。全体を見回ったところでそう時間がかかるわけでないから、サン・テミリオンまで行ったらここまで足をのばしてみたらいい。

（5）　ラランド・ド・ポムロール

サン・テミリオンの衛星地区と同じように、ポムロールの北方奥手、サン・テミリオン衛星地の西続きにACラランド・ド・ポムロール地区がある。この地区のほぼ中央に、国道八九号線が南北に走っている。その東側がネアック村、西側がラランド村で、地区が二分されている。ネアックの方はポムロールのほぼ北になるがラランドの方は西に拡がっている。この地区の西側は砂質地帯で、東端に向かうにつれて砂利と粘土が増えてくる。全体で栽培面積約一〇〇〇ヘクタール、生産量は六〇万ケースだからかなりの量のワイン生産地である。約二一〇ほどの生産者がいるが、ほとんどが持ち畑が平均四ヘクタール以下の零細農家で、二〇ヘクタールを超す畑を持つところはない。面白いのはそれでいながら協同組合がこの地区にないことで、それぞれが自分でワインを造っていることを意味する。ポムロールには、公的な枠付けこそないが、非公式・業界のランキングづけが出来上がっているが、ここにはそうしたものがない。「ボルドー・アトラス」は、五五軒ほどの生産者を掲載しているが、業界で一応評価されているのは十軒たらずである。土質からわかるように、良いシャトー（シャトーと呼ぶほど大げさなものでないが）はほとんどネアックかネアックに近いところにある。全体としてなかなか飲み良い早飲みのワイン（瓶熟成は四〜八年くらい）を出しているが、優れたところはいいかげんなポムロールより良くできている。「ル・クラッスマン」はガローGarraud、グラン・ドルモーGrand Ormeau、ジャン・ド・ゲJean de Gue、ラ・セルグLa Sergue、トゥルヌフィユTournefeuilleを、ポムロールに負けないものとして特筆している。

6　ソーテルヌとバルサック

(1)　ソーテルヌの卓越性と貴腐ワイン

辛口白ワインは、なんといってもブルゴーニュに軍配があがる。ボルドーでもかなりの量の白ワイン、それも辛口から薄辛口のものを造っているのだが、秀逸といえるようなものはほんの少ししかなかった。最近はかなり優れたものがあるし、総体的にレベルは上がったものの、赤に比べるとやはり辛口白ワインの影は薄い。ところが甘口白ワインとなると、ボルドーの独壇場である。この点ばかりはブルゴーニュも顔色がない、というよりこの手のものを全く造っていない。しかも、ボルドーでは、その中心になるソーテルヌ地区のワインは、品質が実にユニークかつ優秀なのである。世界に甘口白ワインの産地はいくらでもあるが、これだけ独自で、かつ優れた白ワインを生み出せるところは他にない。世界で極上の甘口といえば、ドイツのラインガウ及びモーゼルのトロッケンベーレンアウスレーゼと、ハンガリーのトカイのエッセンシア、そしてソーテルヌの特級の三つに止めをさす。これを追うものとして、フランスのロワールのコトー・デュ・レイヨン（カール・ド・ショームなど）とか、イタリアのいくつかの甘口、ポルトガルのセトゥーバル半島もの（マスカットぶどう）などがある。しかし、ドイツの上等ものはごく一部であって量もごくわずかであり、ハンガリーのトカイも、極上のエッセンシアだけを別格にして、それ以外はどうしても洗練さを欠く。昔は南アのコンスタンシアが極上甘口白だったが、姿を消した（現在復興中）。あとは、日本でも挑戦している国産ワイン生産者がいるくらいだ。

つまり、ボルドーのソーテルヌ地区は、相当量の甘口白ワインを出し、その中にずばぬけたものがかなり存在し、しかも、個性豊かという意味で、質・量・種の三拍子がそろって他の甘口白ワイン産地の追従を許さない卓越性をもっているということなのである。

日本で「貴腐」というワインが、最近ではどうやら社会的認知をうけだしたようだが、これもかなりの誤解をともなっているようである。学術上、技術上の難しい議論は本書の性格上省略させてもらうとして、ごく簡単に説明させてもらうと、これは収穫期にいわゆる灰色カビ菌がつくことである。他のワイン生産地（赤ワイン）でぶどうにこのカビがつくことは、その畑がおしゃかになることを意味している。ところが一定の地域で、一定の気象条件が備わった時、このカビ菌がぶどうの実の水分をとり、ぶどうの実はカビだらけの乾ぶどうのような外観を呈してくる。このぶどうを使って造ったワインが貴腐ワインで、独特の風味と味わいをもったものになる。貴腐菌をつけることと自体は、世界の各地で条件がととのえば不可能でない（いろいろな理由、ことにコストの点で引き合わないので、やらないだけである）。現にカリフォルニアでも実験的に成功しているし、先述のドイツのトロッケンベーレンアウスレーゼ、トカイのエッセンシア、ロワールのコトー・デュ・レイヨン、そして日本の一部も貴腐ワインを造っている。しかし、これらはすべてごく少量の例外的存在なのである。ところが、ソーテルヌの上物はほとんどがいわゆる正真正銘の貴腐ワインなので、その意味で、貴腐ワインの本場はソーテルヌなのである。もっとも、ぶどうに貴腐菌がついたというだけですべてが優れたワインになるわけではない。

貴腐ぶどうを利用して優れたワインを造りあげることは、想像を絶する困難さと、煩瑣さを伴う。まず、貴腐菌がつくための条件がある。ソーテルヌでいえば、収穫期に昼間は日照が十分で暖かく、逆に朝は涼しいこと。シロンの川を中心に発生する朝霧が畑を包み、これが貴腐菌の成育に必要な湿りになる。乾燥が駄目なのは容易に想像がつくが、多雨も障害になる。菌が貴腐ならぬ卑しい灰色菌に変じてしまうのだ（ソーテルヌの生産量が年によって著しい差が生じるのは、そのためである）。

さらにやっかいなのは、この菌が各果房に、同時かつ均等についてくれないことである。収穫は、通常十月半ばからで、かなり遅く、他なら始まっている九月の十日ごろから手をつけられるのは、よっぽどの当たり年だけである。この収穫期に熟練した摘み手を雇うが、一流シャトーでは、貴腐菌の良くついた房だけ、時には粒だけを選んで摘むことになるから、何回にもわたって畑に足を運ばなければならない。大体十五日から十八日くらいかかる。

貴腐のせいで、ぶどうはカビの生えた乾ぶどうのようになる。そのため通常なら一ヘクタール当たり四〇ヘクトリットルの収穫があげられる畑から、わずか九〜一二ヘクトリットルほどのワインしかとれなくなる。摘んだぶどうの圧搾も、特殊な圧縮機械を使って、ゆっくりと四〜五時間かける。発酵も三〜五週間かけてゆっくり行なう。そうして生まれた新酒は、数回の滓引きの後、さらに樽の中で少なくとも二年から三年寝かさないと瓶詰めできない。樽は、シャトーと年によって違うが、良いシャトーでは大体三分の一から半分の比率で新樽を使う。新樽は、ワインにタンニンなど長命力を持たせる物質を与えるために必要だが、この投資も馬鹿にならない。

このようにその製法、畑当たりの生産量、熟成年数がともなってはじめて優秀な貴腐ワインの誕生になる。例えば、一本のぶどうの木から、南仏あたりでは三本から五本の瓶をつくりあげるのは難しくない。ところが、ボルドーのメドックの一流シャトーになると、一本の木から半瓶くらいのワインしか造れない、いや、造らない。これはぶどうの木を剪定し、果実のつく房を限定し、少量の果実にその木のもつ全エネルギーとエッセンスがそそぎこまれることを期待するからである。ところがソーテルヌの上物となると一本の木からそれこそグラス半分くらいのワインしか造らない。貴腐菌のついた実はそれでなくても水分が減っているのを、さらに房ごと実ごと厳しく選果するからである。そればかりでなく、そうして生まれたごく少量のワインもかなり長期間、樽および瓶で熟成させていないと、貴腐ワインはその良さを発揮してくれない。有名なシャトー・ディケム（イケム）でいえば、このワインの三年か四年たったものは、それなりに実に甘美で優れたワインだが、飲んで驚かされるというものでない。ところが、これを十年、十五年、いや二十年から三十年、という瓶熟成をさせると、えもいわれぬ独特の甘さと風味をもつ絶妙なワインに化身する。さらに四十年五十年と熟成させると、外観こそは番茶のような茶褐色になるが、もはやワインではない神品とでもいうようなものにまでなる。このような域に達するワインは、世界でもソーテルヌとドイツのトロッケンベーレンアウスレーゼの極上物だけなのである。このような古酒は例外として、七～八年から十～十五年くらい熟成させたソーテルヌの一級品なら、われわれはいとも簡単に、そして、決してそう高くない値段で手に入れることができる。この手のソーテルヌの素晴らしさは、ワイン愛好家をもって任じようというなら一度は試みるべきであり、一度その良さを味わったら忘れることができないだろう。

貴腐ワインとしてのソーテルヌの特色は、デザート・ワインとして飲むのがその本領場だということである。これがまた、長所であると同時に今日の売れゆき不振という悩みの原因になっている。もし、ある人が、一流のレストランで（いやレストランでなくても）、シェフの心くばりの行きとどいたこの上なく素晴らしい料理を、これもまた最上ないし極上のワインを飲みながらいただいたとする。さて、デザートコースに入ったときに、一グラスのソーテルヌの上物があったとすれば、その食事の盛り上がりは頂点に行きつく。しかし、味わった料理が素晴らしく、ワインが一流だったとしても、デザートコースでの飲み物がたいしたものでないと美食の歓びが先すぼまりになってしまう。ところがソーテルヌだと、それまでの食事が素晴らしければ素晴らしいほどその楽しさを回想させ、よりひきたたせるだけでなく、ソーテルヌ自体もその素晴らしさを発揮するのである。この役割だけは他のいかなるワインも絶対につとめられない。ラインのトロッケンベーレンアウスレーゼも、この点ではソーテルヌに一歩をゆずる。もっとも、こうした見方は、そうすればソーテルヌの最大の良さを引き出せるというだけの話で、ソーテルヌは食後以外に飲んではいけないというわけではない。簡単なビュッフェ、ことにフォアグラとソーテルヌのコンビなどは美食の極地であって、嘘だと思ったらためしてみたらよい。品の良いお菓子とソーテルヌだけのパーティ（この場合はソーテルヌは若くていいし、またはバルサックの方が向く）なども、一度試みてみたらどれほど粋なものかということに気がつくだろう。

素晴らしい美食の後にソーテルヌのひとグラスをのんびりするというような生活をする人達が、当今のせせこましい時代に少なくなったことや、大口の得意先だったロシアや東欧の貴族がいなくなったという時代の流れで、現在のソーテルヌは苦境にある。それでなくても手間のかかるこのワイン造りについての人材不足と人件費の高騰、それに加えて売れ行き不振ということで、このままでは五十年後には大部分の零細シャトーは消滅し、現在のソーテルヌの生産は半減してしまうだろう。ただ甘くて白いワインというだけにすぎないアメリカ産のいんちきなソーターン（本来の Sauternes の末尾の s が抜けている。お詫びのしるしに一字省略したのかもしれない）が巷に跋扈《ばっこ》したことも、ソーテルヌが誤解された原因になった。人類の文化的所産ともいうべきこの素晴らしいワインをなんとしてもわれわれの次の世代にまで残してやりたいものだし、それが当世のワイン愛好家の義務ではないかと思うのだが、それはみんなが一杯のソーテルヌを飲むというだけで果たせる楽しい義務なのである。

(2) ソーテルヌとバルサック

ソーテルヌ地区は、ボルドー市の南東、ガロンヌ河上流のランゴンの近くである。ボルドー市から南に伸びてひろがるグラーヴ地区の南端に当たる（正確には、グラーヴ地区は、その南のはずれにソーテルヌ地区をつつむようにとりかこんでいる）。広い意味のソーテルヌ地区は、この地区の中央を横切るシロン川を境に大きく二分され、北の半分が**バルサック**、南半分が本来の**ソーテルヌ**である。バルサック地区出身のワインは一定の条件下でソーテルヌを名乗ることが許されるが、本来のソーテルヌ地区産のワインがバルサックを名乗ることはない。バルサックとソーテルヌは、同じようなぶどうを使って、同じような製法で造り、同じような味わいをもつワインになるという点で、大きくみて同じカテゴリーに入れられる甘口白ワインである。細かい点や例外を無視していえば、一般にバルサックの方が色も薄く、軽く、甘味も薄い。ヘビー級とライト級のような違いである。そしてバルサックの方が酸味がきいてさっぱりとしていて、若いうちに飲めるし、値段も一般に安い。つまり手軽に気やすく飲むという点ならバルサックの方がいい。豪華、絢爛、深さを求めるならソーテルヌをということになる。バルサックはいわばソーテルヌの入門的ワイン。しかし、ある時、ボルドーのレストラン〈ル・ルー〉で、これのよく冷やしたのをアペリティフに出され、その快適さに驚かされたことがあった。こんなアペリティフの楽しみ方もあったのだ。

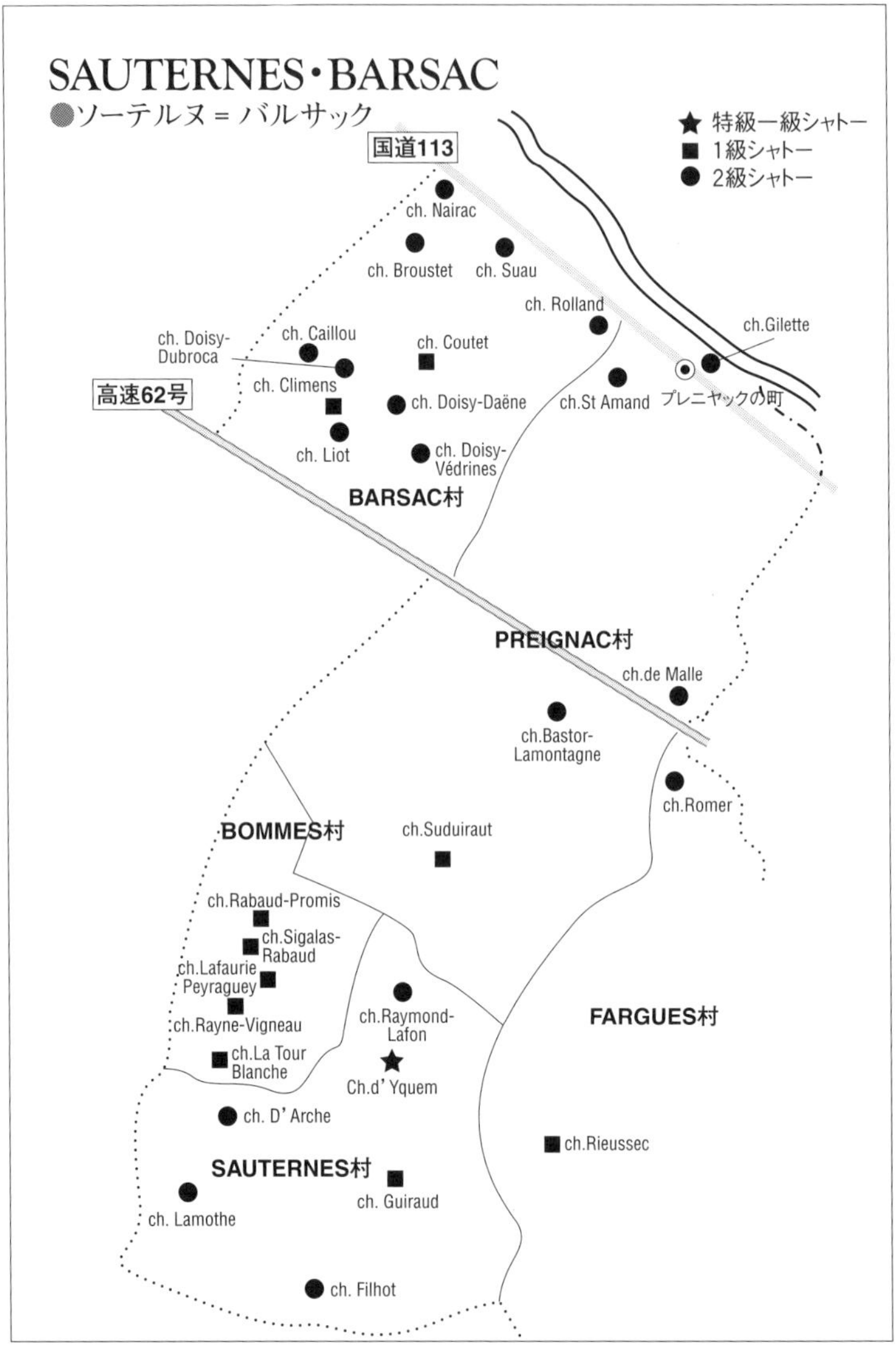

SAUTERNES・BARSAC
ソーテルヌ＝バルサック
★ 特級一級シャトー
■ 1級シャトー
● 2級シャトー
国道113
高速62号
ch. Nairac
ch. Broustet
ch. Suau
ch. Rolland
ch.Gilette
ch. Doisy-Dubroca
ch. Caillou
ch. Coutet
ch. Climens
ch. Doisy-Daëne
ch.St Amand
プレニヤックの町
ch. Liot
ch. Doisy-Védrines
BARSAC村
PREIGNAC村
ch.de Malle
ch.Bastor-Lamontagne
ch.Romer
BOMMES村
ch.Suduiraut
ch.Rabaud-Promis
ch.Sigalas-Rabaud
ch.Lafaurie Peyraguey
ch.Rayne-Vigneau
ch.Raymond-Lafon
FARGUES村
ch.La Tour Blanche
Ch.d' Yquem
ch. D' Arche
ch.Rieussec
SAUTERNES村
ch. Guiraud
ch. Lamothe
ch. Filhot

(3)　ソーテルヌの格付け

一八五五年に、ナポレオン三世がパリ万博の目玉商品として飾るために命令したのは、その当時におけるフランス最高のワインを選び出せということだった。その結果ボルドー商工会議所がやってのけたのは、赤ワインについてメドックの約六〇のシャトーを選んで格付けするということだった。実はそれだけでなく、白ワインについてもソーテルヌの格付けをした。当時の世界の人の高級ワインに対する期待とあこがれは、甘口だったのである。

この時のソーテルヌ＝バルサックの格付けは、赤のやり方と違って、まずイケムひとつだけを別格の特級とし、九シャトーを一級、一一シャトーを二級にした。バルサックで一級にもぐりこめたのはクーテとクリマンだけだったが、そのかわり二級は一一のうちの五席を占めている。メドックでもその後の歴史的変遷があったが、ソーテルヌのシャトーも有為転変、いろいろなお家の事情で変わってきた（例えば「ジネステ・ブック」をみると、一六八のシャトーが変名したり、やめたりして現役一一三社になってしまっている）。

まず、戦後になってからだが、二級のトップだったミラは、ソーテルヌのワイン造りの苦労が報いられないのに嫌気がさして廃業してしまった（幸いに八〇年代に救いの手がさしのべられ復活した）。

一級のうちのペラゲは、ラフォリ・ペラゲとクロ・オー・ペラゲに分かれ、ヴィニョーはレイヌ

・ヴィニョーになり、ラボーはラボー・プロミとシガラ・ラボーとに分割され、バイルはギローに変名した。二級のうちのドワジィは三つに分かれ、ブルーステ・ネラックはブルーステとネラックに分かれ、ロメールは、ただのロメールとロメール・デュ・アヨの二つになり、ラモットはデピュジョルとギニャールに分かれた。ペクソトはラボー（一級）に吸収合併されて存在しなくなった。このように名前の変化があるということは、実力にも浮き沈みがあることを意味している。新旧名を対比し、他の章と同じように「ジネステ・ブック」の採点（五グラスが満点）と、ロバート・パーカーの評価、そして「ル・クラッスマン」の評価（星数を数字、星のないものは〇）をつけておこう（なお、旧名の後のカッコ内は村名の略。Sはソーテルヌ、Baはバルサック、Pはプレニャック、Fはファルグ、Bはボム）。

	旧名		新名	（ジネステ）	（パーカー）	（ル・クラッスマン）
特級	d'Yquem	（S）		5	傑出	3
一級	La Tour-Blanche	（B）	同	4	秀逸	2
	Peyraguey	（B）	Lafaurie-Peyraguey	5	秀逸	2
			Clos Haut-Peyraguey	3	良好	2
	Vigneau	（B）	Rayne-Vigneau	4	良好	1
	Suduiraut	（P）	同	5	傑出	2

Coutet	（Ba）	同	4	秀逸（キュヴェ・マダムは傑出）	2
Climens	（Ba）	同	4	傑出	3
Bayle	（S）	Guiraud	4	秀逸	2
Rieussec	（F）	同	5	傑出	2
Rabeaud	（B）	Rabaud-Promis	4	優良	
		Sigalas-Rabaud	4	優良	2
二級					
Mirat	（Ba）	Myrat			○
Doisy	（Ba）	Doisy-Daëne	4	良好	2
		Doisy-Dubroca	3	優良	
		Doisy-Védrines	5	優良	1
Pexoto	（B）	（Rabaud-Promis に併合）			
d'Arche	（S）	同	5	良好	○
Filhot	（S）	同	5	良好	○
Broustet-Nerac	（Ba）	Broustet	4	良好	○
		Nairac	5	良好	○
Caillou	（Ba）	同	4	その他	1
Suau	（Ba）	同	4	その他	

Malle(de)	（P）	同	4	良好	1
Romer	（F）	Romer			
		Romer-du-Hayot	3	良好	○
Lamothe	（S）	Lamothe(Despujols)	3	その他	
		Lamothe-Guignard	3		

なお、格付けされていないシャトーで、「ジネステ・ブック」が五グラスをつけているものがあり、パーカーと「ル・クラッスマン」が取り上げているものがあるからつけ加えておく。ここでも没落と同時に新興のシャトーが出現しているわけである。

旧名		（ジネステ）	（パーカー）	（ル・クラッスマン）
D'Arche-Pugneau	（P）	5	秀逸	
Armajan des Ormes	（P）	4		
Bastor-Lamontagne	（P）	3	良好	○
Cameron	（B）	4		
Carles	（Ba）	4		
Couite(Domaine de)	（P）	4		
Cru Barréjats	（Ba）		その他	

Fargues(de)	(F)	3	秀逸	2
Farluret	(Ba)	4		
Gilette	(P)	5	傑出	2
Gravas	(Ba)	3	その他	○
Haut-Bergeron	(P)	4		1
Haut Claverie	(F)		優良	
Justices(les)	(P)(Gilletteと同一家産)	4	良好	1
Lafon	(S)	4		
Lamourette	(B)	3	その他	
Lange	(B)	4		
Latrezotte	(Ba)	5		
Laville	(P)	4		
Liot	(Ba)	3	良好	
Piada	(Ba)	4		
Raymond-Lafon	(S)	5	秀逸	2
Roûmieu-Lacoste	(Ba)	3	良好	
Saint-Armand	(P)	3	その他	○
Saint-Marc	(Ba)		その他	

Suau（Ba）4
Trillon（S）4

ソーテルヌはボルドー市から少し離れているので、何軒かのシャトーを訪れるのも一日がかりである。昔は、国道一一三号線を南下したものだったが、そう広くないこの国道の途中でいくつかの町を通り抜けるのに車の渋滞でいらいらさせられたものだった。今では高速道路のおかげで、ソーテルヌにたどりつくだけなら、そう時間はかからない。ただメドックと違ってソーテルヌは銘酒街道を走ると次々とシャトーが現われてくるというわけでなく、広い地域にシャトーがばらばらに点在しているから、どこからどう訪ねるかにちょっと頭をひねる。幸いなことに、シャトーめぐりの順路を導いてくれるCircuit du Sauternaisの道路標識があるから（訳して「ソーテルヌへの回り道」。国道一一三号線のバルサックのところに入口があるが標識が小さいのでうっかりすると見逃す）、これをたどって行くと、狭いくねくねした田舎道のドライヴを楽しみながら、めぼしいシャトーにめぐり会える。

バルサック＝ソーテルヌ地区は、瓢簞のような地形で、真ん中のくびれのところにシロンの小流が流れ、それより北の首の部分がバルサック、南の腰の部分がソーテルヌになる。バルサック地区の方はソーテルヌの半分くらいの広さで、全体が平地である。これに対し、ソーテルヌ地区の方はプレニャック、ボム、ソーテルヌ、ファルグの四つの村に分かれていて、小高い丘をいくつか含む、全体に起伏のある丘陵地帯になっている。ボルドーから訪れるとなると、やはり最初は北のバルサックということになる。高速六二号線をセロンに出るインターで降り、ぐるっと回ると国道一一三号線にセロンの町の辻のところで出るから、これを右折すれば次の町がバルサックである。ここから標識をたよりに国道を離れ、前記の「ソーテルヌへの回り道」をたよってバルサックのワイン地区に入ることになる。狭い道が入り組んだバルサックはひとつ道を間違うととんでもない方向へ行ってしまうが、県道一一四号の道標をたよりにこの村を突っ切るとソーテルヌ地区へ行ける。もっともソーテルヌに直接入りたかったら、バルサックのところで右折しないで国道一一三号線をもう少し南下し、プレニャックの町で右折して県道一一八号線か県道八号線を使わなければならない。

(4) バルサックのシャトー

バルサック村に入る少し手前の国道の右側に、**シャトー・ネラック**（格付け第二級、栽培面積一七ha、生産量一八〇〇ケース）がある。シャトーの建物は地味だが、しっかりしている。それもそのはず、十七世紀にルイ十四世がこの地方を訪れたときは、このネラック伯のシャトーにお泊まりになったというくらいだ。格付け二級のこのシャトーは、もともとブルーステとひとつのものだったが分離独立した。キャピヴィル家の時代のフィロキセラ禍の後、一時赤ワインに転向したり、一九六六年は医者のものになったりしてあまり評判がよくなかった。ところがその後が面白い。トム・エテールはアメリカの法律学生だったが、ワインの方が自分の性に合うと考えて学業を放棄、ニューヨークの酒屋で三年見習いをした後、本格的知識を身につけようとボルドーへやってきた。修業先はシャトー・ジスクールのニコラ・タリのところだった。一年もたたないうちに、彼はタリ家の従業員になっただけでなく、義理の息子になってしまった。タリの娘、ニコルと結婚したトムは、一九七一年ネラックの持ち主になり、ペイノー教授の指導を仰いで、あっという間にこのシャトーの名声を復活させた。その後夫婦の離婚などがあったためか、評判が以前ほどでなくなったが、良いワインを出していることに変わりはない。

バルサックの格付けシャトーは、この狭い地区にひしめいている感じである。この地区の中心になるラ・ペローの四辻に立ってまわりを見渡すと、時計の針でいえば、十二時のところに、ブルーステ、十時あたりにミラ、九時にカイユ、七時のところにクリマン、五時の方向にドワジィ・デーヌとヴェドリヌ、四時のところにクーテがあるという具合である。少し離れて一時から二時の方向にシュオーとさきほどのネラックがある。

バルサックで名声のトップを飾るのはやはり**クーテ**（格付け第一級、栽培面積三八・五ha、生産量五五〇〇ケース）と**クリマン**（格付け第一級、栽培面積二九ha、生産量三九〇〇ケース）になる。いずれも一級のこの二シャトーは長くトップ争いをくり返してきたが、どちらに軍配をあげるかは意見の分かれるところだった。

「ジネステ・ブック」は両者ともに四グラスだが、ロバート・パーカーはクリマンを上に置いた（但し、キュヴェ・マダムは同格）、「ル・クラッスマン」は断固クリマン派である（イケムと並ぶ三つ星）。リシーヌはクーテが優ると言っている。リシーヌに言わせれば、イケムはさておき、ソーテルヌ（バルサックを含めた）の中で、この二つこそ一級の中で選ぶべきワインなのである。評して曰く、「（本来の）ソーテルヌに比べるとやや酒軀《ボディ》がすらりとしていて甘味も薄いが、香料を含んだような芳香と酸味が、いわばそのバックボーンになっている。甘味も飲み手に迫って感銘させるような濃厚さはなくて、むしろ風味の微妙さや優雅さがその取り柄になっている」。リシーヌは、クーテは、その名前がクート（小刀）に由来しているように芯の強い筋肉質的な特質があり、これが古くなっても口に含むと新鮮さを感じさせるし、飲みほした後で花のような余香がいつまでも口に漂う、と表現している。一般的な見方をすると、クーテは二つの大戦の間に評価の落ちた時代があって、その後遺症が尾を引いているのかもしれない。とにかく、現在クリマンをバルサックのトップとみる見方が定着しているようだ。その優美・典雅さはバルサックならではのもので、ソーテルヌの絢爛・豪奢さとは別のものである。「ル・クラッスマン」は「クリマンほど優雅で純粋なブーケをもつ甘口白ワインは他に例がない。ぶどうをよく見わけて巧みに調合するさまは、まさに芸術的」とべた誉めである。私の知るかぎりでは、クーテは年によってむらがある点で損をしているのかもしれない。ただ、名声を回復するための特別吟醸物「キュヴェ・マダム」は、「ル・クラッスマン」が言うように「うっとりするほどの優雅な香りと、甘味と酸味の絶妙なバランス」をそなえたバルサックの逸品であることに間違いはない。バルサックは前述したように一般に平坦な地勢だが、クリマンあたりが一番高く、地元の人たちは「バルサックのヒマラヤ」だと誇っているが、高いといっても標高たかだか二〇メートルなのだから、フランス人好みの冗談なのだろう。このあたりの土質は赤砂、小石混じりの粘土質で、石灰分もかなり含んでいる。地表のわずか三〇～

五〇センチあたりに堅い岩盤があってぶどうは地下深く根を伸ばせない。そのため木がソーテルヌほど頑強になれないので、ワインが女性的な繊細かつおとなしいものになるのだそうである。クリマンを訪れると、応接間に貝の化石が混ざったこの岩盤の岩が飾ってある。

ぶどうでいえば、クリマンの方は現在一〇〇％セミヨン（以前は九八％がセミヨン、二％がソーヴィニヨン・ブラン）だが、クーテの方はセミヨンが七五％、ソーヴィニヨンが二三％、ミュスカデが二％ということになっている。この二つのぶどうの組合わせはメドックの赤ワインにおけるカベルネ・ソーヴィニヨンとメルローとの組合わせに似通ったところがある。セミヨンから生まれるワインは酒肉が厚く、アルコール度も高いが、口当たりが堅くなるし、長命になる。ソーヴィニヨン・ブランから生まれるワインの方は、柔らかさ、新鮮さ、潑剌さに長所があるが、短命なたち。ワインを飲みよくさせるために、どこまでソーヴィニヨンを混ぜるかが難しいところなのであろう。

クーテの方は、歴史が古く、バルサックでは一番古いシャトーで、十三世紀末の荘園屋敷が（素朴なものだが）残っている。かつてはフィロー家に属していて、結婚によってアメデー・ド・リュル・サリュース侯爵の手に移った時代もあったが、一九三〇年代からトマス・フレールの所有になり（そのうち三十年はローラン・ギュイの管理）、一九七七年以降はストラスブールのバリ家（現在フィリップとドミニク）のものになっている。クリマンの方はシャトーの建物がやや立派で、両翼にそびえている二つの三角状にとがってそびえる屋根は遠くからよくわかる。十九世紀の中頃はラコスト家に属していたが、一八七一年からはアルフレッド・リベ（当時の二級シャトー、ペクソトの所有者）が買い取って畑を改良した。一八八五年からグヌイユーGounouilhouという奇妙な名前（蛙の grenouille にちょっと似ている）の人のものだったが、一九七一年からマルゴーにおけるワイン造りの名家リュシアン・リュルトン家の所有になった（現在はブランドラード夫人の後を継いだブリジットとベレニスの所有）。所有者が女性なら、醸造長も三十年近く勤めているマダム・ジャナンという肝っ玉かあさんのような女傑だった。クリマンの女性的な美しさは、こうしたことに無関係でないようだが、ベレニスとブリジットの代になって洗練さになお磨きがかかってきたようだ。

バルサック地区では一八五五年の格付け当時クーテとクリマンの二つの一級をのぞけば、二級が五シャトーあった。そのうちミラが一時期廃業し、ブルーステ・ネラックが二つに分かれ、ドワジィが三つに分裂したから七シャトーになっていたが、ミラが復興したので現在は八つになった。八つのうち、前述のネラックの後を追って、独立した分家になったのが**ブルーステ**（格付け第二級、栽培面積一六ha、生産量二〇〇〇ケース）である。ネラックから分離されたこの土地をブルーステ家が一八八五年に買ったのは隣りにあった樽工場の敷地を拡げるためだった（同家はジロンド県最大の樽メーカーで、現在のボルドー樽の尺度も同家が決めた）。畑にしてぶどうを植えたのは一九九〇年からである。シャトー・カノン（サン・テミリオン）のエリク・フルニエの丁寧な管理の下でワインは名声を築きつつあったが、生産量が少ないので知名度は低かった。一九九二年にディディエ・ローランが買収したが、その直後に悪天候に見舞われたため数年後にならないと力量が振えなかったが、現在着実に評価が上がりつつある。ことに値段が品質に比べてことに安い。**シュオ**

ー（格付け第二級、栽培面積八ha、生産量一五八〇ケース）は、国道一一三号線近くの森の中にひっそりと隠れている建物を持っているが、ルイ十四世の顧問官だったシュオーの名を取っただけあって歴史は古い。現在、ワインは、ビアルヌ家が別にもっているイラ村のシャトー・ド・ナヴァロで仕込まれている。当たり年の時にみせるような優れたワインを生める潜在能力を持っているはずだがこのところ評価はあまりぱっとしない。**カイユー**（格付け第二級、栽培面積五〇ha、生産量四五〇〇ケース）は、格付けシャトーがかたまっているバルサックの中心部からちょっと離れた西はずれにある。ただ、塔のついた小ぎれいな城館を新築したので、よく目立つ。持ち主のバラボ家は、家族のごたごたで苦しめられたようだ。ワインは人を驚かすとか複雑といわれるようなものでないが、よく出来ている軽やかで楽しめるもの。数種のワイン（中には赤とロゼもある）を造っているが、特醸のプリヴァト・キュヴェなどはなかなかのもの。バルサックでよく間違えられるのは、ドワジィが三つあることである。**ドワジィ・ヴェドリヌ**（格付け第二級、栽培面積二七ha、生産量二二〇〇〇ケース）が、本家筋で畑も広い。建物（古い風車塔あり）も小さいが十六世紀からのもの。一七〇四年に判事のジャン・バブティスト・ヴェドリーヌが結婚でこのシャトーを自分のものにした。一八三〇年以来、ボルドーで古いネゴシャンのカステジャ家がここを持ち続けているが、ボルドーきっての美食家だった先代のピエール老が目を光らせていただけあって「ジネステ・ブック」の五グラスに輝いている（バルサックでは、第二級はことごとくネラックだけ）。ワインの仕込みは伝統的なものだが、畑の面積に比べて生産量が少ないのは厳しい選果と、少し出来の悪いものはさっさと見切りをつけてグラン・ヴァン扱いしないためである。ワインはバルサックというより手堅いソーテルヌ・タイプで、熟成香《ブーケ》と酒軀《ボディ》、そして甘味がとりわけ豊かで、総体的にリッチで強烈な印象。なお、ブレンドを本業としないで名シャトーものの巨大なストックを誇る新しいタイプのネゴシャン「ジョアンヌ」は、ここのジャン・ピエール・カステジャが経営している。十九世紀の初頭にドワジィが三分割されたが、ひとつがデュブロカ家のものになってデュブロカを名乗り、もうひとつが英国人デーヌの手に渡ってデーヌを名乗るようになった。**ドワジィ・デーヌ**（格付け第二級、栽培面積一五ha、生産量二二〇〇ケース）。デーヌの死後、キャザレ社のドジャーンの手に移ったが一九二四年にピエール・デュボルデューのものになった。ピエールは何世代も続く名醸造家の流れをくみ、優れたワイン造りをしていたが、息子のドニが手伝うようになり後に父の跡を継ぐようになってから変わってきた。ドニ・デュボルデューはボルドー大学醸造学の教授で、ことに新しい辛口白ワイン造りのリーダーである。そうしたことから、ここは三つのタイプのワインを出している。ひとつはソーヴィニヨン一〇〇%を使った香り華やかな辛口の白、もうひとつは優雅な甘口の白、そして特別の当たり年にとびきり糖分の多いぶどうを選んで造る特醸物の「レクストラヴァガン」。この最後のものは稀少品（一九九〇年はわずか一〇〇ケース）になっている。**ドワジィ・デュブロカ**（格付け第一級、栽培面積三・三ha、生産量六〇〇ケース）は、クリマンの隣りだったし、デュブロカ家の息子のひとりがクリマンの持ち主グヌイユーの娘をもらった関係で縁が深くなった。第一次大戦時にグーヌイユが買い取り、クリマンのセカンド扱いにしてワインを造っていた。クリマンがリュルトン家に買収された時、ここも運命を共にした。現在持ち主はルイ・リュルトンだが、ワインはクリマンで仕込まれている。当然ワインはクリマンに似ていていてその弟分のようなところがある。バルサックの格付けシャトーで特筆を要するのは、**ミラ**（格付け第二級、栽培面積二二ha、生産量四〇〇〇ケース）である。ここはブルーステとドワジィ・グループのほぼ中間、県道一一八号線の四辻から少し西に入ったところにある。持ち主のポンタック伯爵はワイン造りのやっかいさと赤字続きなのに嫌気がさして一九七五年の収穫の後、ぶどうを全部引き抜いてしまった。老伯爵はシャトーに住み続けていたが一九八八年に死亡した。しかし、この名シャトーが途絶えるのを潔しとしなかった子供のジャックとクサヴィエ兄弟は、シャトーの復活を期して免許が失効する直前に約十四万本のぶどうを植え、一九九一年に初収穫をあげた（ヘクタール当たりわずか三ヘクトリットル）。その後も難しい年が続いたが、現在どうやら生産は軌道に乗りつつある。ワインはまだ最盛期の優れたレベルに達していないが、斜陽が続くソーテルヌでは、再興の奇蹟が起こることに熱い目が注がれている。バルサックは全体としてシャトー数は少なく、三五くらいしかない。その中でいくつか頭角を現わしているので、紹介しておく。まず、**クリュ・バレジャ**。これは地区の西南端、クリマンの西手になり規模は小さいが（五ha）が自然農法を取り入れた濃厚甘美なワインの評価は高い。**グラヴァ**は、もともとヴェドリヌの一部だったが、分割された畑のうち三つは名前が残ったが、これは消えてしまっていた。一八五〇年以来ベルナール家がここに一一ヘクタールの畑を持っていたが二十世紀に入ってこの名前で復活。コストパーフォーマンスが高い。**リヨ**は、クリマンの南隣りで畑もかなりの面積（二〇ha）を持ち、バルサック中で一番高い位置にある。手堅い造りのチャーミングなワイン。**ルーミュー・ラコスト**はバルサックの南部にあるが、若干消費者をまごつかせる。というのは、このあたりに同じルーミューを名乗るシャトーが三つあり、二つはルーミューだけを名乗っているがここはハイフンでラコストがつく。三つの中でここは一九九〇年以来デュボルデュー家の経営になったためワインは出色。クリーミーでトロピカル・フルーツの香りを持っている（近くの畑からグラヴィル・ラコステ名の辛口白ワインも出している）。**サン・マルク**は、ブルーステの北西隣り。もともと狩猟小屋だった建物をローラン家が四代にわたって持ち続けている一七ヘクタールある畑を区画ごとに別々に仕込み、優美で力強いワインを出している。バルサックとしては最南端に**ラトレゾット**と**ファルルレ**、ドワジィの東手に**ピアダ**があるがそれぞれ凡庸なものとは違う個性をもったワインになっている。

(5)　ソーテルヌのシャトー

さて、いよいよソーテルヌ村のソーテルヌになる。この地区に入るには、国道一一三号線のプレニャックの町で右折しこの地区を北から縦割り状に突っ切って南下する県道八号線を使う方が便利だし、わかりやすい。すると、左側（通りの東側）には、格付けシャトーのうちマルとバストール・ラモンタージュがあり、少し先の右手にリューセックがある。この三つのシャトー以外は右手の方の丘に散在している。この県道八号線をアランソンの四ツ角で右折するとソーテルヌの中心に入れる。前に述べたバルサックから入る「ソーテルヌへの回り道」を使うと、バルサック村を抜けてから少し迂回した後に、シロンの川を突っ切ってちょうど瓢箪の腰の部分の中腹あたりに入ることになる。そしてだらだら坂をたどりながらイケムに向かうと、まさしくソーテルヌ回廊といった感じで、有名なシャトーが次から次へと道の左右に現われてくる。シロン川は、小ぎれいだが、一見したかぎりではどこにでもありそうな小川である。しかし、これが世にもまれな貴腐ワインを生み出す謎だと知れば、なんとなくありがたみが出てきて、写真でもとらずにいられない。

ソーテルヌ地区は、北のプレニャック、東のファルグ、中央のボム、南のソーテルヌと四つの村からなりたっているが、プレニャックにシュデュイローとマル、ファルグにリューセックとロメールがあるのをのぞけば、あとはボムとソーテルヌ村に集中している。全体にいくつかの丘を含む起伏地で、それぞれの丘にシャトーが散っているから、位置関係を頭に入れにくい。丘のうちのひとつの頂上にあるレイヌ・ヴィニョーからの眺望も美しいが、やはり回廊の終点、イケムにたどりついてみることである。ソーテルヌの中でも一番高い標高八〇メートルほどの丘の頂上に、王者の名にふさわしいシャトーがあたりを睥睨している。イケムは、中世の城塞のあとを残す銃眼はざま付きの古塔をもった威風堂々とした建物で、それだけでも異色だし、一見に値する。しかしそれだけでなく、この頂上に立つと四方にさえぎるものがなく、はるか遠景まで眺められる。素晴らしい眺望に心を踊らせながら東西南北をみて行くと、格付けシャトーの位置が手にとるようにわかる。ここでもイケムを時計の中心に見たてて眺めると、一時の位置のはるか遠景にマルと、そのちょっと右にロメール。十二時方向にはシュデュイローと、その手前のレイモン・ラフォン。十時のあたりはシガラ・ラボーとラボー・プロミスである。九時から八時にかけて、つまり、西の方に、北から南へとレイヌ・ヴィニョー(少し先の方)、ラフォーリ・ペラゲとクロ・オー・ペラゲ(手前)、遠

極甘口白の王、シャトー・ディケム（イケム）

方のラ・トゥール・ブランシュ（ちょうど真西）、ダルシュ、ラモットと並んでいる。ほぼ七時の方向のかなたにフィローがあり、その手前六時の位置にギローがある。東側は、四時の方向にあるリューセックだけになる。

この指揮所をかこむ錚々たる雄将の軍団のようにみえる各シャトーを、さてどう把えたら頭の中に整理して入るか、それはなかなか難しい。まず**イケム**（特別第一級、栽培面積一一三ha、生産量七九〇〇ケース）。イケムを語ろうとしたら話はつきない。とにかく歴史といい、驚くべき長寿といい、規模といい、品質の秀逸さといい、他のソーテルヌをはるかに引きはなしている。だから、格付け上も「特別特級」として別格にしたわけだが、サン・テミリオンの特別一級とはわけが違う。世界における極甘口白ワインの王座にあって、その地位にゆるぎがないのだ。現代醸造学の発達による世界のワイン界の激変の波を寄せつけない。

小高い丘の頂上に石壁に囲まれた中世の古砦さながらの建物があり、これが醸造所でそのわきに瀟洒な城館がある。当初はソヴァージュ・ディケム家のものだったが、同家は一五五五年まで遡れる旧家である。革命前夜の一七八五年イケム家のジョセフィーヌがルイ・アメデー・ド・リュル・サリュース伯爵と結婚し、以後同伯爵家のものになった。伯爵家も歴史を一四〇九年まで遡れる名家でファルグの御領主様だった。ちなみに有名な思想家モンテスキューが同一家系と書く人をしばしば見受けるが、これは家系の読み違いである。また領主が旅行中に摘取りの指示をするのが遅れたから貴腐ワインが生まれ、それがソーテルヌにおける貴腐ワインの発祥という俗説もあるがこれもドイツのシュロスヨハニスベルグの貴腐ワインの発祥伝説と混同したのであろう（ソーテルヌで最初に貴腐ワインを意図的に造ったのはトゥール・ブランシュで、当時の持ち主はドイツ人のフォックスという人だった）。史実的に確かなのは、ロシア皇帝の宮廷が権勢と栄華を誇っていた時代、皇帝の弟のコンスタンティン公がイケムの一八四七年ものに惚れこみ一樽二万フラン（普通のイケムの四倍）という破格の値段で買い取ったことである（これは記録に残っている）。そしてその挿話がヨーロッパ王侯貴族の間に広まってイケムの名声を確固たるものにしたことは確かである。また、革命前夜、後のアメリカ合衆国大統領ジェファソンがボルドーを訪れた時、イケムの秀逸性を知って上得意先になりホワイトハウスの食卓を飾るようになり名声が新大陸に広まったことも事実である。

ソーテルヌ地区特有の気象条件（九月最後の週の午前中の朝もやと午後の晴天）が貴腐ぶどうを

生むわけだが、単に貴腐がついたからといって秀逸なワインができるわけでない。ぎりぎりまで完熟を待つ遅い収穫、熟練した摘み手（常用雇用者四十名を含む百～百三十名）が数回にわたって文字通り一粒一粒貴腐がうまくついた果粒だけを選ぶ摘果（そのため摘粒が十二回にもわたり、収穫が二カ月も続き十二月に入ることがある）、昔ながらの木製桶枠型プレスの使用（直径わずか一メートルそこそこの小型、それがわずか三基、それで一日分。最近同じ型だが最新式のものと取り替えた）、三回にわたる圧搾（水分の減少と糖分の増加）、毎年全部新樽を使った発酵、最低三年間の樽熟成、その間三ヵ月ごとの澱引きと週に二回の目減り分の補充（この過程で二〇％の目減り）、そして最後は厳格な品質テストと標準に達しないものの排除というプロセスが、イケムの名声を支えているのである。また、栽培について細心の注意が払われていることも言うまでもない。広大な畑（一一三ha）に設置された排水管、寡産高貴種の植えつけ（セミヨン八〇％、ソーヴィニヨン・ブラン二〇％）、高い樹齢（平均三〇年を超す）、急斜面畑の人馬による耕作と手入れ（一九八四年から機械化導入）、有機肥料の施肥と厳しい剪定と入念な手入れ（四〇人を超す常用労働者）などは、余程の資力がないとできる話ではない。摘果ひとつを取っても、ソーテルヌの生産者のすべてがこんなことをやっているわけでないし、一九八八年に拡張新装した地下蔵も威風堂々として見る者を圧倒する。イケムのワインの素晴らしさについてはくどくど述べないが、あえて言えばそれは至高をめざした究極のワインである。それに、他が真似ることの出来ない長寿である。五年や十年位しか瓶熟していないものをイケムと思ってはいけない。少なくとも二〇年は瓶熟させないと、イケムはその秀逸性を見せてくれないのだ。そして四〇年、五〇年に達すると黄金色から美しいオレンジ色に変身する。第二次大戦以前のものは褐変化が進み色が黒ずんでくる（番茶のような濃い茶褐色になるものもある）。ふつうの白ワインだとこの現象はもはや飲めなくなったことを意味するが、イケムに限り（いや、いくつかの優れたソーテルヌも）絶妙の甘美さを超えた、もはやワインと言えず歳月だけが造り得る独創的液体、神酒《スクタール》というものに化身するのである。なお、イケムにはラベルに〝Y〟（発音イグレック）とだけ表示されたものがある。一九五九年から始められたが、これは貴腐がうまくつかなかった場合や、セミヨンの出来がよくなくて、濃度と豊かさに欠けるものを、この名前で出す。これは辛口白ワインと思われているが、辛口度は相対的なものである。

さて、だんとつの存在、イケムを別にすれば現在次のトップ争いはどうなるであろうか？　昔はラ・トゥール・ブランシュとレイヌ・ヴィニョーがしばしばイケムを凌ぐとされる年があったものだが、現在この二つはドロップアウトしてしまった。「ル・クラッスマン」は、前記の表のように、イケムとクリマンの三つ星の後に一二のシャトーに二つ星をつけているので、これではちょっとわからない。ロバート・パーカーは、イケム、クリマン、クーテの他に、ジレットとリューセック、そしてシュデュイローを傑出にしている。この採点に関するかぎり、著者はパーカーに組する。ただし、ジレットは特殊なので秀逸であることは疑わないが、同列に置くには問題がある。そうなると、リューセックとシュデュイローがスーパー・セカンドということになる。以下、著者の考える順に説明しよう。

まず、一級の中の**シュデュイロー**（格付け第一級、栽培面積八七ha、生産量一〇〇〇〇ケース）

が、昔ながらの名声を維持している点では、誰にも異論がない。ヴェルサイユ宮殿の設計をしたル・ノートルのデザインにかかるここの素晴らしいシャトーの建物の方は、ルイ十四世の定宿を誇っていた。ただ一九四〇年以後の持ち主であるレオポルド・フォンクエルニィ氏が住みつかず荒れたままになっていた。もっとも酒造りの方は、娘のフローアン夫人の管理下に名醸造長バイジョー氏ががんばっていて名声を落とすことがなかったが、一九七〇年以降若干のかげりが出た。

このシャトーは、プレニャック村にあり、他の一級シャトーと違って畑が丘陵部でなく平坦部にある。位置としてはイケムの一キロちょっと離れた真北になる。地勢のハンディを乗りこえて名酒を出し続けてきたのは、畑の土質と醸造家の努力によるものだろう。ところが一九九二年、このシャトーを保険会社のアクサ・ミレジムが買収し、シャトーの邸館と庭を見事に改修したので、景観に関するかぎり、現在ソーテルヌで一番立派で美しい。酒造りに関しては、買収の仕掛け人ジャン・ミシェル・カズ氏（ポーイヤックのランシュ・ベージュを所有）は謙虚で、他の買収したシャトーのようにドラスティックな変化をさせず従来の伝統を尊重している。ただ、ワインの洗練度を高め、ことにとかく批判があったばらつきとか一貫性の欠如をなくすようにつとめているようだ。そして広い畑の中から極上物のクレーム・ド・テート、キュヴェ・マダムを造り上げた。もともとこのシャトーのワインは、ソーテルヌの中でも、ややバルサック的（つまり両方の良い点を兼ねる）といわれる面があったが、今では優美そのもののワインになり、ことにテート・ド・キュヴェはまさしくイケムに次ぐ地位についたといっても過言でないだろう。テートでないものはソーテルヌの中でも比較的早くから飲めるようになるのがここの特色だが、それでもその真価をみたかったら、少なくとも十年くらいは待たなければならない。

次に出色はなんといってもリューセック（格付け第一級、栽培面積七五ha、生産量一〇〇〇〇本）である。このシャトーは、ファルグ村に入るが、ソーテルヌの上級シャトーの中では東端に位置する。地勢としては、イケムの隣りの丘の頂上にシャトーがあり、畑はイケムと地続きの隣りになる。一八四六年当時畑の一部がシャトー・ペクストに属し、ワインはペクスト＝リューセックとして売られていたが（ペクストは後にラボーになる）、一八七二年に当時のリューセックの当主シャルル・クレパンが買い戻した。その後、ポール・ドフォーリ（畑を改良）、アメリカ人のベリ、アルベール・ヴュイエール（偉大な伝統維持者）の手を経て、一九八四年にラフィット・ロートシルト家のものになった。同家が食指をのばしただけの価値がある潜在的能力をもつ畑に、資本と技術を注ぎこむのだから、ワインが良くならないはずはない。現にシュデュイローと並んで、イケムに次ぐトップの座をねらっている。

現在のリューセックのワインは美しい色調、過度にならない華やかな香り、しっかりとして甘美な酒軀、総体的に気品と格調が高く、常に安定した品質を維持している。非の打ちどころのないワインである。ただ一九七一年から八四年までの約十年間のものを現在と同じと考えてはいけない。この時代の主人アルベール・ヴュイエールは、偉大なワインを造ろうとする熱狂的な信者で果粒の摘み方や醸造法にいろいろ工夫をこらした。そのため、秀逸な品質にはなったが、ワインの出来栄えにややむらがあり極端に濃厚であったり、やや気品に欠けるものが出たきらいがある。よって、この年代のワインについては強い支持者と批判者と意見が分かれる。ただ、非常に個性的であったことはとつけた事実で、この時代のものと現在のものとを飲み比べるのは実に興味深い。なおここは″R″とつけた辛口の優れた白ワインも出している。

この二つのシャトーの次をどこにするかは問題だが、伝統墨守でがんばっている点で**ラフォーリ・ペラゲ**（格付け第一級、栽培面積四〇ha、生産量七五〇〇ケース）を採りたい。ここは、イケムのちょっと北東にこれもまたイケムと同じような古要塞（十三世紀のもので十七世紀に補修）の風格あるたたずまいを見せている。両端に円塔をひかえ上のへりが凸凹状になった長い石塀は見る者に時を忘れさせる（最近、この石塀を洗ってきれいにしてしまったのは残念）。内部の醸造所も古風で圧搾器もイケムと同じ縦長で小型のものを大事に使っている。ペラゲという変わった名前はラフィットの所有者でもあったプレジダン・ド・ピシャールがつけたものである。革命後、傑出した酒造りの名手ラフォーリ氏に払い下げられ、このシャトーの名声をあげるのに貢献し、現在の名前になった。その後デュシャテル伯爵などの手を経た末、一九一七年以来コルディエ社のものになり、同社の虎の子的存在になっていた（現在同社はラ・エナン系列グループ、シュエーズの傘下に入った）。ここのワインは長く一級のトップ・グループに入っていたが、一時期マンネリ的停滞期があった。しかし、これではいけないと発奮したのであろう。一九八〇年代に入って酒質のてこ入れに着手、醸造所の改修を行ない、ソーヴィニヨン・ブラン比率を減らし、厳しい選果を実施し、新樽の量を増やす等の軌道修正を行なった。またこの時期にシャトー・ダルシ・ヴィネメイの畑を四・五ヘクタール買い取って畑を拡大した。ワインはまさにクラシック・ソーテルヌと呼んでよいもので、官能的と言えるほどの芳醇な香り、果実と蜜が融合し合ったような滑らかで甘美、そして洗練さを欠かない酒軀をそなえている。なお、ここも「ル・ブリュット・ド・ラフォリー」という辛口白も出すようになった。

一八五五年の格付け当時はラフォーリ・ペラゲの一部だったが一八七九年に分かれて独立したのが**クロ・オー・ペラゲ**（格付け第一級、栽培面積二三ha、生産量三〇〇〇ケース）である。ラフォーリの半分ほどの広さの畑で、一九三四年に旧所有者ギリオン氏から家族経営ポーリー・フレール社の手に移った。一九四八年からはジャック・ポーリー、その後相続人のマルティーヌ・ラングレ・ポーリーが酒造りにあたっている。黄色い枠のラベルのこの愛らしいワインは、ラフォーリよりは一格下に見られていた時代もあったが、決して一級の名を辱めるものでない。ことに一九八〇年に入ってからは酒質の向上が顕著で、本家に比べて決して見劣りのしないものになっている。非常に豊潤なワインで、瓶熟成が非常に遅い。二十年を越さないと真価をフルに発揮してくれないから、今のようなせっかちな時代には損をしている。

格付け後、二つに分かれたという点で似ているのが二つの**ラボー**。イケムの北西、レイヌ・ヴィニョーの北隣りに位置するこのシャトーは、一六六〇年にマリー・ペイロンヌ・ド・ラボーがアルノー・カズと結婚した時に、シャトー・ラボーと命名されたが、一八六四年にドルーイエット・ド・シガラが買い、一九〇三年にその大部分（三分の二）をアドリエン・プロミスに売った。そうした関係から、もとの方は**シガラ・ラボー**（格付け第一級、栽培面積一四ha、生産量二八〇〇ケース）として残り、分けられた方は**ラボー・プロミス**（格付け第一級、栽培面積三三ha、生産量五〇〇〇ケース）になった（この二つのシャトーは二六年後にいったん統一されたが、一九五二年に再び分かれた)。ラボー・プロミスの方は畑も広いが、ワインはやや酸味が強くソーテルヌの甘美を欠く関係で、「ル・クラッスマン」は無視して掲載していないし、ロバート・パーカーもかなり辛い点をつけていた。ただパーカーの方は一八八六年以降急速に品質が改良されたので、このまま行けば名声が回復されると見ている。ところが、シガラ・ラボーの方は畑こそ小さく生産量は少ないが、最上の逸品の伝統を守り続けている。ワインはソーテルヌとしては軽いタイプだが、優雅で比較的早く飲める取り柄がある(七、八年)。シガラ・ラボーについて、パーカーは過去にある種の放任的な姿勢があったが一九八〇年から大幅に改善されたと評している。ところが「ル・クラッスマン」の方はべた誉めである。つまりこのワインは「スタイルが独特で、アルコールの高さと力強さでオー・ソーテルヌ(イケムを中心とする丘陵斜面もの)に似ているが、平坦部もののように早くから繊細さが際立ち熟成とともに増幅されていく。驚くような極上品に仕上がることもあり、一部のワイン通の間ではソーテルヌの最高傑作に位置づけられている。そして値段も控えめだ」と言うのである。どちらか正しいか将来が決めるだろう。

いろいろな意味で変わった存在なのが、**ギロー**(格付け第一級、栽培面積一〇〇ha、生産量一六〇〇〇ケース)である。本来のソーテルヌ村で、イケムと並んで唯一の一級であるこのシャトーは、ソーテルヌ地区全体の中でも畑が広い。昔はバイルと名乗った時代があったが、後に持ち主にちなんで現在の名前になった。ベルナール、マックスウェル、ポール・リヴァル(南仏のぶどう園主)家などの手を経た末、一九三五年、ソーテルヌに惚れこんだカナダ人のハミルトン・ナービィが、人に笑われるのを覚悟の上でモントリオールの不動産を始めとする私財を売ってこのシャトーを買い込んだ（カナダ人らしく邸館の内装に木をふんだんに使って改修した）。壮大な野心をもつナービィは若さのエネルギーを注ぎこんで、イケムと同じような粒摘み、樽発酵、新樽による長期熟成などのテクニックで、ネクタールのような甘美なワインを復活させようと努力をした。経費のかさむ甘口白ワイン造りの経営を維持するため、辛口白ワイン造りやパヴィヨン・ルージュの名前の赤ワイン造りにも挑戦している（ただし現在は生産縮小中）点でも異色である。

実は、このナービィの夢を実務の上で実現したのは、有能な管理人グザヴィエ・プランティだった。自然による貴腐化を大事にした栽培法とか、一切補糖をしないことを始めとする醸造工程など他のシャトーもこうあって欲しいものだと「ル・クラッスマン」も絶賛している。ギローとその広大な畑は、イケムの後背部、つまりソーテルヌ地の最南部の丘にぽつんと孤立していて（この南にあるのはフィローだけ）、ひろびろとした畑もなだらかな斜面で平坦に近いが、この条件を克服したのが造り手の熱意だという点で教えられるところが多い。

格付けにこそ入っていないが、現在第一級と同格に扱われている出色のシャトーが三つある。そのひとつがまず**ファルグ**（栽培面積一五ha、生産量三〇〇〇ケース）。有名なリュル・サリュース家は一四七二年にシャトー・ディケムを自家のものとするが、その四百年も前から同家はこのシャトー・ファルグを持っていたのである。そうした関係から、サリュース家はイケムで令名を築きあげた後もこのシャトーを持ち続け、その酒造りにあたっている関係で格付けこそされていないがしばしばソーテルヌの二級もののトップに並ぶワインを出している。生産量はそう多くないが品質に比して値段が安いので、いわゆる酒通達は「イケム・ジュニア」と呼んでこのワインを奪い合っている（シャトーの建物は廃墟と化しているが、古い取り木法の畑が残されている）。

もうひとつが**レイモン・ラフォン**（栽培面積一八ha、生産量二〇〇〇ケース）。格付けこそされていないがイケムの丘の裾のすぐ北で地続きの畑はよいワインを生む可能性をもっていたが（一九二一年はイケムをしのいだという定評があった）、どちらかというとなげやりな状態におかれていた。ところが、一九七二年になって、イケムの支配人だったピエール・メスリエがこの小さな畑を買いこみイケム以上の厳しいワイン造りを始めてわずかの間に名声を築きだした。現在はその家族（娘はマリー・フランソワーズ）が父の偉業を引き継いで守っているが、このいわば新興シャトーはソーテルヌでも専門家が注目しているだけでなく、ワイン通の中で信奉者が増えている。ただ、多くが個人顧客に売られているため、滅多に市場に姿を見せない。

順序が後になったが、パーカーがイケムとシュデュイローに並ぶ三つの「傑出」ソーテルヌの中に入れているし、「ル・クラッスマン」も異色の二つ星をつけているのが**ジレット**（栽培面積四・五ha、生産量五〇〇ケース）である。異色というのも、まずこのシャトーと畑はプレニャック村にある。それもイケムがあるソーテルヌ中心部からはるかに離れたところにぽつんと孤立している。そしてジロンド河畔になるから、土質は底土こそ岩と粘土層になっているが砂質畑である。それだけでなく熟成方法が全く特異なのである。当主のクリスチャン・メドヴィルは、万事が能率、スピーディに走る世知幸い当世の風潮に盾ついて、ワインを瓶詰めで出荷する前に十五年から二十年間はとっておくことを決心したのだ。それも普通熟成に使う樫樽でなく、内部をコーティングしたコンクリート・タンクである。そのワイン自体は他のソーテルヌと変わりがないが、ここまで徹底したことをやる変人は他にいない。そのため、クレーム・ド・テートと呼ばれるこのワインは、年間わずか七〇〇〇本そこそこだが、長い熟成によって果実味と酸味のバランスが絶妙なものになっている。このワインは絶賛する人とそうでない人と評価が分かれるが、瓶熟成の神秘に関心を持つワイン愛好家たる者、このような世界のどこもやっていない途方もないことをやった結果がどんなものになっているか一度は試してみたらいい。なおここは普通の熟成方法をとった**レ・ジャスティス Les Justices** も出しているがなかなか良く出来たソーテルヌである。

さて格付け第一級の中で、昔は名声を誇っていたが、今では評価が落ちてしまったシャトーが二つある。そのひとつが、かつては第一級のトップだった**ラ・トゥール・ブランシュ**（格付け第一級、栽培面積三四ha、生産量六三〇〇ケース）である。イケムの西手の別のやや小高い丘の上にあるこのシャトーは、一九〇六年に当時の所有者だった洋傘屋のオジリス氏の遺志で栽培醸造学の学校にする条件で国家に寄付された（彼は微生物学者パスツールの友人だった）。以後国有管理となり、現在では農業省の所轄の下にワイン造りを学ぶ生徒達の学校になっている。ワインは生徒の教材用に造られることになったため、一時期ひどいものになってしまった。ところが一九八三年になって、国もこれではまずいと気がつき、新しい監督者を選任するようになって事態は変わってきた。収量を制限し、新樽一〇〇%で発酵と熟成が行なわれ（摘果時期によって仕込樽を別々にする）、地下蔵は完全に空調するという一連の改善がとられるようになった。なんといっても畑には優れた潜在能力があるのだから、現在ワインは劇的に品質を向上しつつある。昔の第一級のトップに返り咲くのもそう遠くない将来のことだろう。

もうひとつが**レイヌ・ヴィニョー**（格付け第一級、栽培面積七九ha、生産量二〇〇〇〇ケース）である。一六九二年にラ・ヴィニョー氏の持ち物となり、一八三四年にレイヌ男爵のものになったためこんな名前がついた。同男爵がかのオー・ブリオンの持ち主ポンタック家の娘と結婚した関係で、一九六一年まで同家が所有していたという由緒あるシャトーである。このワインは十九世紀時代令名に輝き、一八六七年のパリの博覧会ではソーテルヌを代表する甘口白ワインのひとつとして、ドイツのライン・モーゼルの極上物とその品質を競いあったくらいである。しばしば、イケムを凌ぐと評価されるワインを出していた。イケムのほぼ真西手にあたる別の小高い丘の頂上に立派なシャトーがあり、このような高いところにどうしてこんなに石があるのかと首をかしげさせるほどの砂利畑がある。氷河期のピレネー山脈の露頭といえるところだからだが、この石の研究に晩年の生涯を費やしたロートン子爵は、サファイヤ、瑪瑙、翡翠、水晶などの輝石や様々の化石のコレクションを残している。イケムと並んで素晴らしい眺望をもつこの丘の頂上のシャトーは、建物だけをレイヌ家に残し、畑の方はノートルのペンネームをもつジャーナリスト、ロートン子爵に移ったが、同子爵は九十八歳の長命（母も百一歳）だった。毎日、ソーテルヌを飲んでいたからかもしれない。一九七一年以降、畑はボルドー大手のメストレザ社の所有となり、同社は巨大な投資で畑を拡張し近代的施設を完備した。斜陽をかこつソーテルヌ地区の中で、辛口ワイン造りをはじめ近代的技術を駆使して生産量の増加をはかるなど、新しい時代に対応して生き残る挑戦をしている。ただこのシャトーの最近のワインを飲んで、それが昔のものと同じだと思ってはならない。オークションなどで、もし一九七〇年以前のもの、いやもっと古い古酒があったら見逃してはならない。文字通りの逸品なのだ。現在の持ち主が、なぜこの歴史的遺産といえるこの畑を生かさないのか残念でならない。

ソーテルヌ地区は過去の栄光のなごりといえるようないくつかの名シャトーを残している。前に述べたシュデュイローもそうだが、そのほかに二つの名園名邸がある。そのひとつは**フィロー**（格付け第二級、栽培面積六〇ha、生産量二〇〇〇ケース）である。ソーテルヌ村の最南端で、ソーテルヌ地区最大の領地を持っている（畑は六〇ha）。当初からフィロー家のものだったが、一八三〇年にトマス・ジェファソンがボルドーを訪れた際、このシャトーをイケムにつぐとして評価したほどの名門だった。革命後、イケムのリュル・サリュース侯爵が、ここと隣りのシャトー・ピニョー・デュ・ロワを買い取り、「ヴァン・ド・ソーテルヌ」とか「シャトー・ソーテルヌ」と銘打って世に出したほどだった。一九三六年にエティエンヌ・デュリュー・ド・ラカレル伯爵がその妻カロリーヌ（この人もサリュース一族）のために、このシャトーを買い取り、現在はアンリ・ド・ヴォーセルの所有になっている。広々とした畑と広い石畳テラスの庭園をもつ十八世紀後半に建てられた邸宅は、貴族の邸宅がどのようなものであったかを教えてくれる（ピニョー・デュ・ロワの方はフィロキセラ後、畑を再植しなかったが、建物はフィローの醸造所になっている）。このワインは、格付けこそ二級だが、貴族的風貌をもつ当主が哲学的信念をもって造っているワインは「ジネステ・ブック」が五グラスをつけているし、ヨーロッパでは非常に知名度の高いソーテルヌである。ここのワインの特色はソーヴィニヨン・ブランの比率が高いことと（四五％）、当主アンリが新樽を多く使うことを好まない点である。そうしたこともあって甘味がくどくなく、軽やかで、果実味が良く出ているし、ミネラル風味も帯びる。それが良いというファンがいるわけである。貴腐が良くついた年には、いわゆるソーテルヌらしい風味が出る。現在息子のカブリエルが経営に参加するようになったし、特醸物のクレム・ド・テートも出すようになった。土地の潜在能力を出しきっていないと評される面があったが、将来は変わるかもしれない。

もうひとつの立派なシャトーは**マル**（格付け第二級、栽培面積五〇ha、生産量白五二〇〇ケース、赤九〇〇〇ケース）で、ここもサリュース家の手で十七世紀に建築されたものだが、イタリア風の広壮な庭園と、奇妙な型の二つの丸屋根をもつ建物とが美しくマッチしていて、現在国が指定した重要文化財のひとつになっている（シルエット画のコレクションでも有名）。こちらの方はフィローと逆で、ソーテルヌ地区としては北東端にあり、国道から近いという交通の便の良さもあって、訪れる観光客も多い。ブルナゼル伯爵夫人の所有だが、現在はサリュース家の甥に当たるピエール・ド・ブルナゼルが管理にあたっているし、建物に申し分のない手入れをしている。ワイン造りにも手を抜いていない。一九五六年の晩霜で畑のうちの一七ヘクタールが壊滅状態になったが、膨大なお金と時間をかけて見事に立ちなおらせている。ここのワインも二級だが、すっきりとして優雅なワインで、その格付けを裏切らない。みせびらかせ的な誇張や虚飾がなく、トロピカル・フルーツを連想させる魅力的な香味をもち、甘味はくどくない。他のソーテルヌに比べ比較的早く飲める仕立になっている。当たり年には非常に深みを見せる。なお、このシャトーは、広大な畑のかなり

国の重要文化財、
マルのシャトー

の部分がグラーヴAC地区内にあるため、ソーヴィニヨンだけを使った辛口白ワインのシュヴァリエ・ド・マルのほかに、シャトー・ド・カルディアンのラベルで赤ワインも出している。

もうひとつの伝統の守り手は、**ダルシュ**で、ここもソーテルヌとしては起源が十六世紀にも遡る古いシャトーのひとつである。初期の頃はブラン・エイレという名前だったが、十八世紀時代に著名な持ち主ダルシュ伯爵の名にちなんでこの名になった。革命時に広大な領地は三十ほどに分割され、二十年後にはその六分の一くらいしか残らなかった。これを、ペンタリエ、ラフォーリ、ヴィメネイ、デュブールの四家族が所有していたがバスティット・サンマルタンという人がデュブール家の娘と結婚し、後にペンタリエ家とラフォーリ家の分を買い戻し、ヴィメネイ家の分は賃借した（ヴィメネイ家はまだ自分の持ち分は手放さないから、その分のワインは、シャトー・ダルシュ・

ヴィメネイの名で出ることがある）。一時期このシャトーの名声にかげりが出たが、一九八〇年代の後半にこのシャトーを借りて（後に買収）、経営にあたったのがＩＮＡＯ（フランス・ワイン原産地呼称機構）の会長だったピエール・ペロマ氏。名醸造長ペリセ氏が伝統的手法でワイン造りにがんばったおかげで（摘果を七回から十回にもわたって行なう）、あっという間に名声を取り戻し、格付けこそ二級だが業界では一級の扱いを受けている。このシャトーでは、出来があまり良くないが唯のソーテルヌにしてしまうには惜しい年のものはシャトー・ダルシュ・ラフォーリのラベルで出しているほか、当たり年の特醸物をクレーム・ド・テートとして出している。

このマルの高速道路をはさんでちょっと南にあるのが**ロメール・デュ・アヨ**（格付け第二級、栽培面積一六ha、生産量四二〇〇ケース）である。ここのワインは、シャトー・ギトロンドで仕込まれているが、使うぶどうは格付け二級に認定されたロメール・デュ・アヨの畑のものである。この畑は、（ファルグ村とプレニャック村にまたがっていて）一方が高速道路に面し、三方が森に囲まれている。そんな関係からかワインは二級レベルに達しないことがしばしばあると評されているが、当たり年には実力を発揮する。平地畑でバルサックに近いこともあって、ワインは甘味が強くなく、いわば中肉中背で、新鮮な果実味が楽しめるワインである。

ロメールと逆に、ソーテルヌ地区の最南部に二つのラモットがある。本来の**ラモット**（格付け第二級、栽培面積七・五ha、生産量一二五〇ケース）は、正式にはラモットとしか名乗らないが、しばしば所有者の名をつけてラモット・デピュジョルと呼ばれている。場所はイケムの裏、南西側にあって、フィロの西手になり、県道一二五号線に面している。古いメロヴィニヤン城跡が残っていて一九六一年までラモット家のものだった（ラモット・ダソーとも呼ばれていた時代がある）。エネルギッシュなギ・デピュジョルが買い取り、ワインの品質向上に努力した。樽を使うのがあまり好きでないから原則として樽熟成はしていない。それが現代の流行でないから損をしているようで、そのかわり花と果実のエッセンスのような魅力的な香りを持っている。ここも中肉中背でやわらかいタイプだが、当たり年には深みが出る。なおソーテルヌの町に売店を出している。もうひとつの**ラモット・ギニャール**（格付け第二級、栽培面積一七ha、生産量二七〇〇ケース）は、一九八一年にラモットから分かれて独立したが、この分家的存在の方が畑は広い。現在の所有者はジャックとフィリップ・ギニャール。この方は本家を見返したいのかワイン造りの方法をかなり変えようとしている。貴腐の特徴を出すため摘果回数を増やしたり新樽比率を増やしている。現在のところ評価は未知数だが、将来に期待が持てることは確かである。

ソーテルヌ地区は、ワイン造りの方法がもともと特殊で、伝統的醸造法に現代技術を導入してドラスチックに変えるということが難しい。そういう意味で、他の地区のようにシャトーの地位に激変が起きている現象があまり見られない。ただ、シャトーの浮き沈みもあるし、前述のラボー・プロミスやジレットのように格付けされていないが一級扱いされる新興勢力がゼロではない。二級の格付け外で、二、三注目されているシャトーもあるので紹介しておこう。ひとつは、**オー・ベルジュロン**（栽培面積二五ha、生産量五五〇〇ケース）。ここはプレニャック村で、シュデュイローの北手、ラモットの集落（前記のラモットと全く無関係の地名）の近くにある。「ル・クラッスマン」が一つ星をつけ、「ソーテルヌの知られざる名シャトーで、格付けされてもおかしくないレベルにある」と特筆している。もうひとつが**バストール・ラモンターニュ**（栽培面積五〇ha、生産量一二〇〇〇ケース）で、これもプレニャック村にあり、ラモットの集落とロメール・デュ・アヨのほぼ中間、高速道路の南側、県道八号線沿いにある。ここは現在フランス不動産銀行の持ち物になっているが、管理人のミシェル・ガラが酒造りに妥協を許さない技師肌の人物だから、ワインは安定していてむらがない。パーカーは「知的で、ぶどうの完熟度があり、リッチで、ビロードのようなスタイルで豪勢さと純粋な果実味に満ちている」と誉めている。知られざる優れたソーテルヌのひとつで、値段も安いから通向きのワインである。もうひとつが**サン・タマン**（栽培面積二〇ha、生産量四八〇〇ケース）。これはプレニャック村だが、ソーテルヌ地区としては北西端、バルサック村との村境沿いにあり、ガロンヌ河に近い。すぐ隣りにジャスティスがある。この名前は近くの寺院からとったもの。ファチェッティ・リカール家の所有だが、このワインをシシェル社が、シャトー・デ・ラ・シャルトリューズのラベルで売っている。大物でこそないが、安心して飲める愛すべきワインである。

7　ボルドーのその他の地区

(1)　ジェネリック・ワインと商標ワイン

ボルドーという名前をラベルに書けるワインを産出する地域は広大なもので、その範囲も広ければ、種類も多様である。フランス南西部のジロンド県内でも相当の面積を占めている。生産量でいえば、ボルドーというAC呼称(ボルドー・シュペリエールを含めて)を名乗る赤ワインを出す地域はすべてひっくるめると約五万二〇〇〇ヘクタールになるし、年間約二六〇万ヘクトリットルものワインを出しているのだ。このうち、固有の地区名を名乗って出せる名酒地帯のワインはその三分の一にもならないから、残りの三分の二は単にボルドーという名称か(ボルドー・シュペリエールというちょっと偉そうな表示もある)、名無しの権兵衛のワイン、つまり業者がつくりあげた勝手な名前のラベルで氏素性をかくしたまま売りさばかれているわけである。

ガロンヌ＝ジロンド河の左岸にはグラーヴ、メドックが延びているが、ワイン地図にあるように、有名なポーイヤック、マルゴー、サン・ジュリアン、ペサック＝レオニヤン地区を包むように広い面積のワイン生産地区が西側と南北に広がっている。もっとも面積のわりに畑は粗放で散在している。このような地区のワインは、瓶のラベルにボルドーとしか表示できない。しかも、メドックとグラーヴだけがボルドーでないのだ。ドルドーニュとジロンド河の右岸にもワイン生産地区があり、その間のアントル・ドゥ・メール地区もある。それにしても、このボルドーAC指定区域からはずれた畑もあるので、そこでとれたワインは、道路をひとつはさんだ地続きの隣り畑のものでも、「ボルドー」の令名を名乗れない。ボルドーの東には、ドルドーニュ河沿いにモンラヴェルとかベルジュラック、ペシャルマン、モンバジャックなどのかなりの生産量をもつワイン地区があるが、これらのワインも「フランス西南部」ものとして、それぞれ指定された名前しか名乗れない。その品質がいくらボルドーより優れていても、営業上響きのいいボルドーの名前を利用できないのだ。この手のワインが、ボルドーへ運ばれ、ネゴシャンの酒庫でボルドーものとブレンドされると――そうしたことはしばしばあるのだが――もうその瓶にボルドーの名前がつけられなくなる。

とにかく、広い意味でのボルドー地区は広大なもので、その中には、約二十ばかりのそれぞれ固有の地区名をもつ生産地区がある。これらの場所からとれたワインは、AC法上はその固有の地区名を表示することが認められているが、（当然のことながらAC法上定められている条件を満たす限り）ボルドーを名乗ることもできる。それぞれの地区は、その地区なりの性格をもっているから、各地区の生産者としては自分のところの名を名乗りあげたいところだが、固有の地区名の名乗りをあげたところで、特殊な事情のある人とか（例えばその地区に知人がいるというような）専門家でないと知らないことが多い。だから、心ならずも「ボルドー」名になびいているのだ。自分のところのうるさい条件を守るより、ボルドーのネゴシャンに売ってしまった方が手っ取り早いから、そっちに傾く生産者も多い。

こうした広い意味でのボルドー地域の中で、その固有地区名がかなり広くて重要であったり、そのワインの品質が優れていたり、地区独自のキャラクターを持っていたりする意味で無視できないところがいくつかある。時には日本でも、そうした地区名がラベルに表示されているワインにおめにかかるし、これからも増えていくと思われるので、ここで簡単に整理をしておこう。

(2) ブールとブライ

まず歴史と量と品質の点で、無視できないのは、ジロンド河右側地域である。一番大西洋に近いところにかなりの広さをもつ**ブライ Blaye** 地区があり、それに続いて川上側に**ブール Bourg** の地区がある。そこから少し上流へ行くと、もうドルドーニュ河岸になるがポムロールと隣り合わせるフロンサック地区がある。この三つの地区のワインはほとんど赤ワインだが、歴史は古い（なにしろ、ブライは、かの有名な中世の武勲詩「ローランの歌」の主人公、ローランの遺骸を葬ったところなのだ。シャルルマーニュ大帝が造ったというお城の跡も残っている。また、十五世紀頃には、メドックはまだ注目されておらず、こっちのワインの方がひっぱり凧だった）。そうした関係から自分のワインに誇りをもっている生産者が多い。まっとうで、ごまかしのない、しっかりしたワインを造り出しているし、最近はボルドーの名をつけることを潔しとしない生産者も増えている。このボルドーの右岸は、背景に河までせまる丘陵をひかえているから、左岸の平坦なメドック地区と違って、地形に起伏があり風景にも変化と趣きがある。場所によっては（ブールには古要塞の跡もある）ジロンド河を見下ろせる絶好の景色の場所もあり、メドックの人達が休暇にはフェリーを使って河を渡り、ピクニックにくるくらいである。

北のブライの方が地理的には面積が広いが（AC指定地域面積は約二〇〇〇〇ヘクタール）、ぶどう栽培に適した畑が少ないため栽培面積は四〇〇〇ヘクタール（三十年前はその半分以下だった）ほどである。南のブールは地図によってはブライの南端に小さく描いているものがあるが、栽培面積は三七〇〇ヘクタール強でブライとそう変わらない。ブライは右岸では北端になるが、左岸のちょうどサン・ジュリアンの対岸あたりになる（県としてはコニャックと同じシャラント県になる）。

ブライは三つのランクがある（ブライ、コート・デ・ブライ、プルミエ・コート・デ・ブライ）。単なるブライは赤と白、コート・デ・ブライは白のみ、プルミエは赤白両方だが赤が九〇％を占める。この地区は昔はかなり白ワインを出していて、そのほとんどが蒸溜酒の原料になっていた名残りで白も出しているわけである（コート・デ・ブライは六〇％のコロンバール種の使用が義務づけられているが、プルミエはソーヴィニヨン主体でセミヨンが加わる）。ここの白のボルドーにもユニークなので試してみると面白い。赤はメルローが主体でそれにカベルネ・ソーヴィニヨンとフランを混用しているがマルベックを使っているところもある(プティ・ヴェルドーは使わない)。ブールとブライのどっちが良いかは、好みで意見が分かれるが、一般にブールの方がブライより重くて頼り甲斐がある。ブライの方が下流で海に近いから畑の土壌は砂質系で軽く、ブールの方は沖積層系で重いところが多い。いずれにも、それなりの群小シャトーがあり、家内工業的手造りワインでがんばっているが、ブライのシャトーの方が優れたものがあるようである。

この二地区は規模と品質の両面で、きわだった大シャトーがない。小規模の生産者が多く、ブライの方は約五二〇、ブールの方が約三一〇である。なおブライに六つの協同組合(組合員約六〇〇)、ブールには四つの協同組合(組合員三〇〇)があって、ほとんどのものがACボルドー名のワインになっているはずである。

両地区ともに零細生産者が多く、ブールだけをみても「ジネステ・ブック」が一五〇を超すシャトーを紹介している。私が一九九八年に『フランスワインガイド』を出した時、いろいろなデータを使って名の通っているものと品質のレベルの高いとされているところを選んで一一のシャトーを紹介した。ところが本書を出すにあたって再調査をしてみると、その本に掲載したものや、ペッパーコーンの『ボルドーワイン』(ポケットブック)に書かれているものが現在かなりすべり落ちている。つまり事態が非常に変わっていて、新興勢力が台頭しているのが目立つ。やはりここでも変動が起きているわけである。新旧の変動は興味をひくがその詳細を本書ではとても紹介できない。そこで他の地区と同じようにロバート・パーカー(第四版。ただし、傑出、秀逸といっても、この地区としての評価)と「ル・クラッスマン」が取り上げたものだけでも紹介しておこう。名前の後にGとしたのはブール、Yとしたのはブライである。「ル・クラッスマン」がひとつ星をつけたものは1、星はつけないが取り上げたものは○印をつけた。

	地区	（ジネステ）	（パーカー）	（ル・クラッスマン）
	G	3	優良	
Bel Air La Royère	Y	3		1
Brûlesécaille	G	3	優良	○
Charron	Y	4		○
Fougas (Maldorer)	G	2	傑出	○
Garreau	Y		秀逸（キュヴェ・アルマンド）	
Gigault	Y		秀逸（キュヴェ・ヴィヴィアン）	
Grand Marechaux (Les)	Y		秀逸	
Guerry	G	3		
Haut Bertinerie	Y		優良	○
Haut Maco	G		優良	
Haut Sociand	Y	3	良好	
Jonqueyres	Y		良好	○
Martinat-Epicurea	G		傑出	

Merciere	G	3	優良	
Mondésir Gazin	Y			1
Peyraud	Y		良好	○
Prieuré-Malesan	Y		秀逸	
Roc de Cambes	G		傑出	1
Roland La Garde	Y	3	良好	○
Segozac	Y	3	優良	
Tayac	G	3	秀逸（キュヴェ・プレステージュ）	○
Tonnel (La)	Y		優良	
Tourtes (des)	Y	3		○

(3) フロンサック

フロンサックは、リブールヌ市の西、ドルドーニュ河に流れこむイール川とブール地区の間にはさまれた小地区である。シャルルマーニュ大帝が砦を築いた（現在この地区最北東端のシャトー・カルル）古い地区である。かつてはデュマの小説『三銃士』に出てくるリシュリュー宰相がここに領地を持ち、そのワインをヴェルサイユ宮廷に紹介したくらい優れたワインを出していた。十八世紀から十九世紀にかけてはポムロールやサン・テミリオンより有名で高価で売られていた。しかしサン・テミリオンとポムロールが台頭し有名になっていくと、忘れられた小地区に堕ちてしまった。しかし二十世紀の終わりになって地区の生産者が目覚め品質向上に取り組むようになったので、これからは事情が変わっていくだろう。

リブールヌの町からイール川を渡ってドルドーニュ河沿いに下ると、非常に急傾斜の崖が河沿いぎりぎりまで迫る小高い丘陵があり、そこから内陸部の方へ拡がる平坦地の地勢になる。県道六七〇号線を行くと右手の奥に宏壮なリヴィエール城が見えるが、それだけでなく、各所に立派な邸館を持つシャトーがあるのに驚かされる。これらは往時の盛期の名残りなのであろう。

AC**フロンサック**地区はドルドーニュ河から北部に三角状に延びる地区で、地区の中核部に当たる部分が独立した**カノン・フロンサック**のAC地区になっている（フロンサックが九五九haでカノン・フロンサックが三八二ha）。生産量はフロンサックが約五三万ケースで、カノン・フロンサックは約一八万ケースである。この地区の優れたワインは、河に近いカノン・フロンサック地区と内陸部奥のサイヤン村周辺に集中している。この地区の生産者の規模も小さいが、フロンサックに約一〇〇、カノン・フロンサックに五五ほどがあり、一つだけ協同組合（組合員約二四〇）もある。

ワインは赤だけ、ここもメルローが主体で、それにカベルネ・フランとカベルネ・ソーヴィニヨンを混ぜているが、最近は後者の比率を多くするところが増えだしている。総体に色も濃くなく、軽質でやせぎすのものになる傾向（そして酸がやや強く、堅いタンニンの角が出る）があるが、当たり年のものなどはふくらみが出てなかなか魅力的になる。総体的に新鮮さと果実味が取り得のワインだが二十年も持つものも少なくない。

ここのシャトーの変動は、ブールやブライほど大きくなく、注目を引いているシャトー数もそれほど多くない。「ジネステ・ブック」は一三一ほどのシャトーを取り上げ、五グラスが六、四グラスが二七、三グラスが六八、二グラスが二六、一グラスが五つに分類しているが、この数字で大体のところがわかる気がする。ここでも「ル・クラッスマン」（一つ星は1、掲載しているだけのものは○）とロバート・パーカーの採点を並べておくが、ブールとブライのように違いがあまりなく、大筋はほぼ一致している。パーカーの方が点が甘いようである（なおパーカーの秀逸・優良は、この地区としての評価）。またFはフロンサック、CFはカノン・フロンサックである。

	地区	（ジネステ）	（パーカー）	（ル・クラッスマン）
Barrabaque	CF	4	優良	○
Canon	CF	5	優良	
Canon-de-Brem	CF	4	優良	
Canon Moueix	CF	4		
Cassagne-Haut-Canon	CF	4	優良	○
Croix-Canon (La)	CF	3	優良	
Dalem	F	4	優良	○
Dauphine (de la)	F	5	秀逸	○

Fontenil	F	4	秀逸	1
Grand Renouil	CF	5	優良	1
Haut Carles	F		秀逸	1
Mazeris	CF	3	優良	
Moulin Haut Laroque	F	5	秀逸	1
Moulin Pey-Labrie	CF	4	優良	1
Pez Labrie	CF		優良	
Rivière (de la)	F	4	優良	○
Rousselle (La)	F	4	良好	○
Trois Croix (Les)	F		優良	○
Vieille Cure (La)	F	4	秀逸	

(4)　カスティヨンとドルドーニュ河流域ワイン

すでに述べたように、ポムロールの後背地には一級格の落ちるラランド・ド・ポムロールがあるし、サン・テミリオンにも内陸奥地側に四つの準サン・テミリオン地区がある。そのほか、ドルドーニュ河右岸には、サン・テミリオンの上流に二つのちょっとした地区がある。河岸のカスティヨン・ラ・バタイユの町を中心にするコート・ド・カスティヨンと、その内陸側になるコート・ド・フランである。日本ではあまり名が知られていないが（カスティヨンは一四五三年、かのタルボー名将軍の最後の激戦地でフランス軍が勝って百年戦争の終結になった）、この中心地のカスティヨン・ラ・バタイユ（バタイユは「会戦」の意味）では毎年夏には六〇〇人の地元民が一〇〇頭の馬を使い、昔の鎧冑に身を固めた盛大なお祭りが行なわれている。

ワイン生産地の位置としてみると、サン・テミリオンの東端で地続きになる。昔はプレ・サン・テミリオンとか、サン・テミリオネーズと呼ばれていたが、一九二五年からボルドー・スペリュール・コート・ド・カスティヨンと呼ばれるようになった。そして一九八九年から独立したコート・ド・カスティヨンとコート・ド・フラン地区に昇格した。ボルドーでは一番新しいAC地区のひとつである。コート・ド・カスティヨンは、ドルドーニュ河岸から内陸部の奥まで北に長く延びた型の地区だが、その一番北端のフラン、シバル、タヤックの三村がコート・ド・フランになる。カスティヨンの総栽培面積は約三〇〇〇ヘクタールで生産量は約一六〇万ケース（赤のみ）。フランの方は総栽培面積が約五〇〇ヘクタール、生産量は約二二万ケース（そのうち九〇％が赤、一〇％が白）である。カスティヨンの方は、自分の名前でワインを市場に出せる生産者が約二五〇で、協同組合が一つ（組合員一五〇）ある。フランの方は生産者が約三〇で、協同組合（組合員三〇）も一つある。両方合わせた総生産量は、サン・テミリオンのほぼ半分位になるからちょっとしたものである。

全体的にみて、なだらかな丘の起伏が複雑にあって、気候は温暖、畑は南西に面していてぶどう栽培に適しているから、この地に目をつける酒造関係者が増えてきた。

ここも、ぶどう品種はメルローが主体で、それにカベルネ・フランが加わる。カベルネ・ソーヴィニヨンも植えるようになったし、昔のマルベックも残っている。フランの方のわずかな白は、セミヨン、ミュスカデ、ソーヴィニヨン・ブランを使っている。

ワインは総体的に品質のレベルが良くて、ばらつきが少なく、ソフトでしなやかなたちだが、一部には構成がしっかりした力強いものを出すところがある。大体二、三年のうちに飲むワインだが、良い年には六年から八年くらいもつものを出すシャトーもある。

コート・ド・フランで注目してよいのはティアンポン家（ポムロールのヴィユー・シャトー・セルタンとル・パンのオーナー）が、一九八〇年代にこの地に目をつけ、シャトー・ピュイグローとレ・シャルム・ゴタールで上質ワイン造りを始めた。同家がパイオニア的役割を果たし、それに刺激されて、サン・テミリオンのシャトー・アンジェリュスのブアール家が古い城跡のあるシャトー・ド・フランを買い取ってワイン造りを始めたし、同じくパヴィのヴァレット家がシャトー・ラ・プラドを買収した。そうした流れがこの地区の生産者を元気づけている。

「ボルドー・アトラス」はカスティヨンで五六の、フランでは一四のシャトーを取り上げて掲載しているが、ここでも「ル・クラッスマン」とパーカーの評価を並べておこう。ここでもパーカーの方が採点が甘い。ＣＣはコート・ド・カスティヨン、ＣＦはコート・ド・フランである。

	地区	（パーカー）	（ル・クラッスマン）
D'Aiguihle	CC	傑出	1
D'Aiguihle-Querre	CC	秀逸	
Brison	CC	秀逸	
Cap de Faugeres	CC	秀逸	
Clos l'Eglis	CC	秀逸	
Clos des Lunelle	CC	傑出	
Cols puy Arnaud	CC	秀逸	1
Côte Montpezat	CC	優良	○
Domaine de L'a	CC	秀逸	○
Francs (de)	CF	優良	○
Joanin-Bécot	CC	秀逸	
Laussac	CC	秀逸	
Marsau	CF	優良	○
Prade (La)	CF	優良	
Puygraud	CF	優良	1
Veyrey	CC	秀逸	
Vieux Chateau Champs de Mars	CC	秀逸	○

(5)　アントル・ドゥー・メール

広い意味でのボルドーとは、ドルドーニュ河とガロンヌ河、そしてこれが合流したジロンド河と、この三つの河の流域のワインである。そしてガロンヌ＝ジロンド河の左岸にはグラーヴとメドックという名産地があり、ドルドーニュ＝ジロンドの右岸にはブライ、ブール、ポムロール、サン・テミリオンの名産地がひかえている。ところが、ガロンヌとドルドーニュにはさまれた間の、三角状の地域にはそれほど騒がれる名ワインを生むところがない。この三角地帯の広さは相当なもので、地図の上の広さだけ見るとグラーヴとメドックを合わせたくらいある。この地域は、二つの大河にはさまれているので、**アントル・ドゥー・メール**（「二つの海の間」の意味）と呼ばれている。面積上は広大だが、ぶどう畑がかたまっていないで、森や林、雑林、野菜畑の間に散在している。ボルドーからパリへ抜ける高速一〇号線、ボルドーからリブールヌへむかう国道八九号線を使ってこの地域を突っ切っても、そう広いぶどう畑を見かけないくらいである。しかし、なんといっても地域が広大だから、産出するワインの量も相当なものである。この地域に無数の中小零細生産者がいて、それぞれ、赤、白、ロゼのワインを造りあげている。総生産の半分は赤なのだが、アントル・ドゥー・メールの表示の赤ワインの瓶にお目にかかることがない。それもそのはず、この地域でアントル・ドゥー・メールの表示がAC法上認められるのは白ワインだけだからで、赤ワインの方はボルドーかボルドー・シュペリエールの名前で売りさばかれている。

そうした事情だから、昔はほとんどの生産者は自分の造ったワインを樽のままボルドー市のネゴシャンに売り渡していたが、一九六〇年以降は協同組合化がすすみ、現在ではほとんどの生産者が四〇ほどある協同組合の傘下にある。この協同組合も、生産したワインをネゴシャンに売っていたが、最近では自分で直接売り出そうという野心に燃え、近代的な醸造技術を使いこなして品質向上をはかっているところが少なくない。また、ネゴシャンのみならず協同組合も、アントル・ドゥー・メールの名前では知名度が低いから、いろいろ意匠をこらしたデザインのラベルを（白ワインに合うはずの魚をあしらったり）つくって、多くの人達に気軽に楽しく飲んでもらおうと努力をしている。現在、この地域を含めたボルドーの辛口白ワイン用に、「**ボルドー・ブラン・ソーヴィニヨン**」**Bordeaux Blanc Sauvignon** という新規制呼称も認められるようになったし、なかには値段のわりに驚くほど快適で爽やかな白ワインも出始めている。

このアントル・ドゥー・メール地域は（後に節をあらためて書くカロンヌ河沿いに長く延びるプルミエール・コート・ド・ボルドーを別にすると）、AC上六つのワインを出せることになっている。このうち、「**アントル・ドゥー・メール**」と「**ボルドー**及び**ボルドー・シュペリエール**」は一定の条件さえクリアすれば、この地域のほとんどが出せるワインである。「**アントル・ドゥー・メール・オー・ブナージュ**（ボルドー・オー・ブナージュ）」Entre-Deaux-Mers Haut-Benauge はこの地域の中央部の南、プルミエール・コート・ド・ボルドー地区沿いに認められた中地域呼称。「**コート・ド・ボルドー・サンマケール**」Côtes de Bordeaux Saint-Macaire はこの地域の東南部のうちランゴン市の北あたりに認められた小地区呼称。「**サント・フォワ・ボルドー**」Saint-Fore-

Bordeaux はアントル・ドゥー・メールでも一番東の北隅に突き出た形になっている中地域（昔はボルドー扱いされていなかった）。「**グラーヴ・ド・ヴェール**」Graves-de-Vayres になるとアントル・ドゥー・メールの中でもリブールヌ市の村岸あたりにぽつんと位置している小地区で、なぜこのようなところをわざわざ独立させたのかわからないＡＣ地区である。このグラーヴ・ド・ヴェール、オー・ブナージュ、サンマケールの呼称は地元民の圧力でもあって独立地区として認めたものだろうが、それぞれワインの酒質にきわだった特徴があるわけでないから外国の愛飲家にとってはややはた迷惑の感があり、あまり気にしなくてもよいだろう。サント・フォワ・ボルドーは場所が場所だけで別扱いしてもよいかもしれないし、覚えておくのもよいだろう。一応わかり易くするために表にしておこう。

ＡＣ名称	栽培面積（ha）	生産量（ケース）	村数	生産者数	協同組合	ワイン
ボルドー及びボルドー・シュペリエール	四八〇〇〇	四〇〇〇万		五〇五	五七	赤　白
アントル・ドゥー・メール	二三〇〇	一四〇万	七五	二四〇	一六	白
アントル・ドゥー・メール・オー・ブナージュ	三〇〇	一七万	九	四〇	〇	白
コート・ド・ボルドー・サンマケール	一〇〇	四万	一〇	四〇	二	白
サント・フォワ・ボルドー	二〇〇	一一万	一九	三〇	四	赤　白
グラーヴ・ド・ヴェール	六五〇	二七万	二	四〇	一	赤　白

なにしろ広大な地域だから生産者の多いのは想像がつくだろう。その規模も中小零細がほとんどで、従来はほとんどが協同組合へ自分が栽培したぶどうを持ちこんでいた。しかし、最近は自分の名前でワインを出したがる生産者も増えてきたし、実力をつけてかなりの規模をもつところも出て来た。出色のワインで頭角を現わしてきたところもある。「ジネステ・ブック」のシリーズが最初の「マルゴー」を出したのは一九八四年だったが、それから約八年目の一九九一年になってやっと「アントル・ドゥー・メール」を出したが、この中で取り上げたシャトーが一三〇ほどあるがその中で五グラスをつけたのが九つ、四グラスをつけたのが三二あった（全部が白）。その後さらに十年の中で、かなり情況が変わってきている。ことに現代醸造技術の導入とソーヴィニヨン・ブラン種の重視で、昔のように重苦しい白でなく、香りが高く、フレッシュで、かなりの酒軀《ボディ》をそなえ、後味のすっきりした爽やかな辛口ものが現われるようになった。ことに白のリーダーになったシャトー・ボネのアンドレ・リュルトンの影響は少なくない。デイヴィッド・ペッパーコーンの『ボルドー・ワイン』はアントル・ドゥー・メールでは一一のシャトーを紹介しているが（右の表で○をつけておく）、その中で「ジネステ・ブック」と評価が合うもの、その後の一般の評価と合うものは六つしかない。いかにこの地区のワインの評価が難しいか、定評が確立していないかがわかる。一応、ジネステ・ブックが五グラスをつけたものを中心にして「ル・クラッスマン」（掲載はしているが星がつかないので○印をつけておく）とパーカーの評価（掲載されているだけなので○をつけておく）を並べておこう。

	AC名	(ペッパーコーン)	(ジネステ)	(パーカー)	(ル・クラッスマン)
Bauduc	アントル・ドゥー・メール		5		
Bonnet	アントル・ドゥー・メール	○	5	○	○
Camps des Trilles	サント・フォワ・ボルドー				○
Courteillac (Dom)	ボルドー・シュペリュール			○	○
Fondarzac	アントル・ドゥー・メール	○	5	○	
Fongrave	アントル・ドゥー・メール	○	5	○	
Fontenille (Dom)	アントル・ドゥー・メール		5		
Gadras	ボルドー	○			○
Hostens-Picant	サント・フォワ・ボルドー				○
Launay	アントル・ドゥー・メール	○	4		
Moulin-de-Launay	アントル・ドゥー・メール	○	3	○	
Roquefort	アントル・ドゥー・メール		5	○	
Saint-Genès	アントル・ドゥー・メール		5		
Tour de Mirameau	アントル・ドゥー・メール	○	5	○	○
Turcaud	アントル・ドゥー・メール		5	○	
Turon La Croix	アントル・ドゥー・メール		5		

(6) プルミエール・コート・ド・ボルドーとガロンヌ河左岸

ボルドーのワイン生産地区を色わけで表示した地図をみると、アントル・ドゥー・メールの南のへり、ガロンヌの右岸に沿ったところが細長く別の色で塗られているのに気がつくだろう。つまり、地理的にはアントル・ドゥー・メールなのだが、ガロンヌ河沿いのところは、一応別格扱いされているのである。これが、いわゆる「**プルミエール・コート・ド・ボルドー**」地区で、ただのボルドー・ワイン産出地区よりひとつ格が上なのだと言いたいのだろう。一級（プルミエール）などというと、さだめし素晴らしいワインだろうと思ってくれる消費者をあてにしたのだろうが、別に一級の名前にふさわしいワインを出しているわけでない。並みのものより、ちょっと毛の生えたくらいのワインである。ここで造っているのは、赤と白の両方だが、全部が全部プルミエールを名乗っているわけでなく、面倒くさいからただのボルドーで出す場合もある。

もっと、やっかいなのは、このプルミエール・コート・ド・ボルドー地区の中に、AC法上さらに三つの小地区があり、そこのワインは固有の名称を表示することができる。ひとつは**カディヤック Cadillac**。これは一九七三年に新設されたACで、プルミエール・コート・ド・ボルドーの南半分で、甘口白ワインを出す場合にこの表示をすることが出来る。あとの二つはこのカディヤックの中の独立した小さな村で、**サント・クロワ・デュ・モン村 Sainte Croix du Mont** と**ルーピアック村 Loupiac** である。この三つの小地区で造っているワインは白だけである。三つとも、わざわざAC

法上別表示をもつくらいだから、なかなか気位が高く、売れても売れなくても――こんな名前を知っている人は、そうはいないのだが――この表示にこだわっている生産者が少なくない。ワインの売場などをよく注意して見ると、時たまこの表示のワインにお目にかかることがあるだろう。この甘口を出す三つの小地区は、地図を見ればわかるように、ちょうどソーテルヌ＝バルサックの対岸にあたる。だから、ワインが似ていても不思議でなく、バルサックの小ぶりのワインと思っていい。歴史が古い点でも鼻が高い村で、ちょっとした酒質のものを出すところがあるし、値段も高くないから、一度試してみるのも一興である。

なお、ついでに説明しておくがソーテルヌ・タイプのワインといえばもうひとつ**セロン Céron**の地区のワインもある。これは、地理的にはガロンヌ河の左岸、グラーヴ地区の南部にあたり、バルサック地区の北隣りに当たる。第三者としては、グラーヴかバルサックの中に入ってしまったらいいと思うのだが、この村の人達も誇りが高く、自分のところの独自呼称にしがみついている。もっとも、出すワインが白であっても甘口だから、グラーヴの辛口と間違えられてはこまるし、さりとてバルサックの仲間入りはさせてもらえないから、仕方なしに独自の名を名乗っているのかもしれない。ボルドー・ワインをグループ別にとらえるとすると、このセロンのワインは右岸のルーピアック、サント・クロワ・デュ・モンと一緒にまとめられるタイプのワインだから、本来はグラーヴのところで説明するものだったが、ここでひと言つけ加えておく。

いずれにしても、このプルミエール・コート・ド・ボルドー地区は、ガロンヌ河沿いのやや小高く起伏のある地勢で、森や林、そしていろいろな畑、その中に点在する農村と、なかなか景色がいい。ところどころに古い寺院があったり、びっくりするほど立派なシャトーがあったりする。ボルドー全体で一番景色のいいところといえば、この地帯かもしれない。一日のんびりと車でドライヴするには絶好のところであることには間違いがない。

こうしたシャトーのワインが日本に入ってくることはあまりないだろうが、興味があって調べてみたい人は「ジネステ・ブック」の「ボルドー・シュプリール篇」に二〇〇のシャトーが収録されているので、見るといい。もっともこの本はこの地区のものに限って載せているわけでない。むしろ「ボルドー・アトラス」は、アントル・ドゥー・メールを含めて地図入りでかなりの頁をさいているから（この本が今のところ一番詳しくてわかり易い）それを見てみたらいいだろう。ここでも概要をわかり易くするために表をつくってみよう。

AC名称	栽培面積（ha）	生産量（ケース）	村数	生産者数	協同組合	ワイン
プルミエール・コート・ド・ボルドー	三三二〇	二〇〇万	三八	三〇〇	2（組合員一五〇）	赤白
カディヤック	二五〇	六万	二二	五〇	1（組合員四〇）	白（甘口）
ルーピアック	三五〇	一四万	一	七〇	ナシ	白（甘口）
サント・クロワ・デュ・モン	四四〇	一六万	一	九〇	ナシ	白（甘口）

ここも生産者はほとんどが小規模だが、歴史が古いだけあって独立不撓の精神が強く、ユニークなワインを造っているところも少なくない。中には昔から名が通っているところもある。ことにル

ーピアックとサント・クロワ・デュ・モンはそうである。赤で言えばここはボルドー・クレレ **Bordeau Clairet**（昔のボルドーの赤ワインがそうだったように、色が薄くて明るい赤）も少量だが出している。この地区のワインの客観的評価は、情報が少ないのでなかなか難しい。ペッパーコーンの『ボルドー・ワイン』（一九九八年版）は昔から名の通ったところを掲載しているが、最近は変動が起きている。「ル・クラッスマン」はこの地区に冷たいようだが、一応ペッパーコーンが載せたものに○をつけて、「ル・クラッスマン」とパーカーの評価を並べてみよう。

	AC名	（ペッパーコーン）	（パーカー）	（ル・クラッスマン）
Carignan	プルミエール・コート・ド・ボルドー			○
Carsin	プルミエール・コート・ド・ボルドー	○	○	
Chastelet	プルミエール・コート・ド・ボルドー	○	○	
Chelivette	プルミエール・コート・ド・ボルドー			○
Clos Chaumont	プルミエール・コート・ド・ボルドー		○	
Doyenne (la)	プルミエール・コート・ド・ボルドー		○	
Grand Mouëys (du)	プルミエール・コート・ド・ボルドー	○	○	
Haux (de)	プルミエール・コート・ド・ボルドー	○		
Laurétan	プルミエール・コート・ド・ボルドー	○		
Mémoires	プルミエール・コート・ド・ボルドー			○

Plaisance	プルミエール・コート・ド・ボルドー	○	○	
Prieurè Ste-Anne	プルミエール・コート・ド・ボルドー		○	
Reynon	プルミエール・コート・ド・ボルドー	○		○
Clos Jean	ルーピアック		○	
Crabitan-Belle-vue	サント・クロワ・デュ・モン		○	
Cros (du)	ルーピアック		○	
Loubens	サント・クロワ・デュ・モン	○	○	
Loupiac-Gudiet	ルーピアック	○	○	
Noble (Dom,du)	ルーピアック		○	
Rame (La)	サント・クロワ・デュ・モン		○	
Ricaud (de)	ルーピアック	○	○	

さて、駈けまわるようにボルドー全域を説明してきたが、これでいかにボルドーがワイン生産地として巨大で複雑かおわかりいただけたと思う。本書を通読いただいた読者にはかなりの御負担だったと思うが、それは筆者も同じである。どんな小地区を取っても、必ずそこには無視できないワインの造り手があり、説明に手抜きができなかった。できるだけ新しい情報を取りこむように努力したつもりだが、不備や誤りに御気づきになられたら御指摘いただければ、この上もない幸である。人類の文化的遺産ともいえるボルドー・ワインを読者と共に大切にしていきたい。

1855年の格付け銘柄

CRUS CLASSES DU MEDOC

PREMIERS GRANDS CRUS CLASSES

Ch. Lafite-Rothschild Ch. Margaux Ch. Latour Ch. Haut-Brion
Ch. Mouton-Rothschild (1973年に昇格)

DEUXIEMES GRANDS CRUS CLASSES

Ch. Rausan-Ségla
Ch. Rauzan-Gassies
Ch. Léoville-Las-Cases
Ch. Léoville-Poyferré
Ch. Léoville-Barton
Ch. Durfort-Vivens
Ch. Gruaud-Larose
Ch. Lascombes
Ch. Brane-Cantenac
Ch. Pichon-Longueville-Baron
Ch. Pichon-Longueville Comtesse-de-Lalande
Ch. Ducru-Beaucaillou
Ch. Cos d'Estournel
Ch. Montrose

TROISIEMES GRANDS CRUS CLASSES

Ch. Kirwan
Ch. d'Issan
Ch. Lagrange
Ch. Langoa-Barton
Ch. Giscours
Ch. Malescot-Saint-Exupéry
Ch. Boyd-Cantenac
Ch. Cantenac-Brown
Ch. Palmer
Ch. La Lagune
Ch. Desmirail
Ch. Calon-Ségur
Ch. Ferrière
Ch. Marquis-d'Alesme-Becker

QUATRIEMES GRANDS CRUS CLASSES

Ch. Saint Pierre
Ch. Talbot
Ch. Branaire-Ducru
Ch. Duhart-Milon Rothschild
Ch. Pouget
Ch. La Tour Carnet
Ch. Lafon-Rochet
Ch. Beychevelle
Ch. Prieuré-Lichine
Ch. Marquis de Terme

CINQUIEMES GRANDS CRUS CLASSES

Ch. Pontet-Canet
Ch. Batailley
Ch. Haut-Batailley
Ch. Grand Puy-Lacoste
Ch. Grand Puy-Ducasse
Ch. Lynch-Bages
Ch. Lynch-Moussas
Ch. Dauzac
Ch. Mouton Baronne-Philippe
Ch. du-Tertre
Ch. Haut-Bages-Libéral
Ch. Pédesclaux
Ch. Belgrave
Ch. Camensac
Ch. Cos-Labory
Ch. Clerc-Milon
Ch. Croizet-Bages
Ch. Cantemerle

サン・テミリオンの格付け（1996 年）

PREMIERS GRANDS CRUS CLASSES

A : Château Ausone
Château Cheval Blanc

B : Château Angélus
Château Beau-Séjour Bécot
Château Beauséjour (Hér. Duffau -Lagarrosse)
Château Belair
Château Canon
Château Figeac
Château La Gaffelière
Château Magdelaine
Château Pavie
Château Trottevieille
Clos Fourtet

GRANDS CRUS CLASSES

Château L'Arrosée
Château Balestard la Tonnelle
Château Bellevue
Château Bergat
Château Berliquet
Château Cadet-Bon
Château Cadet-Piola
Château Canon la Gaffelière
Château Cap de Mourlin
Château Chauvin
Château Corbin
Château Corbin-Michotte
Château Curé Bon
Château Dassault
Château Faurie de Souchard
Château Fonplégade
Château Fonroque
Château Franc Mayne
Château Grand Mayne
Château Grand Pontet
Château Grandes Murailles
Château Guadet Saint-Julien
Château Laniote
Château Larcis-Ducasse
Château Larmande
Château Laroque
Château Laroze
Château Matras
Château Moulin-du-Cadet
Château Pavie-Decesse
Château Pavie Macquin
Château Petit Faurie de Soutard
Château Le Prieuré
Château Ripeau
Château Saint-Georges Côte Pavie
Château La Serre
Château Soutard
Château La Tour du Pin Figeac
(Giraud-Bélivier)
Château La Tour du Pin Figeac
(J. M. Moueix)
Château La Tour Figeac
Château Tertre Daugay
Château Troplong-Mondot

Château Haut Corbin
Château Haut Sarpe
Château La Clotte
Château La Clusière
Château La Couspaude
Château La Dominique
Château Lamarzelle
Château Villemaurine
Château Yon Figeac
Clos des Jacobins
Clos de l'Oratoire
Clos Saint-Martin
Couvent des Jacobins

ボルドーの著名ネゴシャン

1. D'Arfeuille：リブールヌ市。Ch. La Pointe（ポムロール），Ch. La Serre（サン・テミリオン），Ch. Toumalin（フロンサック）の所有者。
2. Alexis Lichine & Co.：ボルドー市，格付けワイン専門。アレクシス・リシーヌが創設，1965年に英国のビール会社バス・チャリントンが買収。7割が輸出。一時期，Ch. Lascombesを管理していた。
3. André Quancard：ボルドー市。
4. La Baronne（旧称 La Bergerie）：ロートシルト系のワインを扱う（ムートン・カデを含む）。6割以上が輸出。
5. Barriére Freres：Ch. Cabonnieux（グラーヴ），Ch. Montalbert（サン・テミリオン）の所有者。良酒中心。
6. Barton & Guestier：8割近くが輸出。ACもの中心。Ch. Langoa-Bartonを所有。1725年にアイルランド系の祖先が創設，ランゴア・バルトンを買い，その家系が続いている。現在は，シーグラム系のChemineau Fréresに属す。事務所はBlanquefort。
7. Borie-Manoux：多くのACものを中心にフランスのレストラン業界でのシェアが大きいが，8割は輸出。シャン・ウジーヌ・ボリー家と，親族のエミール・カステジャ家が所有しているが，両家はCh. Ducru-Beaucaillou，Batailly, Haut-Batailly, Lynch-Moussas, Haut-Bages Monplou, Beau-Site, Trotterieilleなどを所有している。当主フィリップ・カステジャは業界の要職を務める。日本ではキッコーマンが提携。
8. Bordeaux Millésimes：パドック・ベルナールが通信販売に関心を持ち，1988年から営業。現在、インターネットの普及で急速に業績を伸ばしている。
9. Calvet：ローヌ地方出身者がボルドーに1870年に進出。その関係でブルゴーニュのボーヌに支社あり。輸出は4割。いろいろなACものを扱う。"Caldor"という主商品のテーブル・ワインのほか，有名なHanappier社を擁している。1982年英国のビール会社ウィット・ブレッドに買収された（日本ではサントリーが取扱い）。
10. Castel Fréres：メドック，オー・メドック，プルミエ・ユート・ド・ボルドー，ボルドー・シュペリエールなどＡＣ及びＡＣ広域もの中心に扱うが，ロワール，南西部，ラングドックものなどにも手広く拡げている。日本ではサントリー社が提携。
11. Cordier：格付けシャトーのCh. Gruaud-Larose, Ch. Talbot（メドック），Ch. Lafaurie-Peyraguey（ソーテルヌ）のほか，Ch. Mayney，Ch. Clos des Jacobinsなど

を所有。半ばが輸出。1984年に金融グループが経営権を買収。現在はタイヤン・グループの傘下に入った。

12. Crus & Fils Fréres：1819年創設の大手で，シャルトロン河岸酒商家族の中心だった。1980年にテーブル・ワイン専門のSociété des Vins de Franceに買収された。同家族系のLaurent Crushはバイヤーとして瓶詰めACものの輸出をしている。日本はメルシャン社が提携。
13. H. Cuvelier et Fils：Ch. Léoville PoyferreとCh. Le Crockを所有している会社。
14. C. V. B. G（Consortium Vinicole de Bordeaux et Gironde）：Dourth社，Kressmann社を始め，ボルドーの古いネゴシャンが集まって作った会社。主要ブランドはDourth。ACもののみ扱う。Ch. Maucaillou, Ch. Latour-Martillacを所有しているほか22のシャトーと専売契約をしている。議長はブルジョワ級で有名なCh. Cissacのオーナー。
15. De Luze：ボルドー・ワインを専門に（瓶と樽売り）扱う古い会社だったが，この伝統的な会社も1981年にコニャックのRemy Martin社に買収された。ほとんど上物を扱い，Ch. Cantenac, Ch. Beausejour, Ch. Filhotのワインの専売権をもっていた。8割が輸出。
16. De Rivoyre & Diprovin：事務所はアントル・ドゥー・メールのSt. Loubésにあって，ここは上物専門。別にAmbaresにDiprovinの事務所があり，これは樽売り用の支社。3割が輸出。
17. Domaines Robert Giraud：事務所はサン・アンドレ・キューブサックにあり，Ch. Moulin de Bel-airの専売業者。
18. Dubos Fréres & Cie.：1785年創業の老舗。カイ・ニールセンとフィリップ・デュボの時代に業績をあげた。上級ワインを中心に扱う。現在はフィリップ・コタンが実権者。
19. Duclot：J. P. ムエックスのボルドーものを扱う小会社。トップ級のものだけを扱い，主として個人顧客を対象にしている。
20. Gilbey de Loudenne：英国のグランド・メトロポリタン社が，シャトー・ルーデンヌに拠点をおくフランス会社。ボルドーものを扱うが，その中にはルーデンヌの外に，Ch. de Pez，Ch. Branaireなどのシャトーものと，La Cour PavillonとかLa Bordelaisなどの商標ものがある。最近までCh. Giscoursと販売提携をしていた。8割が輸出で主に英国。
21. Group TAILLAN：1961年にシャトー・シャス・スプリーンのジャック・メルローが創設。ネゴシャンのジネステを傘下におさめ，グリュオ・ラローズ，コス・デストゥルネル，オー・バージュ・リベラルも買収。シトランを日本の東高ハウスから買ったのもこのグループ。
22. Eshenauer：シャルトロン河岸の老舗のひとつだったが，1959年にジョン・ホルト社（英国リバプール）に買収され，現在はLonrhoグループに所属。Ch. Rausan-Ségla，Oliver，Smith-Haut-Lafite，La Gardeを所有しているが，AC

もの及びテーブル・ワインも扱う。4割が輸出。

23. J. Janoueix：リブールヌ市にあるサン・テミリオンとポムロール専門の会社。

24. Joanne Bordeaux：ボリー・マヌー社のカステジャ家と親族に当たる，バルザックのシャトー・ドウジィ・ヴェドリーヌのピエール・カステジャ家が始めたネゴシャン。広大な倉庫を確保するためアントル・ドゥー・メールのファルク・サン・イレールにあり，上級シャトーもの専門に扱うが在庫は見事。

25. Lebégu & Compagnie：樽売りを手広くやっている会社。ACものだけでなくテーブル・ワインも扱う。半分が輸出。

26. Les Fils de Marcel Quancard：アントル・ドゥー・メールのLa Grave d'Ambaresにある同族会社。いくつかのシャトーを所有し，商標ものをもっている（赤のLe Chai des Bordes，白のCanter）。6割が輸出で英国，ベルギー，オランダで広く売られている。広範囲のプティ・シャトーを扱い，この20年来急成長。

27. Louis Dubroca：英国におけるボルドー・ワインの権威，デイヴィッド・ペッパーコン（『ボルドー・ワイン』の著書あり）の代表する会社。Ch. Foucas-Hosten（サン・テステーフ），Ch. Guerry（コート・ド．ブール）などにシャトーももっている。

28. Mähler-Besse：オランダ・ベルギー系の同族会社。Ch. Palmerの共有者。商標もののACワイン専門。その中にはCheval Noirというサン・テミリオンものあり。

29. Maison Ginestet：1897年に創立され、かつてはCh. Margaux他多くのシャトーも所有していて、ネゴシャンの中でも尊敬されていた名門。1973年の恐慌時代にほとんどのシャトーを手放した。扱うものはほとんどがボルドーもので、そのうちかなりの量を輸出していた。現在はタイヤン・グループの傘下。

30. Maison Pierre Dulong：1873年設立の家族会社。主に樽または瓶詰めのACワインを扱っている。半分近くが輸出。主に英国とアメリカ向け。

31. Maison Sichel：ボルドーまたはミディ（南仏）のワインの瓶と樽を扱う。全部が輸出で英米諸国中心。Ch. Angludetを所有しているほか，Ch. Palmerの共有者。プルミエ・コート・ド・ボルドーのVerdelaisに醸造所をもっていて新しいタイプの赤ワインもつくっている。ドイツ系のH. Sichelとわかれたため，独・英・米でシシェルを名乗っているのは，その方の会社。

32. Menjucq（Establissements）：フランス南西部ものを専門に扱う家族会社。

33. Mestrezat-Preller：プティ・シャトーから一級まで瓶詰めものだけを扱うボルドーの酒商。750エーカーに及ぶ広大な畑を共有または管理しているが，その中にはCh. Grand-Puy-DucasseやCh. Chasse-Spleenも入っている。ソーテルヌのRayne Vigneauも買収。

34. Mme Jean Descave：上級シャトーの年代物を専門に広大なストックをもっている独

特な業者。

35. J. P. Moueix：Ch. Pétrus を始めとして，サン・テミリオンとポムロールのいくつかの一級シャトーを所有しているムエックス家の同族会社。リブールヌ市の筆頭会社で，サン・テミリオン，ポムロール中心。系列シャトー・ワインだけでなく，AC ものもつくっている。

36. Nathaniel Johnston：1714 年設立の古い同族会社。上級ワイン中心。6 割が輸出。シャトー・オー・ブリオンのセカンド・ワイン Bahans などいくつかの専売ワインをもっている。

37. Pierr Coste：ランゴンにあるネゴシャンだが，同時に優れたワインの造り手。

38. Schröder & Schÿler：1739 年設立の古い会社。Ch. Kirwan を所有。主として上級ワインを扱い，ほとんど輸出。スカンジナヴィア半島とオランダに強い。

39. S. D. V. F.（Société de Distribution des Vins Fins）：1973 年のボルドー大不況時に，投げ売り防止のために設立された会社。シャトー・ワインを専門に扱う。7 割が輸出。

40. William Pitters：もともとジュースや清涼飲料の会社がアルコール部門に進出。フランスにおけるウィスキーとポートのトップセラー。フランスでの外国ワインの輸入の 60%のシェアをもつ，ワイン部門での発展もめざましく。シャトー・ラ・トゥール・カルネや南仏のドメーヌも買収。フランスＡＣＣシリーズを大規模店舗を相手に取り引きしている。

ボルドー・ワインの収穫年作柄表
（ヴィンテージ・チャート）

＊点数は 10 点満点（この表はあくまでひとつのめやす手がかりにすぎない）

年代	赤	白		摘果開始日
1957	4	7	開花期が悪く，冷夏，遅い収穫時に急に酷暑。小生産，堅いたち，一部は晩熟で良くなった。白は良かった。	10/1～10/4
1958	5	5	この年も天候不順，遅い収穫期にもちなおした。軽く柔らかいワインで早熟。現在では衰えている。白も同じ。	10/10
1959	9	10	世紀の豊作とさわがれた。充実して調和がとれ，ゆっくり熟成した。赤は秀逸だが偉大といえない。白は偉大で長寿。	9/20～9/23
1960	2	2	開花は完璧だったが夏が多雨，収穫期は不順がだらだら続いた。量こそ多かったが軽くて短命。白も軽く多酸。	9/15～10/15
1961	10	8	開花期まで寒く多雨で実つきが悪かったが８，９月が快晴。量こそ少ないが45年に続く戦後最上の年。白は赤ほどでないが秀逸。	9/22～9/27
1962	7	9	天候は快調で量の点では大豊作，色づきよく，柔らかくまろやかだが早く熟成した。白のソーテルヌは大成功で優雅で調和。	10/9
1963	0	0	開花も悪く，６月から９月にかけ異常な多雨・冷夏。遅い収穫期に少し天候が回復したが，軽くてうすっぺらなワイン。	10/7～10/10
1964	4～7	2	快調な天候が収穫期まで続いて豊作だったが，10月８日から２週間の雨。遅摘みのところは災難だった。白も良くなく，この年のイケムはない。	9/28
1965	2	1	不順な開花期に加え多雨の夏と多湿の秋。みじめな年。遅くなって天候が回復して摘んだところはなんとかなった。	9/30～10/15
1966	8～9	6	秀逸な年。赤はバランスがとれ優雅。ただ堅いたちで熟成は遅い。白は一部はよかったが酸が多く酒肉不足。	9/20～9/26
1967	4	8	夏まで天候は順調だったが，９月に入って３週間の雨，その後回復したが豪雨あり。早熟でバラつき，白は出色，イケムは傑作。	9/25
1968	0	0	51年以降最悪の冷夏多湿。９月に少し太陽が出て10月になって快晴。軽くてみじめなワイン，白も実が未熟だった。	9/22～10/4
1969	2	4	開花期が悪く過去20年でも最少の生産量。７，８月はよかったが９月の２週が雨，その後回復し凶作をまぬがれた。	9/23～10/6
1970	9	6	7月は酷暑，８月が冷夏多雨，９月の初めは寒かったが収穫期を通して快晴。66年以降では最高，白は貴腐のつきが悪かった。	9/27～10/4
1971	6	6	５，６月が寒く雨，夏は順調，多産。70年より軽くて早熟。造り手によってバラつきが出た。白もまずまずで，一部は秀逸。	9/27～10/4

1972	3	0	夏は絶望的だったが，９月と10月は日照りになって救われた。当初高価をよんだがバラつきもあり，よく熟成しない。白は不作。	10/7
1973	6	4	量の点では大豊作。夏は暑かったが９月は後半が不順，10月にもちなおした。まろやかだが，そう長寿でない。白はまあまあで軽い。	9/25〜10/1
1974	4	0	結実がよく夏も快調だったが，９月の後半から雨になった。量産だが評価はわかれる。一般に短命。ソーテルヌは災難の年。	9/26〜10/3
1975	9	6	量は74年の半分，夏は暑く秋も快晴，乾夏のため色が濃くタンニンが多く，長寿。熟成で真価が出る。白は赤ほどでなかった。	9/22〜9/26
1976	7	9	ヨーロッパ中で100年来といわれる旱魃をおこした酷暑。９月２週目から雨が断続的に降って収穫を妨げた。白は優劣あり。	9/13〜9/15
1977	4	0	晩霜で収穫量が落ち，ことにサン・テミリオンの被害大。夏まで天候不順，９月の後半から突然回復した。バラつきあり，早熟。白はみじめだった。	10/4〜10/10
1978	8	7	冷春，冷夏であきらめていたところ奇跡的に天候回復，遅い収穫期まで続いた。色が濃く堅いたち，地区によりバラつく。白は甘美。	10/9
1979	7	8	赤は量で大豊作。質も良いが地区によりバラつく。夏は寒かったが乾き，収穫期はむらだったが次第に回復。メルローの当たり年，白も優。	9/29
1980	6	9	開花期が寒く量は少ないが，９月から遅い収穫期まで日照に恵まれた。快適で早熟のたち。バラつきの年，ソーテルヌは秀逸。	10/6
1981	8	8	開花期快調で夏は暑かった。９月後半少し雨，収穫期に数日豪雨があったため摘果期によるバラつき。一般に堅いたち。白は最少で一部秀逸。	9/25
1982	9	8	開花期は暑くて早く，夏に若干の雨，９月が異例の灼熱。色濃くタンニンに富み78年ほど堅くないが酸欠になった。ソーテルヌは10月初め雨にたたられた。	9/13
1983	7	9	開花が良く量産。７，８月は暑かったが多湿で豪雨。腐敗菌が拡がったが９月後半の乾期で救われた。82年より堅い。白は快調で量も多い。	9/26
1984	6	8	開花期が不順で実つきが悪く，７月は暑く８月が不順，９月は多湿。遅摘みのところは良い条件になった。バラつきの年。ソーテルヌは貴腐がよくついた。	10/1
1985	9	7	春の霜害があったが開花順調，日照に恵まれ乾いた秋が９月から10月に続いた。61年に次ぐ秀作だが，まだ評価未定。白は貴腐づき悪し。	9/26
1986	8	9	５月から９月まで快調，８月は異例の乾燥，９月後半に豪雨。61年と82年に比べられるワインだが82年より堅く遅熟。ソーテルヌは遅摘みのところは当たった。	9/30
1987	6	8	6月が多雨で開花不順，7月多湿，8月快調，9月初めに豪雨，その後は例外的な暑さ。10月に雨，バラつきの年。ソーテルヌは冬害で小量。	10/5
1988	8	9	開花期が長かった。８，９，10月は乾燥したがそう暑くなく，ただ一時期酷暑があった。９月末から雨になった。ソーテルヌは秀逸。	9/19

1989	8	5	冷湿な４月，暖かい５月，開花順調。平均気温を上回った夏。局地的雨。ぶどうの成熟は早く８月末に既に９月末の熟成状況。赤ワインは果実味に富み，タンニンも豊富。白ワインも果実味がよく出た。甘口白は貴腐菌がよく付き，ワインは力強い。	8/30
1990	9	7	温冬と早い発芽。５月に開花が始まったが寒暖のくり返しで花期は長かった。７，８月の気温は通常より高く，降水量は少なかった。９月半ばになると雨が多かった。赤はタンニン，アルコールが高く，肉づきがいい。白はバランスが良く気品あり。甘口白は最高の出来栄え。	9/3～9/17
1991	6	3	冷春，気温が高まった時に晩霜の大被害。５，６月も気温低く，開花期は長い。７，８月に入って気温回復。８月末は記録的最高気温，収穫は９月末に始まったが，ぶどうは10月半ばに成熟。低収穫だったが，低品質を意味しない。赤はメルローが良く，カベルネ・ソーヴィニヨンは酸味が出た。総体に個性あり。白は90年より活力あり。	9/15～10/3
1992	5	8	早く暖かい春。早い開花。気温は高いが大量降雨の８月。９月初旬は乾燥だが気温低く，９月～10月は雨が多く収穫期は長かった。量産になったが厳しく選果をしたところは良かった。赤白ともに柔らかく，果実味があり，酸度とタンニンが低く，凝縮感に欠ける。早飲みの年。	9/20
1993	6	8	４月と６月の降雨。７，８月は良い日照。９月初めから天候がくずれ豪雨が度々襲ったが，その間は冷たく乾燥したため灰色カビは出ず。長い収穫期。遅い収穫。厚い果皮のためフェノールと色が濃く深みがあり，腰がしっかりしている。赤はカベルネ・ソーヴィニヨンの未熟な個性が出るが将来性はある。白はバランスがとれアロマが特徴。	9/22
1994	8	9	夏は乾燥して暑かったが９月に大量の降雨。量産になったが，ワインは薄まった。水はけのよい畑で，低品質ものを大幅に格下げしたところは成功。カベルネ・ソーヴィニヨンはタンニンが多く，厳しいたちで，メルローは良かったのでメルロー比率を多くしたところは成功。降雨前に収穫した白は良い。10月末まで待った甘口白も悪くなかった。	9/25
1995	8	7	６，７，８月は乾燥し暑かった。９月中旬に小雨が続いたが降雨量としては少ない。やや早い収穫。ぶどうは健全で生産量は多かったが，著名シャトーは大幅に生産制限。メルローの出来がよく，カベルネ・ソーヴィニヨンは後半に持ちなおした。赤はタンニンが多く，重いたち。メルローが多いものは早熟。白は全体としてよい出来。甘口白は成功。	9/20
1996	9	7	暑い春，早い開花。順調だった夏だが８月の後半に大量集中降雨。９月上旬も降雨があったが奇跡的に天候回復。強風も乾燥に役立った。10月の快晴はカベルネ・ソーヴィニヨンに最適。記録的な高値のついた年。赤は酸度も高いがタンニンが多く骨格もしっかりして長期熟成タイプ。白ワインもバランスが良く熟成むき。甘口白は濃縮度が高く，バランスがとれエレガント。	9/16

1997	7	6	暑い春，早い発芽，早いが長かった開花。熱帯のようだった高温の８月はぶどうの実にバラつきを生じさせた。９月初めの降雨，中旬以降乾燥と日照に恵まれた。 柔らかく飲みよい魅力的な赤は早熟タイプ。白は赤ほどよくない。甘口白はかなりの出来栄え。	9/5
1998	7	9	暑さと寒さの春のあと，６月末の開花期は好天。曇天の７月の後，強烈な熱波と旱魃が襲った８月。９月初めの慈雨。９月末の大雨，10月半ばまでの雨。メドックの赤はよくなかったが，グラーヴ，サン・テミリオン，ポムロールは大成功。地域差がこのようにひどかった年は珍しい。クラーヴの白は出色だが，甘口白はそれほどでなかった。	9/15
1999	7	7	開花は早く，６，７月は乾燥。８月は極めて暑く嵐が多かった。９月12日以降天候が崩れ10月５日まで大雨。一部にひょう。収穫量は多かったが，水っぽくなった。８，９月が暑かったので酸味は少なくタンニンはソフト。過剰水分除去装置のあるシャトーは成功。白は辛口も甘口も平均作。	9/13
2000	9	7	峻春でベト病発生。開花期は遅れたが順調。６，７月は曇天で涼しかったが７月末から高温，乾燥の夏。収穫期の９月に降雨がなかったのも珍しい。収穫は早く９月末に雨が降ったが収穫はほとんど終わっていた。ワインは凝縮感があってリッチかつ濃厚。世紀の当たり年として高値を呼んだ。長寿傾向は確か。白は辛口甘口ともにほどほどの出来。	9/10
2001	7	8	暖冬暖春，６月下旬は暑く，７月は涼しく，８月は高温と低温がくりかえすバラつき気象。９月の降雨も少なく，気温が低く大風が吹いた。収穫は遅れた。生産量は多い。酸が強く風味の濃い中庸な酒軀の赤ワイン。辛口の白は新鮮で傑出，甘口も大成功の傑出。	9/27
2002	7	7	開花はバラつき，夏は涼しく見通しは暗かった。しかし９月は非常に乾燥していたためカベルネ・ソーヴィニヨンを遅摘みしたところは完熟した収穫が出来た。メルローはあまり具合がよくなかった。前年が偉大だったので低く評価されているが，タンニンがよく構造もしっかりした赤ワイン。白は辛口が平年なみ，甘口は成功。	9/28
2003	8	8	順調な春と開花。６，７月も暑かったが８月は全フランスが前代未聞の酷暑と旱魃に襲われた。ただ他地方に比べるとボルドーはそれほど極端でなく，８月半ばと月末，９月に何回か小雨だが恵みの雨が降った。難しい年で，生産者によってワインのバラつきが出た。辛口の白は秀逸で，甘口も優れたものになった。	8/12

検印廃止

ワインの女王《じょおう》　ボルドー
クラシック・ワインの真髄を探る

二〇〇五年七月二十日　印刷
二〇〇五年七月三十一日　発行

著　者　山《やま》本《もと》博《ひろし》
発行者　早川浩
発行所　株式会社　早川書房
郵便番号　一〇一－〇〇四六
東京都千代田区神田多町二ノ二
電話　〇三・三二五二・三一一一（大代表）
振替　〇〇一六〇・三・四七七九九
http://www.hayakawa-online.co.jp
定価はカバーに表示してあります

印刷・製本／中央精版印刷株式会社
ISBN4-15-208657-2 C0077

乱丁・落丁本は小社制作部宛お送り下さい。
送料小社負担にてお取りかえいたします。